COMPOSITING VISUAL EFFECTS
IN AFTER EFFECTS: ESSENTIAL TECHNIQUES

After Effects
的视觉合成艺术

【美】李·拉尼尔（LEE LANIER）著
李金辉 宋鹏 译

CFP 中国电影出版社

目录

概述

视觉特效合成是罕有的、枯燥的，也往往是令人惊讶的。每一个你拍摄的镜头都将包含新的挑战。伴随着时间和经验，你将开发出你自己独有的诀窍以及工作流程，从而做出专业的作品——这就是这本书要讲的内容。我曾经与一位专业的动画师和特效合成师共事20年，在Adobe After Effects或者其他相似的程序上花费了成千上万个小时。我从各种错误、成功和实践中获得了在特效合成技术上的学识，我将其囊括在这本书中。我无意在本书中覆盖After Effects中所有的特效效果、插件、参数、选项，等等。相反的，本书会包括After Effects中大部分非常有用的功能中的重要的信息，并且还有一些小贴士和经验来阐述如何来运用它们。为了加强这方面的知识，我也编入了大量的短的“新手指南”来让你快速地掌握知识。另外，各章一般包含一个章节教程，让你能够一步步地进行有挑战性的任务。

你，读者

本书的内容适用于有一些After Effects知识但又想扩展自己在特效合成领域技巧的刚起步的合成师。这本书同样也适用于那些希望从另外的领域过渡到合成领域的专业的合成师，例如从动画过渡到特效工作。另外，这本书对那些想从其他合成程序/软件（例如The Foundry Nuke）转到用After Effects这个软件的数字艺术家也是有用的，在本章的最后包含基本界面信息可以帮助读者快速地跟上节奏。

涵盖的主题

本书涵盖了关键的视觉特效理论和技术，包含：

- 色彩空间管理
- 色彩通道操作
- 色度键控
- 转描以及绘制遮罩
- 摄影机跟踪以及动作捕捉
- After Effects 3D环境
- 重新编辑3D渲染通道
- 颜色分级

除了After Effects的内置工具以及效果，本书还涵盖了在视觉特效行业中常用的插件。这些包括：

- 修订版：Vision Effects Twixtor 以及 ReelSmart Motion Blur
- 红巨人（Red Giant Primatte）
- 红巨人粒子特效插件详细说明（Red Giant Trapcode Particular）
- After Effects三维摄像机跟踪插件（The Foundry Camera Tracker）
- 视频降噪插件（Neat Video Reduce Noise）

本书还探索了一些被绑定的第三方插件，这些插件被设计出来可以直接和After Effects结合工作。这些包括跟踪软件Imagineer Systems Mocha AE以及高级三维绘图软件Maxon Cinema 4D Lite。

所需要的软件

本书是根据Adobe After Effects CC 2013以及After Effects CC 2014来撰写的。另外，文本也在After Effects CC 2015测试版测试过。After Effects CC 2013、CC 2014以及CC 2015之间最大的不同都被记录在书中。大多数的指南文件都被保存为Adobe After Effects CC 2013.aep格式的文件。一些文件被保存为CC 2014以及CC 2015版本因为它们要求更新的效果。After Effects CC与Mocha AE和Cinema 4D Lite捆绑在一起。没有被绑定的插件也被收录在这本书中，但不是强制性地需要完全学会；然而，它们都是很有用的，并且都可以从其各自的网站上下载试用版（在每一章中都有列出）。

屏幕截图

这本书中的屏幕截图是被摄于可以运行在Windows7或者Windows 8上的After Effects CC2013 以及 CC2014。CC2013/2014与CC2015间的一个小差异是程序界面的配色方案（图1）。然而，这对需要制作的项目本身没有影响，菜单选项以及基本工作流程也不受影响。这个规则的任何异常都将在书中指出。

系统要求

如果运行After Effects的电脑的硬件和操作系统软件没有满足最低标准，那After Effects将运行得非常困难。具体标准将在下面网页中有详细阐明：helpx.adobe.com/x-productkb/policy-pricing/system-requirements-effects.html

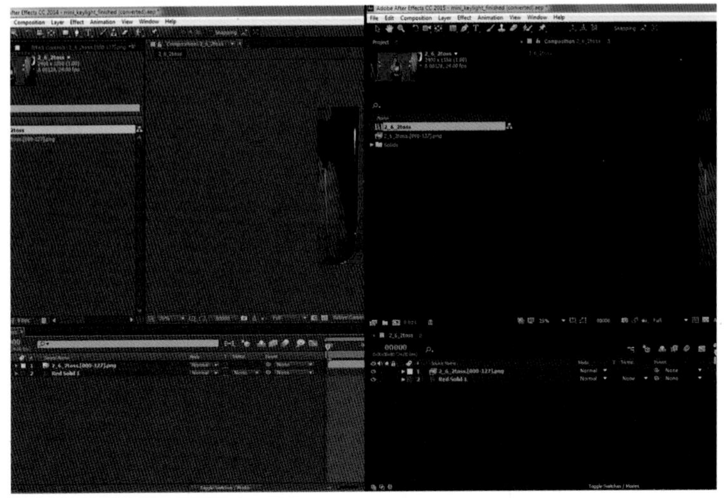

图1　左：After Effects CC 2014在Windows系统下; 右：After Effects CC 2015（13.5版）。

下载指南文件

本书中所提供的示范教程文件都可以在网站www.focalpress.com/cw/lanier中下载。这里包含了几个GB的After Effects的项目文件、视频图像序列以及QuickTime电影、Maya和Cinema 4D 渲染图像序列、相机文件、静态艺术作品以及数字绘景。这些文件都被整理在下列的目录结构中：

ProjectFiles\aeFiles\Chaptern\	After Effects `.aep` project files
ProjectFiles\Plates*Category**Plate-Name*\	Video image sequences (`.png` and `.dng`) and QuickTime movies (`.mov`)
ProjectFiles\Renders*RenderName*\	Maya and Cinema 4D 3D renders (`.png` and `.exr`)
ProjectFiles\Data\	Maya and Cinema 4D geometry and camera files (`.ma`,`.c4d`, and `.rpf`), plus Adobe Illustrator `.ai` files
ProjectFiles\Art\	Static images and matte paintings (`.tif`, `.jpg` and `.png`)

关于源文件

在本书中的许多视频图像序列都是从一个音乐视频中采集的，它的版权所有方是BeezleBug Bit, LLC。读者可以运用这些图像序列在教育方面，但是不能够以任何方式再次分配。不能够将这些序列用于商业用途。一些额外的电影和序列出自于Prelinger Archive（www.archive.org），包含在第一章中，可以被用于公有领域。一些包含许多贴图位图的文件也同样可以用于公有领域——一个文字版许可证的副本被包含在\ProjectFiles\Art\directory。

在Windows和Mac系统下运用指南文件

我建议你复制项目文件以及它们正确的目录结构直接到你的根目录（C：在一个Windows系统或者一个MAC系统下）。通常，After Effects在定位所需项目文件时非常强大。然而，如果项目无法定位一个文件或者一个素材的时候（这将由一个色带替代表示），你可以在项目面板中通过点击鼠标右键，选择"文件/素材名"来更新文件或者视频，以及选择"替换素材"（Replace Footage）>"文件"（file）。

命名惯例

本书在描述鼠标操作时使用的是一般惯例。一些例子如下：

点击	点击鼠标左侧键
双击	连续点击鼠标左侧键
MMB-拖	按下鼠标中键时同时拖拽
RMB-点击	点击鼠标键右侧键
Shift + LMB	按住Shift键同时点击鼠标左侧键

Windows系统中的Ctrl键以及Mac PC系统中的Cmd键有同样的功能。因此，当要求按其中任一键时就会写作 Ctrl/Cmd. Windows系统中的Alt键以及Mac PC系统中的Opt键有同样的功能。因此，当要求按其中任一键时就会写作 Alt/Opt。

更新

与本书有关的所有更新，请登录www.focalpress.com/cw/lanier。

联系作者

随时欢迎任何回馈。你可以直接通过compabeezlebugbit.com联系我，或者通过公共社交网络来联系我。

界面概述

对于新的用户，重要的是需要去熟悉图2中所列出的界面组件。正如前文所提到的，CC 2014版本和CC2015版本之间的颜色变化不影响组件命名或者其他功能。

所有后面所示框以及面板都标有字母：

- A. 项目框（项目窗口），这里包含了项目面板以及特效控制面板。每一个面板的左上角都有一个显示命名的标签。

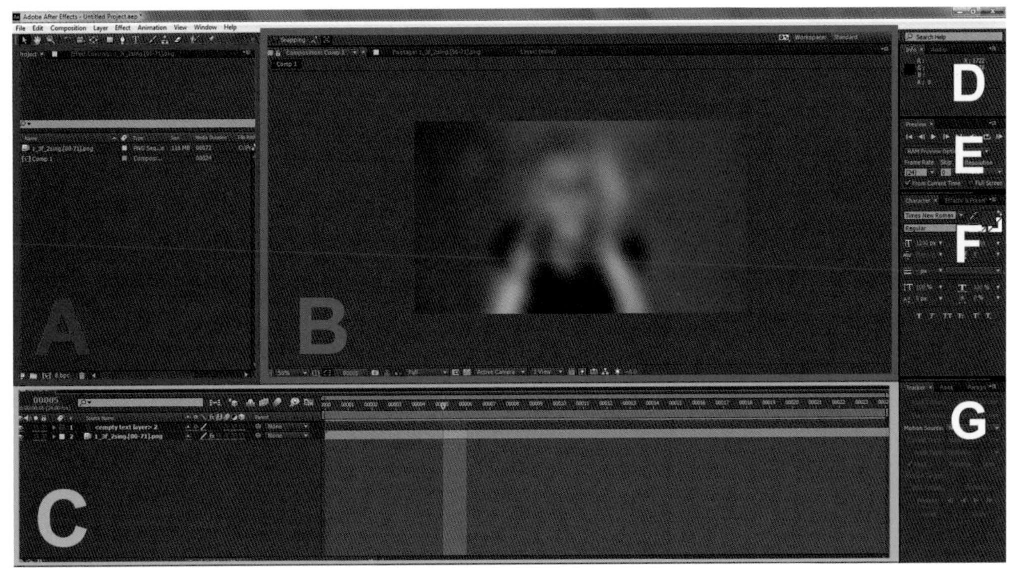

图2　After Effects CC 2014版的界面

- B. 合成视窗框（合成窗口），在这里有合成，素材和图层视图面板（层窗口）。
- C. 时间轴（时间轴窗口），在左侧有层概要窗口，在右侧有时间轴窗口。你可以按住鼠标左键拖拽时间指示器（时间滑动器）向前或者向后。
- D. 信息面板。

- E. 预览和播放控制面版。
- F. 多用途框（调板），这里包括特效和预先调整面板，当文字工具被运用时，也会有文字面板。
- G. 多用途框（调板），这里包括跟踪控制面板。另外，这里还有文字工具的段落面板以及用于绘图的绘图面板，橡皮以及复制图章等工具。

后期特效及视觉效果术语

当谈及After Effects的组件，我曾运用的术语是建立在After Effects帮助文件以及支持文件上。当讨论视觉效果技术，我运用的词和短语也是在后期特效产业内常常被用到的。注意这里有许多项是本来就是被开发用于描述电影中的技术的。这里有一些词和短语贯穿了整本书：

- **实景真人**（Live-action）：在一个真实世界场景中来拍摄演员，Live-action并不是指纪录片或者真实事件的新闻类记录，也不包括动画。
- **素材**（Footage）：特定场景或者特定场地的电影镜头。你也可以用这个词来指代数字视频。
- **镜头**（Shot）：在一个多重镜头场景中的一个单独的摄影机装置，例如，一个镜头可能是一个女演员的近景镜头或者一个街道的广角镜头。在电影和视频中，一个场景在一个地点中捕捉一系列的镜头，从而代表特定的一段时间。
- **特效镜头**（Plate）：一个镜头被用在视觉效果工作中。例如，一个特效镜头可能是一个城市街道的镜头需要添加额外的爆炸或者一个动画的机器人。一个特效镜头可能是静态的或者包含很多移动。特效镜头通常都包含绿幕并且可能是使用非常高分辨率的设备来拍摄的（例如70mm胶片电影或者4K数字视频）。

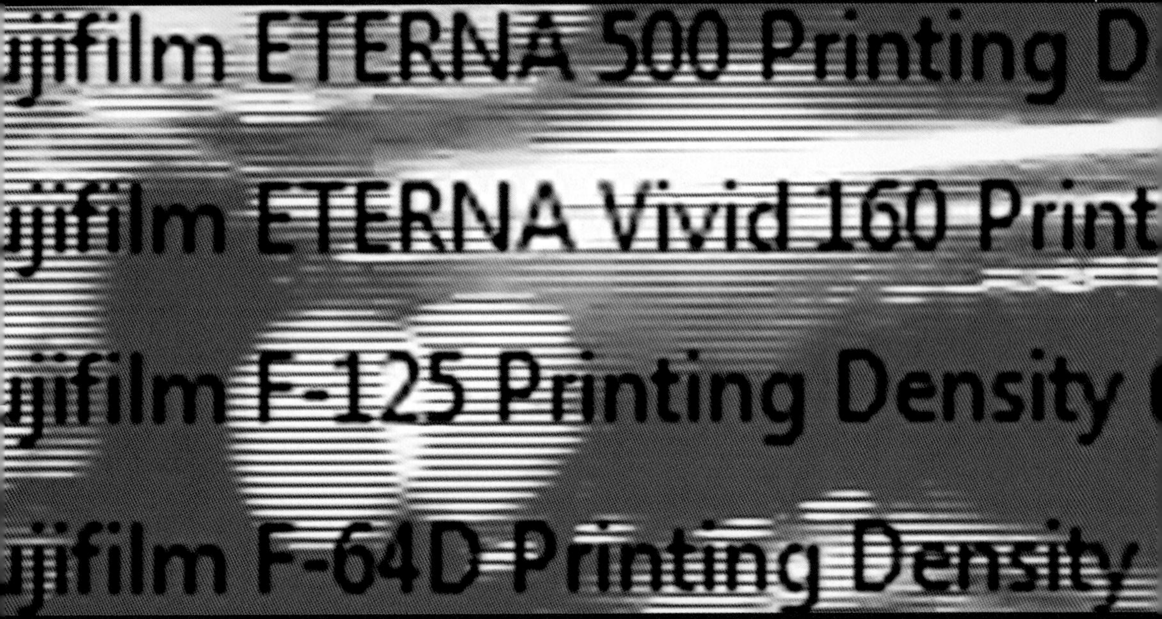

第一章

选择色彩空间，分辨率以及帧速率

当合成视觉效果时，去考虑色彩空间是明智的。你选择的色彩空间决定了有多少潜在的颜色数量可以供你处理以及效果应用和转换的整体精度。出于同样的原因，每一个你创造的合成都有两个基本的特性：分辨率和帧速率。由于有各种各样的常见的分辨率和帧速率，因此所选择的必须是最适合项目的分辨率和帧速率。也有些复杂的情况，比如你导入的素材可能带有多种不同的帧速率。你也可以控制帧速率达到一致的目的，创造“时间隧道”来对素材进行升格或者降格。

这一章包含下面关键信息：

- 对于图像色深（bit-depth）的选择以及可行的色彩空间。
- 色彩空间之间的转换以及渲染时间。
- 在不同帧速率和分辨率之间进行选择以及转换。

图1.1　素材是用CC Wide Time效果做出的时间变形，这个项目被保存在wide_time.aep在\ProjectFilmes\aeFiles\Chapter1\指南目录里。

选择图像色深以及色彩空间

一个图像色深决定了可用于一个像素的单通道中的颜色数量。在一个数字图像中，一个通道带着一个颜色模型中的一个单个组件的值。一个颜色模型是描述使用一组值表示颜色的数学描述。数字艺术、动画以及视频运用RGB颜色模型，在其中有红、绿、蓝通道被用于制造在屏幕上的一个图像（图1.2）。RGB是添加物，等量的红色、绿色和蓝色可以创造出白色，而没有这些颜色，则产生黑色。颜色空间代表一个设备的所有颜色可以使用一个特殊的颜色模型。

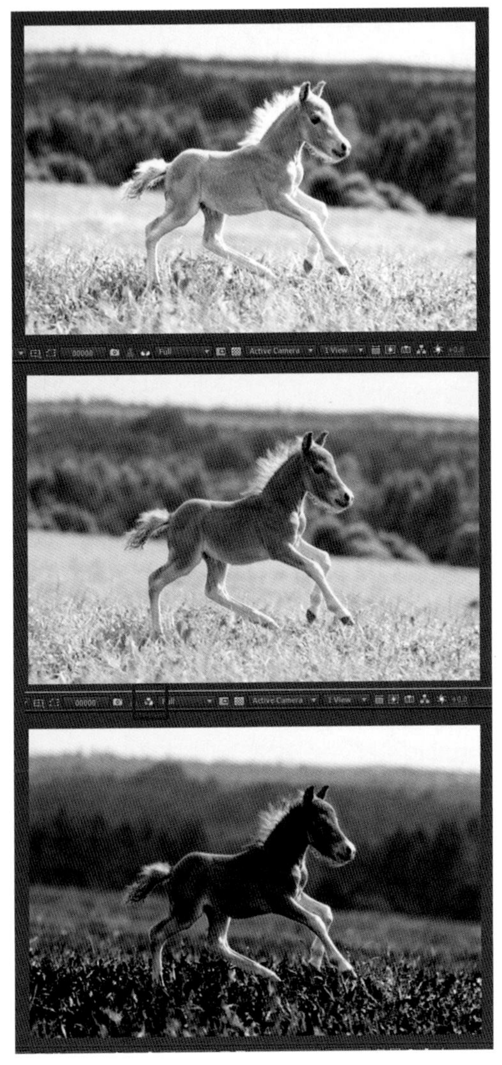

图1.2 从顶部到底部：一个图像的红色，绿色和蓝色通道。每一个通道储存其相关联颜色的强度值，因此每一个通道作为灰度图出现。你可以在合成、图层或者素材查看面板中，通过改变Show Channel菜单按钮在After Effects中查看通道。在第二张图片中，菜单键被一个红框标出。马的照片©DragoNika/Dollar Photo Club。

常见图像色深的概述

After Effects可以读取一个很宽广的图像色深。另外，程序还提供了三个特定的图像色深可以让你在其中工作。也就是说，在项目中的所有的计算都贯彻在你选择的图像色深的准确度上。三个图像色深8-bit，16-bit以及32-bit。每一个图像色深的数字表示有多少个潜在的颜色（也称为色调的阶段）可以被用在每一个RGB通道中。例如，8-bit 就是每一个通道中会传递2^8种颜色。想要知道一个图像色深的颜色总能量，则将每一个通道相乘。因此8-bit RGB可以提供256×256×256，或者说16777216种颜色。注意在After Effects中16-bit色彩空间实际上是每个通道运用15 bits；然而，当这些通道相乘在一起时，可以产生数以万亿计的颜色。

你可以在“文件>项目设置（Projects Setting）”中设置图像色深以及改变深度（Depth）菜单中“单个通道中的比特值”（Bits Per Channel）中可选的8、16、32这些数值（图1.3）。注意32-bit设置会使用浮点架构，这些都将在下一节中进行讨论。

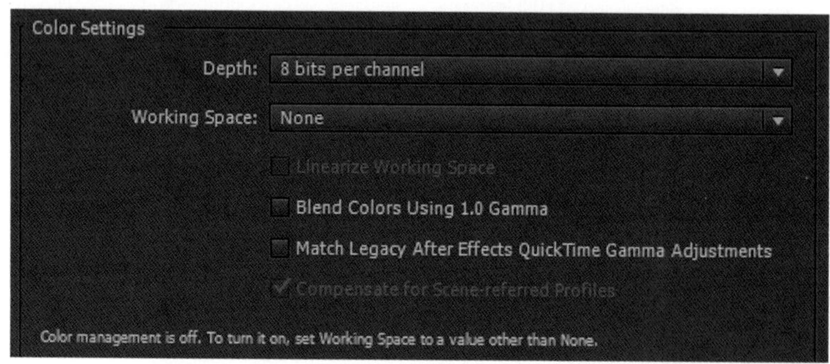

图1.3 项目设置窗口的颜色设置板块的默认状态

当选择一个图像色深时，你可以按照下面的一般规则：

- 选择一个最高的图像色深会让你的工作更顺利。越高的图像色深，数学运算的准确性就更好，但是渲染的时间更长。
- 一些强烈的视觉效果，例如强烈模糊效果，就要求高图像色深去避免色带（也称为多色调分色法）。色带在一个有着颜色渐变的镜头中会作为突变出现，否则应该显示是光滑的。例如，色带通常会出现在干净的天空镜头中。如果你正在使用的效果会大大改变图像，那么建议用16-bit或者32-bit图像色深。
- 在不同的图像色深中测试你的合成效果。你可以在深度菜单中随时改变数值。如果一个较低的图像色深可以产生可接受的质量，那么考虑用这个图像色深。

注意大部分计算机显示器是以8-bit图像色深运行的。因此，更高的图像色深所产生的高质量不一定能在这样的电脑屏幕上体现出来。这适用于高质量的10-bit显示器。然而，你应该努力制作一个你的目标输出格式高质量的图像。输出格式可能包括从高清晰度电视（HDTV）播放视频到一些适用于网络流媒体的格式。注意大多数的图像格式都适用于After Effects用8-bit图像色深进行渲染。有几个格式，例如OpenEXR和TIF支持16-bit以及32-bit图像色深变体。Raw格式支持更高的图像色深变体。对于Raw格式的更多信息，请看在本章中的“导入Raw文件”。对于OpenEXR

文件的更多信息，请见第七章。

整数和浮点

After Effects中8-bit以及16-bit 色彩空间用的是整数值。换言之，颜色值用的是整数而不带小数点。因此，一个红色通道值可能是10、73或者121。与此形成鲜明对比的是，After Effects 32-bit颜色空间运用的浮点体系结构。这允许颜色值可以保存精确的小数。因此，这个数值就可能是10.27542来代替10。虽然你不能直接操作小数位上的值，但是它的存在在转换图层、调节效果或者更改混合操作时确保了更大的准确性。此外，32-bit浮点空间支持超级白的数值——也就是说，数值范围可以超过标准的颜色数值0-1.0的范围。这将允许你在高动态范围图像中找到更多的颜色。

使用颜色管理

数字图像处理的一个难点是正确以及始终如一地显示这些图像。不要用两台显示器以同样的方式显示数字图像。工业和制造标准的变化导致显示器发生显著的改变。另外，显示器也会衰老。也就是说，常规使用显示器会随着使用时间变长而显示不同的颜色。因此，在你的显示器上呈现得很好的图像，可能在客户的显示器上会非常不同。让问题变得更加严重的是各种非显示器设备的出现，这包括数字投射设备、电视设备以及平板电脑、智能手机，等等。

颜色管理的过程就是试图通过使用标准的监视器去与其他设备进行匹配从而达到最小化这些问题的目的。各种各样的标准是由ICC（国际颜色联盟）以及各个制造商（例如软件和硬件制造商）创建的。上述标准是以颜色文件来配置的。文件包含颜色模型的数据定义，颜色范围(可以支持每个通道的最低和最高值，也被称为色域)，白色和黑色点(颜色坐标定义其为“黑”和“白”)，以及数学机制将文件转化为颜色空间。(每一个文件会创造唯一的颜色空间并能制造出颜色的一个特定详细范围。)

校准显示屏

颜色文件可以用于常见的操作系统、软件以及固件。当你在一个显示屏上运行颜色文件，它对颜色所产生的效果将由显示器来呈现。这个应用颜色文件的过程叫作显示屏校准。这个也可以就像选择用操作系统提供的ICC文件那么简单。例如，在Windows 7和Windows 8 系统中，你就可以在“颜色管理工具”（Color Management tool）中选择一个文件。

也可以创建一个显示屏校准软件和硬件的自定义配置文件。基于软件的校准通常要求用户通过挑选一个色温来选择一个白点，使最大的RGB值大部分显示出中性（没有偏色）。色温是一个理论体的温度去达到并创造一个光的色度的温度。色温是使用K或者开氏度单位来测量的。各种各样的显示设备都支持特定的颜色温度，即它们的屏幕是偏向一个特定的色调。例如，6500 K 会略显蓝色，而5400 K 则略显红色。这种能力会帮助白色像素在不同的观看环境中显出“白色”，在这里本光有它自己的色温。另外，软件通常要求选择一个特定的伽马值γ。当讨论颜色管理时，它是一个非线性操作，可以将像素转换为屏幕亮度。伽马曲线，表示为一个函数值例如1.8，应用于弥补人类的视觉，相比较于在明亮色调中的差异，其在暗色调的差异会更加敏感，并且它是早期CRT显示屏的遗留产品，它使用一个非线性电压前侧强度的关系。利用色度计的校准软件（一个测量屏幕可视光波长的装置）会更加精准。在任何情况下，创建一个定制的概要文件是可取的，因为它将独立显示屏的特殊性也考虑进去了。

在After Effects中使用工作空间

你可以选择使用一个由After Effects中特定色彩文件提供的特定的色彩空间进行操作。这个色彩空间也被称为“工作空间”（working space）。如果你正准备导出一个图像到一个预先设定的输出，那工作空间可能是有利的，例如播放高清电视。去选择一个工作空间，选择“文件>项目设置”，在“工作空间”菜单中选择一个所提供的色彩文件（请看之前的图1.3）。

如果工作空间不能匹配导入素材的色彩空间，颜色值被在空间中转换。因为每一个色彩空间都有一组独特的颜色支持它，空间之间的转换可能会导致颜色值信息的丢失或者扭曲。例如，将一个sRGB IEC61966-2.1文件（常用的数字图像）转换成一个HDTV（Rec.709）16-235（HDTV的一个变种）文件会导致在255（8-bit）规模上的值低于16并被裁剪至0-黑（注：这里是指颜色值丢失至0呈现黑色）。虽然一些色彩空间转换可能会导致微妙或者无法察觉的变化，但重要的是要注意潜在的颜色变化。

当你导入素材时，After Effects会检测嵌入的颜色配置文件。如果你使用的是一个可行的颜色空间，那程序会转换素材的色彩空间到这个可行的色彩空间。去调整这个操作，在项目版面上的素材名字上点击鼠标右键，选择“素材说明（Interpret Footage）>要点（Main)”。在“素材说明”窗口，开关“颜色管理”标签。(图1.4)

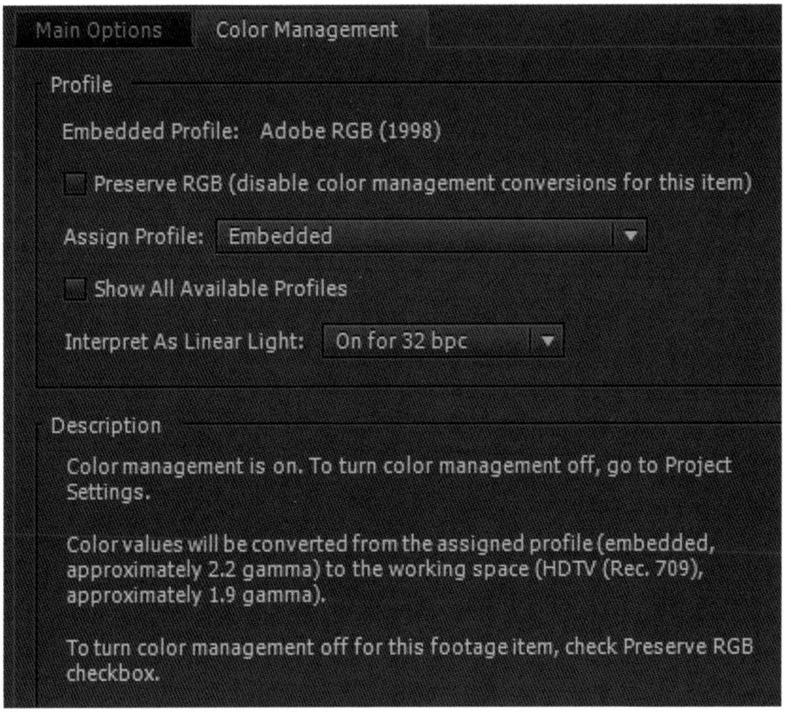

Main Options　Color Management

Profile

Embedded Profile: Adobe RGB (1998)

Preserve RGB (disable color management conversions for this item)

Assign Profile: Embedded

Show All Available Profiles

Interpret As Linear Light: On for 32 bpc

Description

Color management is on. To turn color management off, go to Project Settings.

Color values will be converted from the assigned profile (embedded, approximately 2.2 gamma) to the working space (HDTV (Rec. 709), approximately 1.9 gamma).

To turn color management off for this footage item, check Preserve RGB checkbox.

图1.4　素材说明窗口的颜色管理标签。当从“项目设置”窗口选择一个可行的色彩空间时，你可以访问这个标签。工作空间被设置为HDTV（Rec.709）。所导入的素材中内含的文件被公认为Adobe RGB（1998）。注意描述区域描述了色彩空间转换以被应用。

当一个嵌入式的文件被检测到，“嵌入式概要文件”(Embedded Profile）属性列出文件，“指定配置文件”(Assign Profile）菜单已被设置为“嵌入”。如果没有文件被带入素材，“嵌入式概要文件”将被设置为无，“指定配置文件”也被设置为默认文件（例如：sRGB IEC61966-2.1）。你可以自由改变“指定配置文件”到一个不同的概要文件去使用一个不同的概要文件的说明。例如，一个图像序列通常缺乏一个嵌入式文件；然而，你可以转换“指定配置文件”菜单到一个特定视频或者一个特定照相机文件。(软件的安装支持硬件，例如一个数字摄像机，通常会将自己的ICC配置文件添加到系统。)

下面是对一些常见的配置文件的描述：

- sRGB IEC61966-2.1　经常用于家庭和商业电脑工作，在1966年被微软（Microsoft）以及惠普（HP）开发。它是Adobe Photoshop工作空间的默认文件。
- SDTV　前数字标准清晰度电视的标准。
- HDTV（Rec.709）　高清电视播放的标准。
- Adobe RGB（1998）and Wide Gamut RGB　苹果（Apple）公司代发的两个文件，它比sRGB携带一个更广泛的范围（颜色范围）。
- ProPhoto RGB　柯达（Kodak）开发的文件，这个文件携带专门为数字摄影机工作的一个极广的范围。为了精确的色彩空间与更广的颜色领域转换，设置项目深度为16-bit。

跳过颜色空间转换以及运用导入原有的素材值，选择“保留的RGB”（Preserve RGB）复选框。避免了转换可以防止颜色的丢失或者扭曲；然而，素材可能出现显著的不同以及可能要求更多的颜色来调节颜色效果。

另外，当你使用一个工作空间，你可以选择导出不同颜色空间的渲染。为此，打开“输出模块设置”（Output Module Settings）窗口，在开启一个渲染队列以后，在“渲染队列”（Render Queue）标签中点击“输出模块连接”以及切换到颜色管理标签。在这个标签中，当解释素材时你有相同的一组选项。选择“保存RGB”引出渲染器输出由工作空间以及防止转换至一个不同的颜色空间而定义的颜色值。要激活转换，取消选择“保留的RGB”按键以及从“输出配置”（Output Profile）菜单中选择一个颜色配置文件。注意，是否有能力携带一个颜色配置文件依赖于输出文件的格式。不过，渲染画面的最终颜色值是受“保留的RGB”以及“输出配置文件”设置所影响的。

线性颜色空间工作

当使用一个可行的颜色空间，你可以选择线性化项目。线性化可以在应用一个γ校正时阻止工作空间的颜色配置文件（γ值被设定为1.0）。这对边缘伪影非常有用，例如出现在合成过程中的边缘和色晕。这个伪影经常与包含高对比度或者饱和颜色或者当众多动作模糊被夹在动画层时的图层混合有关联。去激活线性化，选择“项目设置”窗口中的“线性工作空间”（Linearize Working Space）复选框。

注意，线性的工作空间呈现低对比度以及褪色反应。在默认情况下，当你在对素材进行渲染时，其值保持线性化。然而，你可以关闭输出线性化以及通过关闭“转换线性光”（Convert To Linear Light）菜单来恢复一个非1.0伽马值。这个菜单出现在“输出模块设置”菜单中的颜色管理标签里的“输出配置文件”菜单下面。伽马曲线应用作为转换的一部分，是由从“输出配置文件”中选择出的颜色配置文件建立起的，例如，HDTV（Rec.709）适合的伽马值为1.9。

当你运行16-bit或者32-bit色彩空间时，推荐你只使用线性化的工作空间。

预览和转换不同的色彩空间

当你不适用一个工作空间时，图像值会被直接传送到系统显示屏，而不会被由运行系统提供的颜色配置文件转换。在这种情况下，RGB值是被保护的，但是图像看起来会有些不对。如果你使用一个工作空间，那么RGB值将会通过系统颜色配置文件进行转换。像这样，图像将显示适合于显示器并颜色显示很正常，然而，RGB值是被改变了的。你可以通过系统颜色配置文件来禁用色彩空间转换，具体是通过关闭“视图（View）>Use Display Color Management（Shift + number pad/）”。这将对在一个没有颜色管理的设备上检查一个合成画面非常有帮助（例如，平板电脑和智能手机上的浏览器）。

你也可以强迫After Effects模拟输出在一个设备上但并不存在你的系统上。如何做这些，选择“视图>模拟输出（Simulate Output）>输出（output）”。例如，如果你想预览你的作品，并且希望其展现好像已经做成电影并且投放在影院的效果，选择“视图>模拟输出> Universal Camera Film To Kodak 2383”。（运用“显示颜色管理”必须保留这些用于工作。）

注意，一个查找表（LUT）是一个被设计为转换一个颜色空间到另一个颜色空间的排列。例如，你可以使用一个查找表去将一个PAL/SECAM 颜色空间转换到一个HDTV（Rec.709）颜色空间。除了使用一个前面所描述的颜色管理方法，你可以使用“效果（Effect）>Utility>应用颜色查找表（Apply Color LUT）”。当你选择这个工具，程序会询问你加载一个支持的LUT文本文件。这样的文件是由专用的颜色分级软件导出的。例如Blackmagic Design DaVinci Resolve。常见的LUT格式例如：“.3dl”“.cube”以及“.csp”。

线性对比对数

After Effects 执行它在线性颜色空间中的运算。大部分的文件格式是使用线性颜色空间。与此形成鲜明对比的是，Cineon以及DPX文件是使用对数颜色空间。在一个8-bit线性格式中，亮度的变化（像素强度的变化）发生在常规步骤中。例如，一个强度的变化从10至20，相当于一个强度变化从200到210。虽然这对于正常的数字图像处理是可以满足的，但是它不能复制人类的视觉以及电影生胶片的感光度。人类的视觉是对数，相对于明亮区域的变化，对于在暗部地区的变化会更加敏感。电影生胶片的感光度，由于其化学因素，用对数反映弱光时的变化会比同样的变化在明光时更加敏感。作为一个数学术语，一个数字的对数是另一个固定值的指数，基数，必须被提高去产生那个数。例如，$\log_{10}$（10）=1，$\log_{10}$（100）=2，以及$\log_{10}$（1000）=3。在这个系列中，10是基数，1、2、3是对数。注意，对数的进展是常规的增量（1到2到3），然而，结果进展是指数级的（10到100到1000）。最终，对数的颜色空间更好地满足人类的视觉以及更加适合通过胶片扫描来捕获电影生胶片。（Cineon以及DPX文件格式被发展用于胶片扫描。）注意线性颜色空间不能够和线性化的颜色空间相混淆。就如前面所讨论的，线性化适用于1.0γ。

当导入一个Cineon或者DPX图片或者图片序列，最好的是选择颜色配置文件能够最好地匹配拍摄素材所运用的生胶片。想要看到可用的颜色配置文件的完全列表，在“素材说明”窗口中的“颜色管理”标签中选择“显示所有可用的配置文件”（Show All Available Profiles）复选框。After Effects也为Kodak以及FujiFilm电影生胶片提供相匹配的一些配置文件，同时也有匹配投影环境的配置文件（图1.5）。注意，这些被分组在颜色配置文件附近，被设计用于通用的、高端数字电影摄影机。比如，这些由Panavision、Arriflex以及Viper制造。

作为一个代替选项去选择一个特定胶片配置文件，你可以在将素材放在一个图层上后，在素材上应用“效果>Utility>Cineon Converter”工具。效果允许你将对数转换为线性以及应用一个新的黑点、白点以及伽马曲线。

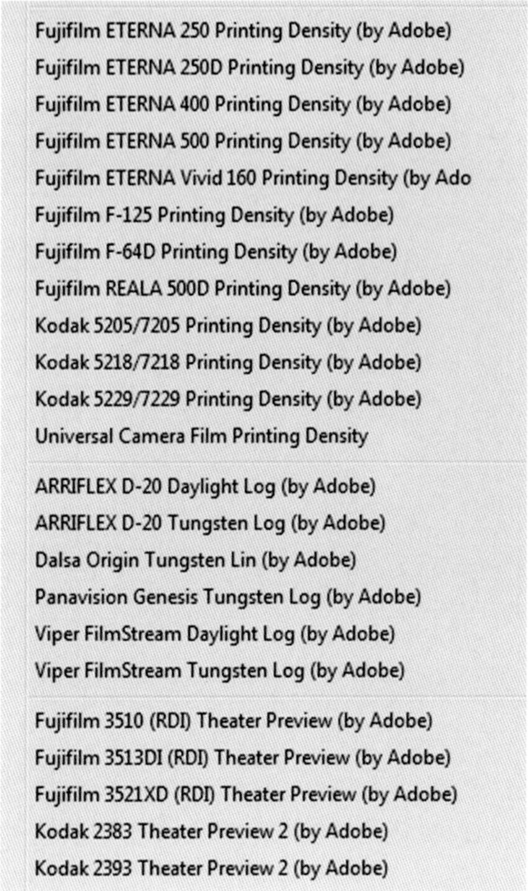

Fujifilm ETERNA 250 Printing Density (by Adobe)
Fujifilm ETERNA 250D Printing Density (by Adobe)
Fujifilm ETERNA 400 Printing Density (by Adobe)
Fujifilm ETERNA 500 Printing Density (by Adobe)
Fujifilm ETERNA Vivid 160 Printing Density (by Ado
Fujifilm F-125 Printing Density (by Adobe)
Fujifilm F-64D Printing Density (by Adobe)
Fujifilm REALA 500D Printing Density (by Adobe)
Kodak 5205/7205 Printing Density (by Adobe)
Kodak 5218/7218 Printing Density (by Adobe)
Kodak 5229/7229 Printing Density (by Adobe)
Universal Camera Film Printing Density

ARRIFLEX D-20 Daylight Log (by Adobe)
ARRIFLEX D-20 Tungsten Log (by Adobe)
Dalsa Origin Tungsten Lin (by Adobe)
Panavision Genesis Tungsten Log (by Adobe)
Viper FilmStream Daylight Log (by Adobe)
Viper FilmStream Tungsten Log (by Adobe)

Fujifilm 3510 (RDI) Theater Preview (by Adobe)
Fujifilm 3513DI (RDI) Theater Preview (by Adobe)
Fujifilm 3521XD (RDI) Theater Preview (by Adobe)
Kodak 2383 Theater Preview 2 (by Adobe)
Kodak 2393 Theater Preview 2 (by Adobe)

图1.5　部分颜色配置文件的截图，这些被设计用于电影生胶片、高端数字摄影机以及投影环境。

导入原始文件

摄影机原始文件，不论是一个图像或者图像序列，在After Effects中都要求一个独一无二的工作流。原始格式从一个数字摄影机传感器以及沿途增加最低程度处理来捕捉图像数据。同样的，原始图像也不能立即就能使用，必须先经过处理。原始文件通常被用更高的图像色深来捕捉，包括10-bit、12-bit、13-bit以及16-bit。

如果你导入一个原始文件到After Effects，首先要打开一个“摄影机原始”（Camera Raw）窗口。窗口提供一系列很长的选项用于解释储存在文件中的值。这个范围从颜色调节到锐化工具再到降噪（图1.6）。并不是所有选项都是必需的。另外，只调节滑块，可以提高预览图像的质量。

（你可以运用一些功能，例如锐化和降噪，作为素材被用于合成后的效果。）

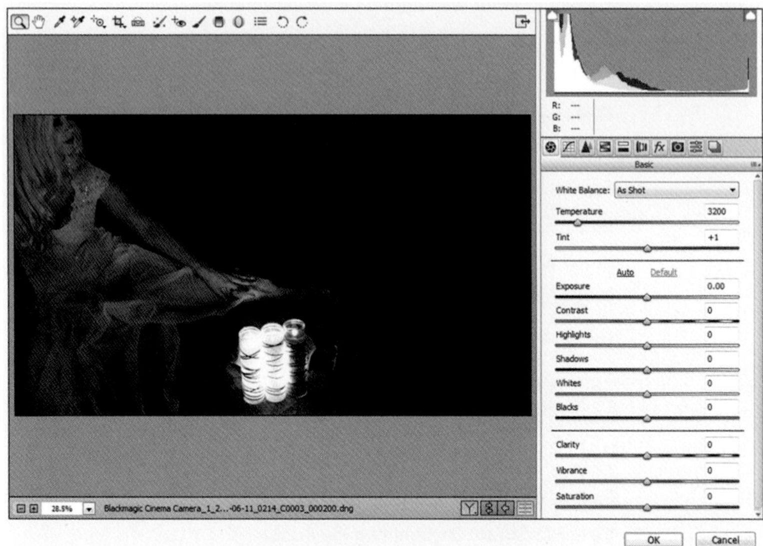

图1.6 默认设置下的“摄影机原始”窗口。

原始解释的一个目的是让素材看起来可以接受或者在你想运用的色彩空间（例如一个工作空间）中看起来有符合你的审美或者作为一个渲染输出（例如一个图像序列或者电影文件）。然而，你可以选择将高的数值降低到一个更低的图像色深范围。“摄影机原始”窗口提供一个柱状图（在上面图像的右上方），因此你可以看到这个过程。一个柱状图通过一系列线条来表示分布值。柱状图的左边表示图像的暗部，而右边则表示图像的亮部区域。任何给定的线表示带有一个特定值的像素的数量（或者如果柱状图被简化则表示数值的小的范围）。例如，一个图像中可能有100像素并在1.0至4096的12-bit图像色深范围有一个值为75。

你可以通过任何一个在“摄影机原始”窗口的滑块来调节颜色分布。例如，推动分布到左边可以降低曝光值，降低高光值可以用同样的操作，但是最高值有偏差，所以它们的移动会更快。实际的演示，请看下面的新手指南。

导入原始文件的新手指南

本新手指南的目的是在After Effects 中建立适用于下面场景的一个颜色空间。

- 你要处理的镜头是一个有着12-bit图像色深的图像序列。

• 所需的输出格式是适用于网页浏览的QuickTime 格式。

你可以按照下列步骤进行：

1. 建立一个新的项目，选择“文件>导入>文件”。导航到路径\ProjectFiles\Plates\RAWFootage\3-1-4hand\。选择原始图像序列的第一个图像。（在这个序列中，第一个图像是numbered 200。）在“摄影机原始序列”（Camera Raw Sequence）复选框中选择，点击导入按钮。
2. 在“摄影机原始”窗口中打开并且播放序列的第一个画面。注意，图片中的所拍摄的蜡烛出现曝光过度的现象，而其他部分显得暗淡。降低高光推动滑块到-60。这个操作使得柱状图的高数值向左移动，让蜡烛的曝光呈现出较好的效果。本质上，高值降低了，所以它们在一个普通的8-bit色彩空间的显示器上是可以显示的。中调和低调也同样在柱状图上偏向左侧。改变曝光到+1.0 来提亮整个图像。推动饱和度滑块来降低饱和度至-20，用于移除一些舞台光造成的深黄色。（图1.7）

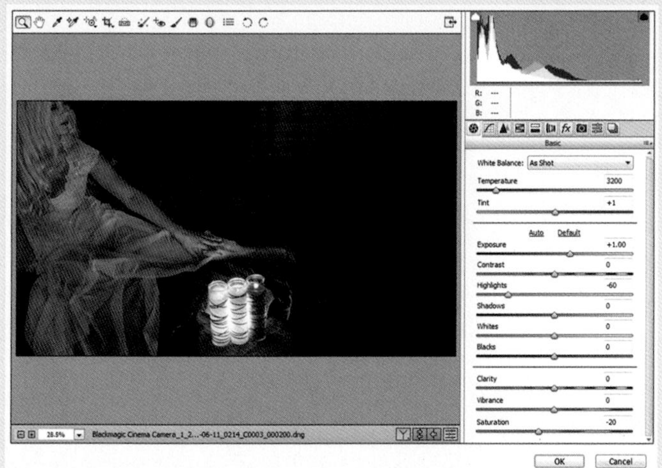

图1.7 高光、曝光以及饱和度的调节提高了画面的整体表现以及防止了蜡烛显示出过度曝光，注意这个柱状图分布与之前提到的柱状图分布图1.6之间的微妙区别。

3. 切换到“细节标签”（Detail tab）（在左边有着三角形形状的标志的第三个选项卡）。降低“数量滑块”（Amount）至0，这在导入过程中关闭了额外的锐化。如果素材需要锐化，最好是在合成时用锐化滤镜。点击OK键来导入素材。
4. 因为你通过“摄影机原始”窗口来调整了素材，所以它可以很好地显示在8-bit的显示屏上，素材仍然是12-bit图像色深。为了确保合成计算是位于12-bit的最高质量上，切换项目至16-bit。想要做这些，选择“文件>项目设置”以及更改色深菜单中选项到16 bit Per Channel（16-bit在每个通道）。

5. 在“项目设置”窗口，更改“工作空间”菜单中选项到sRGB IEC61966-2.1。sRGB 适用于可以在普通大众可用的PC机以及平板电脑上可以浏览的影片。点击OK键关闭“项目设置”窗口。
6. 在项目板块中素材名字上点击鼠标右键选择“素材说明>要点”。在素材说明窗口，切换到“颜色管理”标签。注意摄影机原始被列为认可嵌入式文件。像这样，你不能从“指定配置文件”菜单中选择一个不同的颜色配置文件，也不能选择“保存RGB”。“摄影机原始”窗口替换了这个标签的功能。关闭“素材说明”窗口。
7. 通过在素材上点击鼠标左键从项目板块拖拽到空的时间线上来创建一个合成测试。以素材命名，一个新的合成项目被创建，并且自动匹配素材的分辨率以及持续时间。(帧速率是默认值，请看“选择分辨率以及帧速率”章节来获得更多信息。)
8. 添加合成到渲染队列，选择项目板块中“合成”按钮，选择“合成”>“添加到渲染队列”(Add to Render Queue)。在“渲染队列”选项卡中，点击“无损的”(Lossless)，这个按钮在“输出模块”旁边。在“输出模块设置”窗口中，切换到“颜色管理”选项卡(图1.8)。注意“输出配置文件”被设置到“工作空间”——sRGB IEC61966-2.1。这意味着在sRGB 工作空间产生的颜色值是被保留的以及渲染出的。你可以选择在“输出配置文件”中切换一个不同的颜色配置文件，从而迫使项目转换sRGB 颜色空间到一个新的颜色空间，并以此来渲染出合成作品。

颜色管理讲解将在这个指南中结束，一个名为mini_raw.aep的项目文件被保存在\ProjectFilmes\aeFiles\Chapter1\路径中。注意不是一定要用“视图>模拟输出”选项，除非你想要提前在一个不是你自己的设备上预览一下。例如，你可以选择“视图>模拟输出>HDTV”（Rec.709）去看一下在高清电视上你的镜头看起来是怎样的。

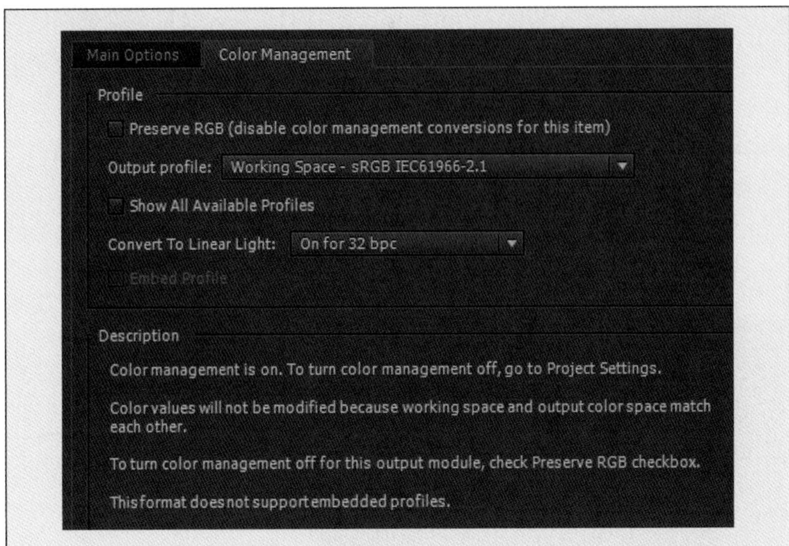

图1.8 “输出模块设置”窗口中的颜色管理”选项卡。

选择分辨率以及帧速率

任何一个你制作的合成项目都有三个通用的性能：分辨率、帧速率、持续时长。虽然持续时长是简单的由时间码或者帧来衡量的合成长度，分辨率规定了像素的画面大小以及在X（柱状图的宽度）以及Y（柱状图的高度）中的方向。帧速率意味着在以真实时间播放时每一秒播放多少帧画面。

有两种方法在After Effects中播放时间：时间码和帧。你可以在“项目设置”窗口中的“时间播放”（Time Display）方式选项中进行选择。本书中的大多数项目文件用的都是“帧设定”（Frame setting）当处理视频素材时，时间码通常是可取的。当处理独立的特效镜头时则要运用图像序列，以帧为单位制作通常是可取的。

分辨率概述

你可以创建一个你想要的任意分辨率的合成，在“合成设置”（Composition Setting）窗口“基本选项卡”（Basic tab）中键入px（pixel）值中的宽度（X）以及高度（Y）区域。这个窗口在“合成（Composition）>新的合成（New Composition）”，或者，如果想要选择一个已存在的合成，那么点击“合成>合成设置”。注意宽度和高度之间的锁定链接是默认的（图1.9）。如果你想要改变宽度值，那么高度值也会自动保持原有固定的纵横比例随之改变。一个纵横比例是帧宽度以及帧高度之间的关系，或者表现为X：Y。例如，HDTV的纵横比例是16：9，那么就表明宽度是高度的1.78倍（16除以9是1.78）。你可以通过在“锁定长宽比”（Lock Aspect Ratio）复选框中取消选定这个锁定来打破这个固定关系，键入你想要的宽度和高度值。一个不是标准的分辨率可能会对组装的数字绘景或者After Effects专门的粒子模拟非常有用。（更多关于数字绘景的信息，请见第5章，更多关于粒子示范的信息，请见第6章。）

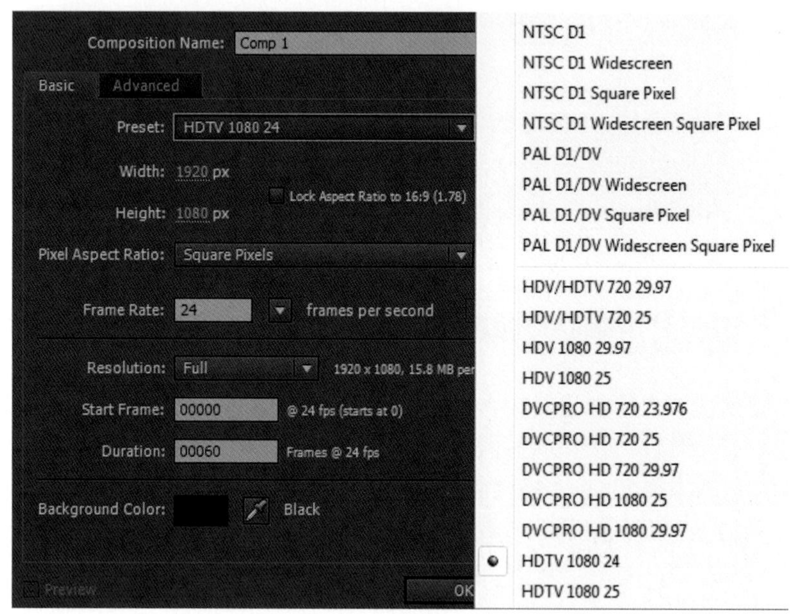

图1.9 “合成设置”窗口，分辨率被设置为1080 HDTV 以及一个部分可用分辨率预设显示的列表。

通常，特效合成要求一个在电影和电视行业内常见的标准分辨率。After Effects提供了许多这样的标准作为预设项，你可以在“合成设置”窗口的“预设”（Presets）菜单中找到。一个项目中的每一个合成可以拥有属于它们自己的独一无二的分辨率、帧速率以及持续时间。

关于非方形像素

通常，特效合成运用的是方形像素。即便如此，一些数字时代之前的和早期数字时代的视频格式运用的都是非方形像素。因此，“合成设置”窗口提供了一个“像素纵横比例”菜单。通常，一个特殊的像素纵横比例（也被称为PAR）是系于一个特殊的格式。例如，DVCPRO HD1080用的是1.5的PAR，这里的意思是每一个被捕捉的像素在柱状图方向中都被拉伸1.5倍去创建一个图像从而播放起来显示是正确的（图1.10）。“像素纵横比例”菜单包含六个视频格式的预设以及一个电影格式的预设。“变形”（Anamorphic）格式被设计用于变形格式的电影，这样的设置下的图像通常是被一个“挤压的”镜头来拍摄的，然后通过“同伴镜头”（companion lens）在影院中重新拉伸来达到一个超级宽的效果。

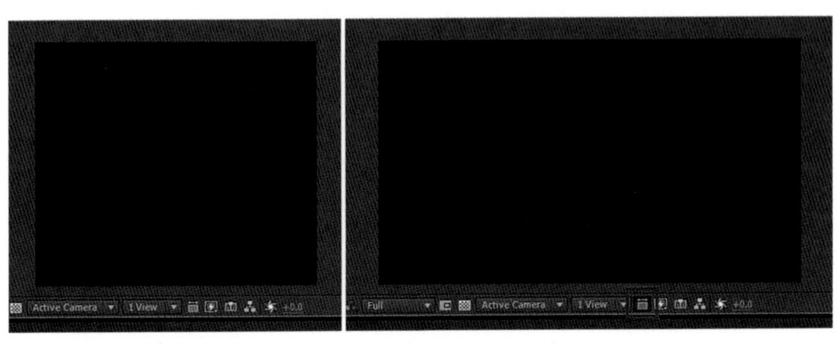

图1.10 左图：一个空白的DVCPRO HD1080没有拉伸的合成窗口显示。右图：同一个合成窗口，但激活了“开关像素纵横比例矫正”按钮（图像中红框表示的按钮）。“开关像素纵横比例矫正”拉伸了图像到它需要用于播放的像素纵横比例。

如果一个PAR大于1.0，那么图像将被拉伸用于最终播放。如果一个PAR小于1.0，那么图像将被压缩用于最终播放。这些操作总是体现在柱状图中，或者在X方向轴上。如果你需要处理一个非方形PAR，你可以以它原有的格式来播放合成项目（和其中的素材）来捕捉格式或者使用你预期或计划中想要达到的压缩/拉伸的格式。如果“开关像素纵横比例矫正”（Toggle Pixel Aspect Ratio Correction）按钮在“合成显示板块”（Composition view panel）中被打开，那么压缩/拉伸版本将被播放。如果按钮被关闭，将显示原本的版本。

选择一个帧速率

相伴于分辨率，这里有通用的帧速率。大多数帧速率是24、25以及30帧每秒（fps）。24帧每秒是数字时代前的电影的标准帧速率。30帧每秒（大约为29.97帧每秒，30帧每秒是简化说法）起源于美国国家电视标准委员会（NTSC）定义标清电视（SDTV）的帧速率。25帧每秒是标清电视的PAL以及SECAM标准。（NTSC的标准曾被用于北美以及日本，同时PAL以及SECAM标准曾在全世界被使用并被保留下来。）数字视频的到来以及高清电视标准也代替了标清电视，但是这些原有的帧速率还没有灭绝。实际上，高清电视支持24、25以及30帧速率，同时支持逐行扫描以及隔行扫描的变化（请见“隔行扫描对比逐行扫描”章节）。

当你导入素材到After Effects时，程序会解释帧速率。如果素材是一个独立完整的电影（QuickTime、AVI等），那么帧速率将会从文件中被读到，如果素材是一个图像序列，After Effects会用一个默认帧速率来解释。图像序列不携带帧速率信息。系统应用的帧速率是被“帧每秒”（Frames Per Second）领域设置的，“编辑（Edit）>参考（Preferences）>导入（Import）”。当素材被选中，被解释的帧速率显示在项目板块中素材旁边的缩略短文中（图1.11）。

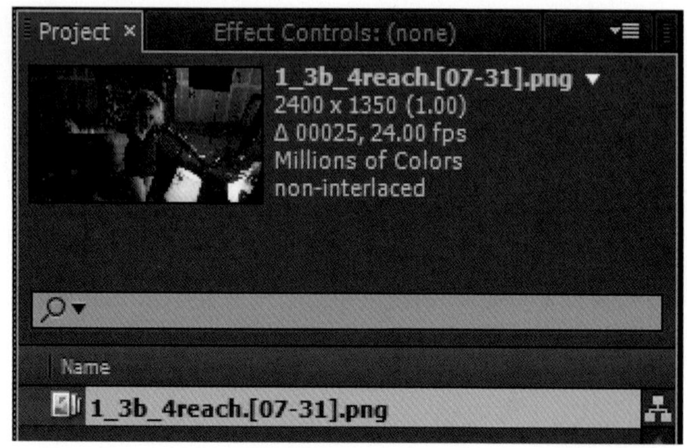

图1.11　项目板块中的一个素材的缩略短文显示出一个图像序列的解释的帧速率，同时也有素材的分辨率以及像素纵横比例（方形素材被显示为1.0），持续时间，以及图像色深——显示为一个粗略值，例如百万种颜色（Millions of Colors）。

你可以在任何时候更改导入的素材的帧速率。这样来操作，在项目板块中的素材名字上点击鼠标右键，并选择“素材说明>要点”。在解释素材窗口，点击“假定这个帧速率”（Assume This Frame Rage）单选按钮，键入一个帧速率值在所给的区域，并且点击窗口的“OK”按钮。

通常，合成用的帧速率必须匹配素材的帧速率。然而，你可以在一个单独的合成中选择多种不同的帧速率的多条素材。在这种情况下，你必须选择一个合成帧速率来匹配你希望的输出。例如，如果项目倾向于高清电视用于以24帧每秒来播出，那么就设置合成帧速率为24帧每秒。融合不同的帧速率在一个合成中导致帧下降或者帧数成倍。这些在后面的“加速和减速素材”小节中被讨论。

隔行扫描对比逐行扫描

这里有两个数字视频的帧速率变种：逐行扫描以及隔行扫描。逐行速率运用“整体”帧以及等同于每一帧是一个完整的图像的图像序列。与此相反的，隔行运用一系列隔行的“半”帧，也被称作“域”（fields）。隔行域速率有时包含小数。例如，59.94域每秒是29.97帧每秒的隔行版本。其他时间是用整数。50域/秒是25帧/秒的隔行版本。隔行源于标清电视技术上的限制，也是一个遗留系统。

通常，对于一个特效项目，运用逐行扫描是可取的。对于一些操作例如擦除绿幕以及动作跟踪来说，由于每一个域的不完整性，运用隔行扫描将是困难的。如果你被强迫处理一个隔行扫描的素材，可以将其转换为一个逐行扫描的图像序列。按照新手指南的步骤来完成这个过程。

隔行扫描转为逐行扫描新手指南

按照下面的步骤可以完成转换隔行扫描视频到逐行扫描的图像序列。逐行扫描可以最好地适用于视觉效果合成因为它提供整体的帧来代替半帧。

1. 创建一个新的项目。点击“文件>导入>文件”来从\ProjectFiles\Plates\Interlacing\Tutorial路径中导入Interlaced.mov文件。After Effects分辨出隔行扫描并且显示这个信息在素材旁边的简介短文中，以短语分离的或保持英文Lower表示。Lower象征半帧（也被称为一个“域”）优先用于这一帧（一个域第一个被画出，剩下的域第二个被画出）。低域是由其他从图片顶部开始的所有偶数扫描线组成，而高域是由其他从图片顶部开始的所有奇数扫描线组成的。
2. 你可以在素材说明窗口更改域解释（在素材上点击鼠标右键然后选择“素材说明>要点”）。你可以通过在“分离域”（Separate Fields）菜单中的“低域优先”（Lower Field First）和“高域优先”（Upper Field First）之间进行改变来切换域的优先。如果这个菜单被设置为关闭，那么程序会结合域。关闭这个菜单是不使用隔行的第一个方法。然而，其最后的质量往往非常差，还伴随着非常清晰可视的隔行线（图1.12）。对于这个指南的范例，请在菜单中设置“低域优先”。
3. 点击鼠标左键拖动影片从项目板块到一个空的时间线。一个新的

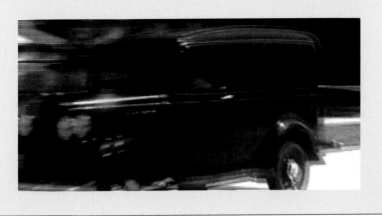

图1.12　当“分离域”被设置为关闭，隔行线就会显示出来。

合成被建立并且以其素材名来命名。其分辨率、帧速率以及持续时间都匹配于影片本身。注意时间线不能显示独立域。事实上，合成永远是逐行的。就其本身而论，域被融合了并显示在“合成视图”（Composition View）（图1.13）。然而，最终的图像质量比关闭“分离域”得出的效果更令人满意。注意你可以查看域在“素材视图”（Footage View）。你可以通过点击“向上翻页”（Page Up）或者“向下翻页”（Page Down）按钮来单步调试独立域。向上翻页是在时间上向后倒退，而向下翻页则是相反的。如果一次你点击向上翻页或者向下翻页两次，你可以单步调试一整个域或者两个域。每一个域的查看是通过对这个域重复扫描来完成的——对于其对应的域每一个域都有少许不同，这在高对比度边缘最明显。

图1.13　当分离域被设置为低域优先时，素材消除隔行扫描。这个素材选自Prelinger Archives的一个产业电影*Facts on Friction*，授权来自Creative Commons Public Domain。更多信息，参见www.archive.org/details/prelinger。

4. 你可以锐化合并域的边缘，让其趋于柔和，通过转到素材说明窗口，并且选择“保护边缘”（Preserve Edges）复选框。作为一种选择，你可以运用一种锐化效果，点击“效果>模糊&锐化（Blur&Sharpen）>锐化”。你必须转到合成视图去查看在融合域的锐化。

你现在可以用逐行扫描的素材工作了。你也可以选择导出合成作为一个图像序列，这样你就可以用于一个不同的项目或者合成。你在合成视窗中看到的每一帧都会变成序列中的一帧。去渲染一个图像序列，选择一个图像格式，例如，TIFF、PNG、Targa，等等。这个项目以deinterlaced.aep的名称被保存在\ProjectFiles\aeFiles\Chapter1\tutorial路径中。另外，一个转换过的图像序列被保存在\ProjectFiles\Plates\Interlacing\Deinterlaced\Deinterlaced.###.png路径中。

加速和减速素材

虽然电影或者视频素材被一个特定的帧速率捕捉，但是你随时可以运用你想要的帧速率来解释出一个风格化的结果。你可以应用这个创意的解释在一条独立的素材上或者在一个完整的包含所有内容的合成上。在After Effects中有一些方法来达到这个目的，包含蓄意失配帧速率以及额外的时间效果。

失配帧速率

如果一条素材的帧速率在合成中与合成的帧速率不匹配，以下两种情况中的一种会发生：帧缺失以及帧重复。你可以遵循下列一般规则：

- 如果合成帧速率比素材帧速率多，那么素材帧速率将重复。
- 如果合成帧速率比素材帧速率少，那么素材帧速率将发生跳帧。

例如，一个12帧速率的素材出现在24帧每秒设置的合成中，那么素材的帧会翻倍，每一帧将播放两次。素材的帧速率低于合成帧速率本质上会显示出慢镜头。如果48帧每秒的素材出现在24帧每秒设置的合成中，每隔一帧将会丢掉一帧。素材的帧速率高于合成帧速率的话，本质上会显示加速。因此，失配帧速率是实现素材“时间变形”的一个基本方法，即素材被人为地加速和减速。

当一个合成被嵌套在第二个合成中，如果帧速率不同，那么同样的规则也可以被应用。减速和加速被应用于嵌套的合成层。更多关于嵌套的信息，请看第4章。

帧融合

每当一条素材中有帧速率失配以及帧数被加倍，你可以选择去应用帧融合（Frame Blending）。帧融合综合来自周围的帧来产生“新的中间帧”（new in-between frames）作为一个代替简单的重复帧。实际上，融合可以经常掩盖时间变形的事实。

你可以在任一图层激活帧融合。然而，你只能在携带着失配帧速率素材的图层中看到其效果。去激活帧融合，在图层边框中选择图层并且选择“图层（Layer）>帧融合>帧混合或者图层（Frame Mix or Layer）>帧融合>像素运动（Pixel Motion）”。帧混合方法简单联合两个周围的帧通过分批混合来创造出一个新的中间帧。虽然帧混合优于没有混合

（“图层>帧融合>关闭”），融合方法可见于移动的物体以及/或者一个移动的摄影机。

相对的，像素运动方法运用一个预先的运动估算方法来跟踪一个超时的运动。像素运动有能力去创建一个能够正确地伴随着移动物体在正确的中间场地沿着它们的移动路径的中间帧。像素移动经常创建与原摄影机捕捉到的帧不易分别出来的新的帧。然而，移动估算技术在一些特定的情况下可能会失败。这些情况包括：

- 目标物体遮挡——移动的物体互相遮挡或者遮挡背景。
- 物体闯过帧画面的边缘。

作为一种代替方式可以选择“图层>帧融合>像素运动”，你可以运用“时间变形”（Timewarp）运动近似效果。时间变形通常能够达到很好的效果。另外，Vision Effects Twixtor插件也能达到一个很好的效果。这些效果将会在下三个小节中进行讨论。

注意像素运动会增加相当长的渲染时间。你同样可以通过点击位于图层框中的图层名字来点击“帧融合”按钮从而激活帧融合（图1.14）。如果你找不到这个按钮，点击“切换开关/模式”（Toggle Switches/Modes）按钮，这个按钮在图层框的最下面。点击出现一个反斜杠（\）（After Effects CC2014）或者一幅小的帧画面（CC 2015），这可以将帧融合放进帧混合模式。双击则产生一个斜杠（/）（CC 2014）或者一个向右的箭头（CC 2015），这可以将帧融合放在像素运动模式。注意如果大的“启用帧融合”按钮被激活，那么帧融合只能是合成时可运用的功能。

图 1.14　图层的帧融合按钮用红框标出。像素运动的帧融合用斜杠表示（After Effect CC 2014）。用于合成的启用帧融合按钮被黄色框标出。

时间变形效果下的时间变形

时间变形效果（效果>时间>时间变形）提供一个代替帧融合的可能性。它主要的优势在于有一个长长的属性单可以供你调节。按照下面的指南步骤可以教会你使用。

慢镜头新手指南

按照步骤将会使素材减速，所以使用时间变形效果可以使素材运行两倍的长度，而速度是原先的一半。

1. 创建一个新的项目。点击“文件>导入>文件”，从\ProjectFiles\Plates\TimeWarping\1_3a_3hand\指南路径导入1_3a_3hand.##.png 图像序列。确保素材的帧速率为24帧每秒。如果不是，在素材名上点击鼠标右键并且选择“素材说明>要点”。在素材说明窗口，选择“假设这个帧速率”单选按钮，在提供的区域键入24，并且点击窗口的“OK”按钮。
2. 在素材上点击鼠标左键拖拽其从项目板块到空的时间线上。一个新的合成项目以素材的名字命名并且携带正确的分辨率、帧速率以及持续时长。图像序列描述了一个手部沿着椅子边缘移动的特写镜头。用RAM预览按钮回放时间线。注意正常的手部的移动速度。（After Effects CC2015将RAM预览按钮的功能与标准回放按钮结合。）
3. 随着素材图层被选择，选择“效果>时间>时间变形”。前去“特效控制板块”（Effect Controls Panel）中的特效部分。注意“方法”（Method）菜单被设置为像素移动，很像标准的帧融合。如果需要的话，你可以切换这个菜单到帧混合或者整个帧。默认情况下，“速度”（Speed）属性被设置为50。这个设置会将素材放慢50％。放慢的素材以原有的16帧播放，最后一帧丢失。设置速度为200％。速度值超过100％加速了素材。回放来看一下速度的变化。随着这个设置，每隔一帧丢失并且最后一帧被重复去填满在时间线上的16帧的长度。
4. 设置速度为25％来减低素材的速度到一个更大的阶段。回看时间线。在这个要点上，移动估算创建了一些变化，一些边缘穿过了椅子扶手。来看这个，放大画面到200％并且回放。根据你正在调整的素材，变化是非常微妙的，一些像素有一些不适合的滑动（图1.15），或者更加极端的是，有一些大块的“裂痕”扰乱了部分图像。
5. 提高“向量细节”（Vector Detail）到100。这个增加运动向量的数量用于跟踪素材中的特征。如果向量细节被设定为100，这里就是每一个像素中有一个运动向量。向量数量越多，计算也就越慢。回放时间线，变化减少但是仍然存在。测试不同的向量细节值。
6. 设置向量细节到50，并且提高“错误阈值”（Error Threshold）到10。

图1.15　有像素滑动的区域被用绿色覆盖（这个不会显示在After Effects，但是在这里标出作为参考）。这个滑动是由不理想的时间变化设定引起的。

错误阈值设置帧之间像素匹配的准确性。越高的错误阈值，就有越多的特效依赖于帧混合风格融合到填充局部的细节（本质上，它忽略了一些运动向量结果）。你可以进一步通过从正常到极限改变“滤镜”（Filtering）菜单增加变化质量。回放时间线。变化已经降至可以接受的范围（图1.16）

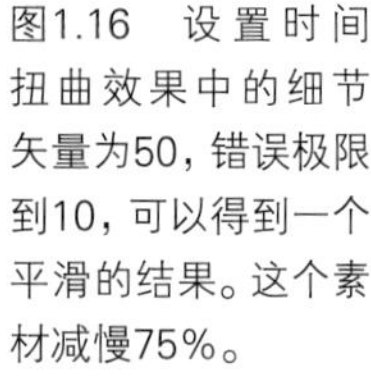

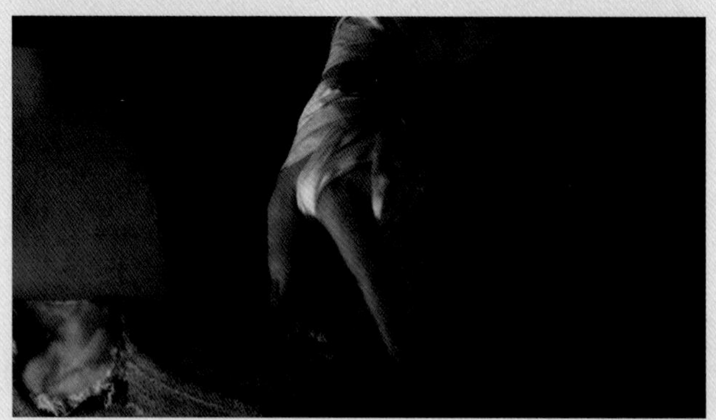

图1.16　设置时间扭曲效果中的细节矢量为50，错误极限到10，可以得到一个平滑的结果。这个素材减慢75%。

每次你应用时间变形特效在不同的素材上，它可能要求不同的设置。注意没有一个混合的设置可以制作出完美的效果。然而，时间变形效果可以比标准帧融合选项提供更多先进的解决方案。其他效果可用选项被分组在“平滑”（Smoothing）部分，其会控制结果的锐化程度，“权重”（Weighting），运动估计的变差以及特定的颜色通道和运动模糊，这增加了人工运动模糊和对运动矢量特征成功的跟踪。一个本指南已完成的版本被保存为mini_timewarp.aep 在\ProjectFiles\aeFiles\Chapter1\指南路径。

时间变形插件：Vision Effects Twixtor

Twixtor插件，可以从www.revisionfx.com网站中得到，它是一个强大的时间变形效果。下面是对它的应用的一个简单的介绍：

1. 选择你想进行包装的图层，选择“运动模糊（RE：Vision Effects）>Twixor”。在效果控制板块中找到Twixtor效果（图1.17）。
2. 改变帧速率域以至可以匹配合成帧速率（这必须匹配素材的原始帧速率）。
3. 设置速度百分比到想要的时间变形速率。数值低于百分之百将会使原素材减速。数值高于百分之百将会使素材加速。回放，寻找像素滑动或者边缘撕裂导致物体相互穿过或者物体消失在帧画面中。
4. 如果滑动或者撕裂存在，实验调整“移动敏感度值”（Motion Sensitivity values）。如果没有改善，那么重回默认值70。越高的值一般会产生流畅的效果。
5. 如果滑动或者撕裂仍然存留，尝试更改“帧解释”（Frame Interp）

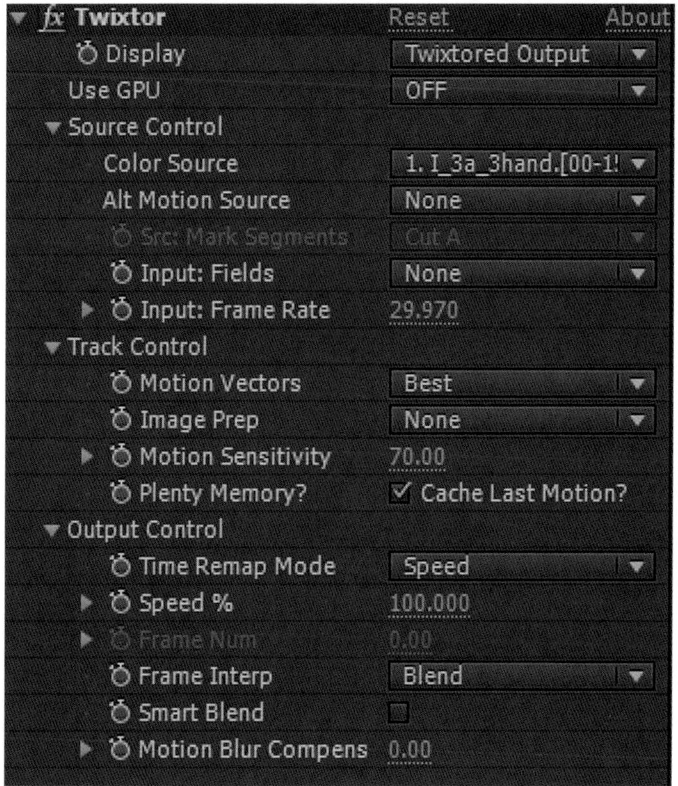

图1.17　默认状态下的Twixtor性能。

菜单。使用默认的方法、融合、周围的帧画面相互扭曲，使用运动估计向量，然后混合在一起创建了一个新的中间帧。“动态加权融合”（Motion Weighted Blend）方法以类似的方式工作，但是加权融合基于物体的运动。与此形成鲜明对比的是，最近的方法是扭曲前面的帧到后面的帧去创建一个新的中间帧。

6. 可选的是，你可以通过改变动态向量菜单放弃动态估计也就是没有动态向量。如果“帧解释”菜单被设置为“融合”，其特效的功能在某种意义上类似于After Effect 帧混合模式。

运动模糊插件同样提供了效果的两种额外的变化：Twixtor Pro 和 Twixtor Pro，Vectors In。Pro版本添加了能将前景从背景元素中区分开来的定义遮罩的能力，这帮助避免撕裂。另外，Pro版本提供一套功能是设置跟踪点去有助于识别特效在帧画面中运动。Vector In 变化允许你从另一个程序中导入动态向量，例如3D软件。

时间拉伸

你可以通过引用“时间拉伸”（Time Stretch）选项改变一个图层的帧速率。这就不用在素材说明窗口改变帧速率了，因为如果一条特定的素材在同一个项目中被用在几个不同的地方，那这样在素材说明窗口改变帧速率是不可取的。

让一个图层减速或者加速，选择“图层>时间>时间拉伸”。在“时间拉伸”窗口，在“拉伸要素”（Stretch Factor）域中键入一个值并且点击窗口的“OK”键。数值超过百分之百拉伸素材（从而使其减速）。数值低于百分之百挤压素材（从而使其加速）。图层的时长控制台位于时间线上，缩短和伸长都会影响“拉伸要素”值。你可以转到“时间拉伸”窗口，叠加时间去选择不同的要素。你也可以激活帧融合（请见之前的小节）。

“图层>时间”菜单同样也提供“时间翻转图层”（Time-Reverse Layer）选项，这能颠倒层的帧顺序；以及定格，“冻结”当前帧并在整个时间线上重复。定格插入一个时间重叠效果以及一个动画预览曲线。时间重叠效果将在下一节中讲解。

时间重叠

“时间重叠效果”提供了一个强大的手段，通过提供一个你可以调节的时间曲线去加速和减速素材。应用这个特效，选择“图层>时间>启用时间重叠（Enable Time Remapping）”。这个效果显示在图层框中图层名字的下面。访问时间曲线，点击“时间重叠”或者点击“包含此属性在图像编辑器”按钮，并且点击位于图层框最顶端的“图像编辑器”按钮。

默认情况下，时间曲线是一条直线从第一帧到最后的对角处（图1.18）。两个关键帧储存了目标帧的数值。第一个关键帧储存了第一帧的时间数值。换言之，如果合成的第一帧是帧1，那关键帧就储存1.0作为一个值。最后一帧储存了最后一帧的时间数值，如果合成的最后一帧是60，那关键帧储存60这个值。默认曲线意思是这里面没有时间变形效果。曲线提供新的帧数值给素材，除非曲线发生变化，否则没有变形会产生。

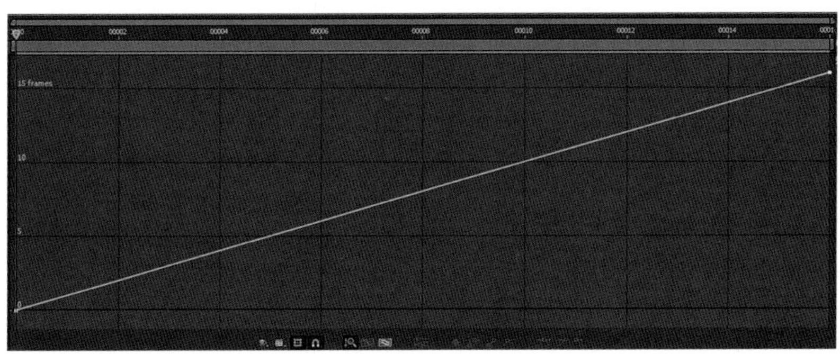

图1.18　16帧合成默认情况下的时间重叠效果曲线。

如果你想要将素材进行减速一直到时间线的最后，向上弯曲虚线的右侧。曲线越平，在那个时间线区域中的素材就越慢。曲线越陡峭，在那个区域中的素材就越快。如果曲线变平，那么帧就会被重复为定格——这与“定格”选项会产生相同的结果（请看前面的小节）。对于一个工作演示，请看下面的指南。

你可以为一个运用“时间重叠”的图层激活帧融合（请看前面的小节）。你也可以通过删除“时间重叠”效果移除时间变形。想要这样做，点击图层名字下“时间重叠”按钮并且点击删除键。

速度改变新手指南

按照下面的步骤，你可以在一个单独的图层和单独的时间线上对素材进行减速和加速。这将利用“时间重叠”效果。

1. 建立一个新的项目，点击“文件>导入>文件”，从\ProjectFiles\Plates\TimeWarping\1_3a_3hand\指南路径导入1_3a_3hand.##.png 图像序列。确保素材的帧速率为24帧/秒。如果不是，在素材名上点击鼠标右键并且选择“素材说明>要点”。在素材说明窗口，选择“假设这个帧速率”单选按钮，在提供的区域键入24，并且点击窗口的“OK”按钮。

2. 在素材上点击鼠标左键拖拽其从项目板块到空的时间线上。一个新的合成项目以素材的名字命名并且携带正确的分辨率、帧速率以及持续时长。图像序列描述了一个手部沿着椅子边缘移动的特写镜头。回放时间线。注意正常的手部的移动速度。
3. 随着素材图层被选择，选择“效果>时间>启用时间重叠”。一个时间重叠效果被添加到图层上。在图层框中点击“时间重叠”特效的名字并且点击“图像编辑”（Graph Editor）按钮。时间曲线出现在图像编辑中并且呈现从第一帧到最后一帧的一条直线。去创建一个素材变速的时间变形（也就是，帧速率变化），你可以改变时间曲线的形状。
4. 在最左边第一个关键帧的最顶端单击鼠标右键，以及从目录中选择“关键帧插值”（Keyframe Interpolation ）。关键帧插值窗口打开。改变“时间插值”目录到贝塞尔曲线（Bezier）并且点击“OK”。将一个贝塞尔曲线切线手柄添加到关键帧。点击鼠标左键拖拽贝塞尔曲线切线手柄（黄线最后的黄色的点），以至曲线从一开始就向下弯曲，并且在前两帧基本上是平直的（图1.19）。这创建了一个简略的定格帧，一个缓慢的开始以及一个对于前帧速率循序渐进的加速。回放时间线来看一下变化。

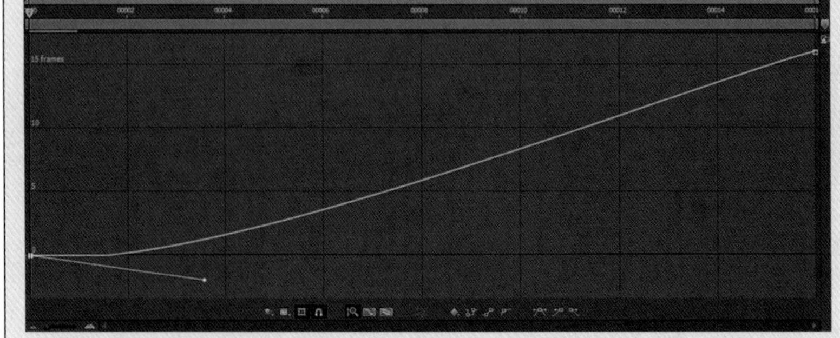

图1.19　一个简略的定格帧以及一个缓慢的加速是由转换第一个关键帧到一个贝塞尔曲线以及移动切线手柄来创建的。

5. 当塑造曲线时，请记住以下几点：
    - 如果曲线是绝对平的，那么在平的区域里的第一帧是重复的。
    - 如果曲线的倾斜幅度不大，那在那个区域里，素材是减速的。
    - 如果曲线的斜度是陡峭的，那在那个区域里，素材是加速的。

考虑到这一点，将最后一个关键帧转换为贝塞尔曲线切线并且移动切线手柄以至素材在最后慢下来。你可以推手柄去延伸它，由此对曲线的形状产生影像。回放时间线。

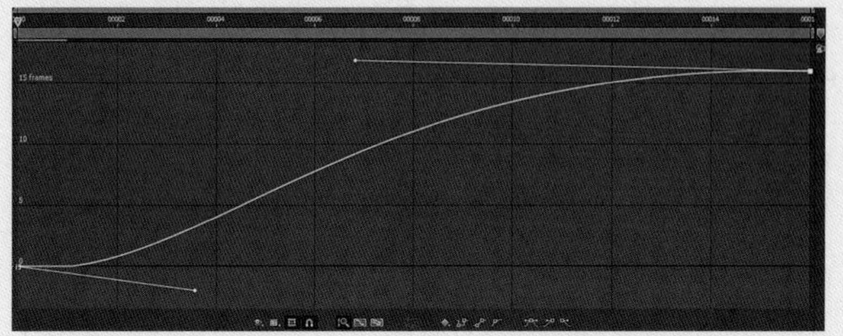

图1.20　最终改变过的曲线，通过用第二个切线手柄来塑形曲线，把一个降速添加在最后。

你可以激活帧融合，将新的慢动作帧融合在一起。实际上，如果改变了曲线从而在整个持续时间中改变了速度，那么就减少了因为运用像素运动融合方法而导致的物体相互穿过的情况的可能性。

视情况所选。你可以插入额外的关键帧在曲线中并移动关键帧。在选择的曲线上按住Crtl/Cmd + LMB，插入一个新的关键帧。点击鼠标左键并去拖拽它，去移动关键帧。记住在图像编辑器中是从左至右的方向发展，这表示了帧的时间方向，从低到高的方向表示组限制。在这种情况下，曲线值是创造时间变形的新帧数。在图1.20的例子中，时间线上的帧8用的是素材上的帧11。你可以通过把鼠标放在曲线上帧8的位置，在弹出的框中读取帧数值。时间线可以完善曲线从而得出一个新的帧数。如果帧融合被激活，新的帧将通过检查准确的曲线值以及向加权融合的最近的现有的帧进行融合。一个这个项目已完成的范例被命名为mini_remapping.aep，储存在\ProjectFiles\aeFiles\Chapter1\指南路径。

用时间效果改变帧速率

After Effects提供了许多效果来改变素材到一个创意性的经过。在这里做几个简单的介绍。

Echo

这个效果图层叠加帧可以创造一种鬼怪的效果。你可以在性能中用同样的名字设置一些数量重复的帧。选择融合模式让帧在“Echo操作”

（Echo Operator）菜单中进行合并。

CC Wide Time

这个效果同样可以创建鬼怪的效果但是不会使帧过度曝光（参照本章最开始的图1.1）你可以选择一些数量重复的帧用“向前逐帧播放”以及“向后逐帧播放”性能来向前和向后。

Time Displacement

这个效果通过及时抵消像素来包装一个图像。抵消是基于一个第二图层的RGB值。提供一种手段使图像移动穿到其他图像，就好似遇到电视广播干扰。在Time Displacement图层菜单中选择第二个图层。

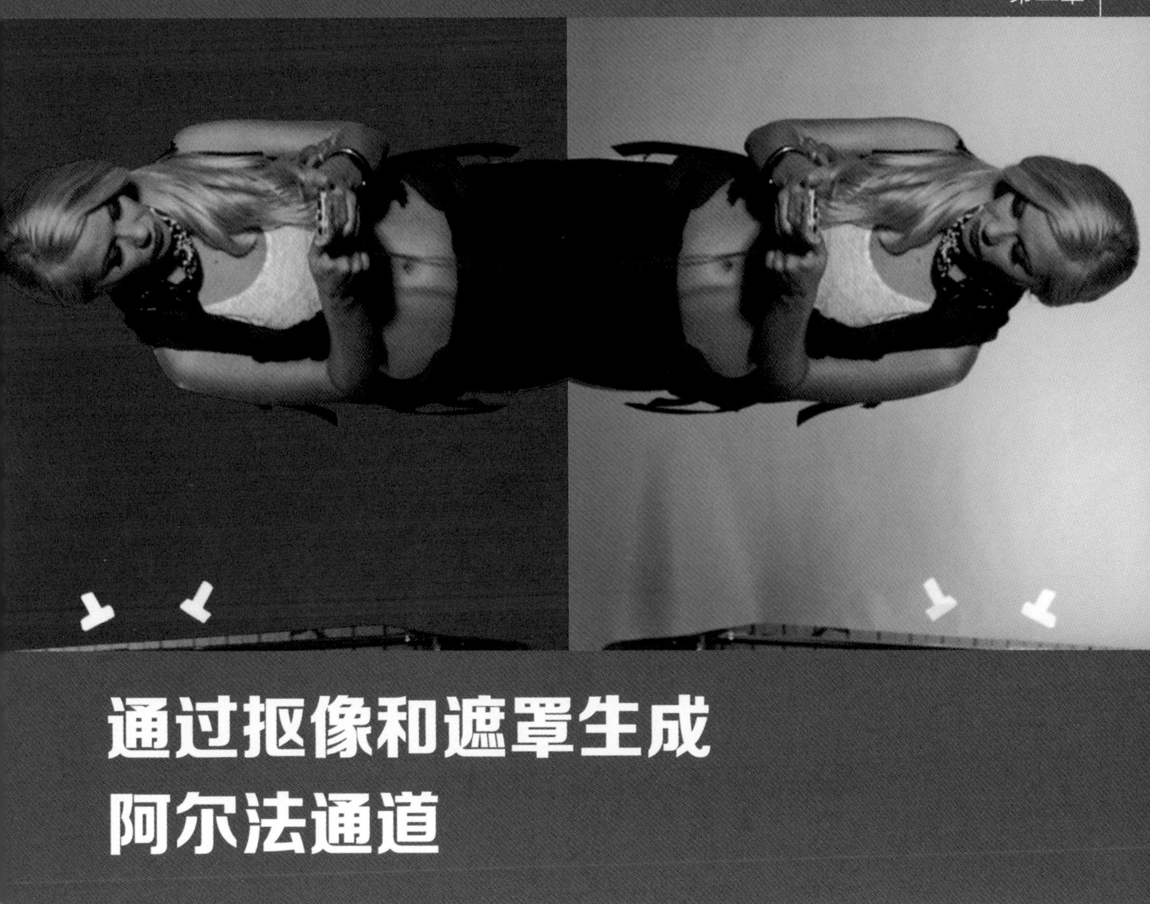

第二章

通过抠像和遮罩生成阿尔法通道

包含After Effects图层透明信息的阿尔法（Alpha）通道是后期合成制作的重要组成部分。尽管有些原始素材可能会自带阿尔法通道，比如一些3D渲染或Photoshop制作的艺术素材，但是其余的素材可能就没有阿尔法通道，比如独立的视频素材或由一系列图片序列组成的视频素材。这时如果需要一个没有通道的图层部分遮挡下一级图层，就会遇到很多问题。

解决之道是你可以在After Effects里通过借用其它通道的颜色参数（values）来创造一个阿尔法通道，比如红色、绿色或蓝色。这项练习主要通过“色控键”（Chroma key）工具来实现。色控键主要用于定位颜色，如一个绿屏中的绿色（图2.1）。你也可以通过制作一个阿尔法遮罩来生成阿尔法通道。遮罩可以表现为抠像的形式，或者通过操纵一个特别的通道来获得，比如亮度通道。

本章内容包含了以下关键信息：

- 常用抠像插件的使用
- 阿尔法遮罩边缘的改进
- 自定义亮度遮罩及启动轨道蒙版

图2.1　影棚内的绿屏。图片版权归Steve Lovegrove/Dollar Photo 俱乐部所有。

使用色控键技术创建阿尔法通道

色控键是指通过定位及移除目标颜色，为素材创造出多层信息的后期合成过程。这种技术是在早期的电影制作过程中发展起来的，那时的视觉特效是由光学印刷术创造的。此种技术今天在电视直播、影棚拍摄、电视节目录制及后期视觉特效中仍然普遍采用。早期的色控键技术主要依赖于蓝色及蓝色背景屏。绿屏则是在进入数字视频时代后才被广泛应用（见图2.1）。作为一种技术，色控键可以定位选取任何一种颜色，所以你可以根据本章的讲述内容来定位一个红色背景、一个橙色的日落色调，等等。虽然如此，为了方便讨论，下文会使用绿屏作为统一示例。色控键工具主要是针对一个镜头或素材进行抠像的，所以它也通常被称为抠像插件，我们在讨论抠像特效时，通常称绿屏为背景，非绿色背景区域（需要被保留的区域）则称为前景。在色彩理论中，色度是指相对于白色来说，一种色彩的彩色度，彩色度表示一种颜色与灰色之间的差距程度。饱和度是指一个颜色的强烈程度（明亮程度）。

After Effects提供了很多不同种类的抠像插件，每个插件都有自己的优势和缺陷。由于篇幅原因不允许我们详细介绍每一种插件，本文主要讲述最重要和最常用的几种。它们的位置位于菜单下“效果>键控（Keying)”。

使用Keylight

在After Effects提供的抠像插件中，The Foundry's Keylight（Keylight的全称）是其中最强大的一种。假设绿屏已经布置完毕，你可以根据以下几个步骤快速将绿色抠掉：

1. 将Keylight应用于绿屏素材（“效果>键控>Keylight 1.2”），打开效果控制面板内的效果选项（图2.2）。

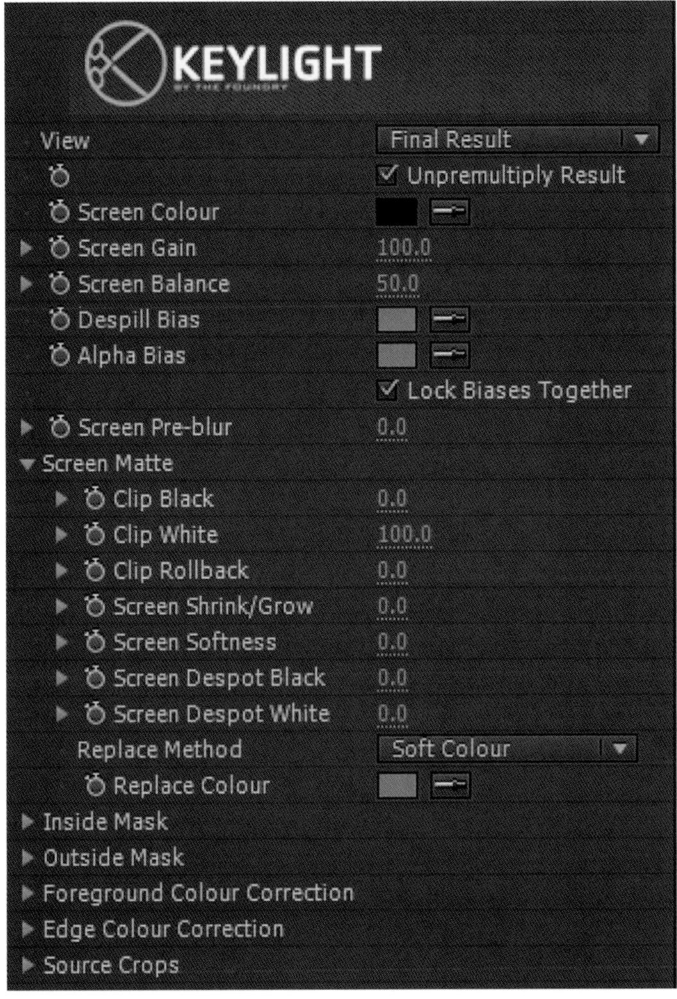

图2.2 Keylight 1.2特效选项，带有初始设置数值及打开的屏幕遮罩下拉选项。

2. 使用屏幕颜色的吸管工具，在合成视图面板上选择背景颜色。例如，选择绿屏上的绿色。如果绿屏上的光线不均匀，可以选择一个中间色调。
3. 将效果的“视图”菜单转到“联合遮罩”（Combined Matte）模式（图2.3）。合成视图上此时显示出阿尔法遮罩。目标是让白色区域（alpha的不透明部分）尽可能白，黑色部分（alpha的透明部分）尽可能黑。

图2.3　调整前的绿屏联合遮罩视图画面。

4. 扩大绿色遮罩部分。提升“切除暗部”（Clip Black）的数值，直到所有绿屏上的灰色区域消失。注意不要侵蚀到任何你想要保留的阿尔法边缘，例如演员的头发周围。任何比“切除暗部”低的像素值都为0（100%透明）。降低“切除亮部”（Clip White）的数值，直到不透明白色区域的灰色部分全部消失。（图2.4）同样注意不要侵蚀到想要保留的边缘。任何比切除亮部更高的像素值都为现有色

图2.4　调整切除暗部和切除亮部数值，使黑色更黑，白色更白。

彩空间中最高值（例如，在80-bit 255 空间内，相当于100%的不透明度）。

5. 完成第4步的调整后，将视图菜单转换到“最终结果”（Final Result）模式。你可以继续在最终结果模式下调整Keylight。为了确定获得最好的绿屏移除特效，可以暂时在绿屏图层下放置一个亮色调的“固态层”（Solid）。你可以在“图层>新建>固态层”下面创建一个固态层。

很多绿屏处理都会应用到以上几步。但是当绿屏的拍摄不尽如人意时，会给后期处理增加很多难度。在随后的两段文字中，可以了解到使用Keylight时会遇到的潜在的问题和解决办法。

Keylight 新手指南

使用前文中推荐的Keylight插件，去除图2.5中的绿屏。这个镜头被命名为：mini_greenscreen.aep，位于\ProjectFiles\aeFiles\Chapter2\directory。

图2.5　上图：原画面。下图：应用了Keylight的画面。一个红色的固态层被添加到下一级图层中，用来评估抠图效果。

注意绿屏边缘上的运动追踪记号需要使用“垃圾蒙版”（garbage mask）——一个用来去除不需要元素的手绘遮罩来去除。垃圾遮罩和它对应的部分——“保留蒙版”（holdout mask）将在下一章节中进行示范。此外，绿屏下方左右两侧可能仍会留有一些轻微的噪点。想要让演员周边的边缘柔和，并阻止对遮罩边缘过度的侵蚀，保留一定的噪点也是必要的。你也可以通过垃圾遮罩来移除噪点，只要噪点不会在演员后面直接出现。

这个镜头的最终效果镜头保存为：mini_keylight_finished.aep，使用了以下几项设置：

- 屏幕颜色（Screen colour）= 中色调绿色（Mid-tone green）(73, 154, 87 in 0-255 RGB)
- 切除暗部 = 30
- 切除亮部 = 83
- 替换方法（Replaced Method）= 源图像（Source）

注意：关于替换方法的讨论请参见本章后面关于“Keylight的溢色处理”的讲述。

处理有瑕疵的绿屏

特效合成师很少能获得完美的绿屏拍摄素材。最常见的问题主要体现为画面中出现不需要或无法自动抠除的对象。包括：

- 电影、录像或影棚器材，包括：灯光，遮光板，脚架及绳索
- 由于绿屏不够大，露出了现场或场景的边缘
- 操控现场特效及道具的剧组人员

在这种情况下，你可以通过“动态遮罩”（Rotoscope）或者创建一个“垃圾蒙版”，或“保留蒙版”来去除不需要的对象。在第3章中有关于动态遮罩的详细讲解。

素材里出现的现象有可能使抠像插件无法创造一个干净的阿尔法通道。这些现象包括：

- 严重的视频噪点或胶片颗粒
- 投射到绿屏上的阴影
- 明显的不均匀照明
- 运动物体造成的严重运动模糊

- 绿屏被其他物体反射出来
- 绿屏布面上存在褶皱或不规则笔触
- 由于拍摄对象太过于靠近绿屏而产生的严重绿色反光
- 直接在绿屏上粘贴的运动跟踪点
- 绿屏前非常微小的细节（例如头发，威亚，线头等）

图2.6充分展示了绿屏前暴露的种种问题，阴影、褶皱、运动跟踪标记及头发。这个绿屏将作为本章结尾处的教程课题。

图2.6　一个有挑战性的绿屏素材。

处理一个或多个的绿屏问题，需要用到不同的抠像插件，包括创造自定义遮罩，创建动态遮罩或蒙版（masking），或者将绿屏素材分解为多个图层。本章随后会对自定义遮罩进行讨论。关于素材分层请参考第3章相关内容。

其他Keylight属性应用

在处理不同的绿屏素材时，Keylight插件提供很多可进行调整的属性。本章节中有详细的说明。（见前文图2.2。）

屏幕预模糊

屏幕预模糊（Pre-blur）是指在进行绿屏抠像前将像素值进行平均处理，对噪点或颗粒严重的素材有很大的帮助。属性中也包含简化阿尔法遮罩边缘的设置。参见第9章关于噪点和颗粒的相关讲解。

屏幕增益和屏幕平衡

“屏幕增益”(Screen Gain)决定了屏幕颜色被移除的力度。它的数值越高，移除力度越大。基本上可以使用初始默认参数100。调整切除暗部和切除亮部参数往往能获得更理想的效果。此外，调整屏幕增益可以辅助去除阿尔法通道里的细小噪点。“屏幕平衡”(Screen Balance)通过将最强烈的颜色部分(如绿色)与余下的两部分(如红色和蓝色)进行比较，显示出目标屏幕颜色的饱和度。将此参数向100的方向调整，可以使饱和度与余下部分最弱的色彩进行比较。将此参数向0的方向进行调整，可以使饱和度与余下部分最强烈的色彩进行比较。初始参数值为50，表示余下的两个颜色饱和度相当。在正常情况下，不需要对这个初始参数进行调整。屏幕平衡主要用于对遮罩进行细微的调整。

切除恢复，修整边缘暗色调节和屏收缩柔化边缘

这些属性可以缩小或扩大阿尔法遮罩(见图2.7)。它们或者缩小不透明区域，或者扩大不透明区域。“切除恢复”(Clip Rollback)保留了在调整过程中可能丢失的阿尔法边缘信息，这个功能可以帮助细微的边缘获得柔化的效果。注意过高的切除恢复参数可导致半透明边缘过于明显。

 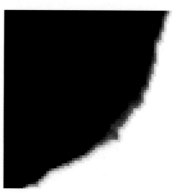

图2.7　左侧：闭合的阿尔法遮罩边缘，灰色像素为半透明。右侧：同样的边缘，将切除恢复调整为1.0，半透明边缘发生了扩张，于是使得边缘更加柔化。

“修整边缘暗色调节”(Screen Shrink/Grow)，正如其名字一样形象，这个功能可以在基本保持目前遮罩边缘半透明程度的前提下将其缩小或扩大。比较小的负值参数可用于缩小沿RGB通道边缘产生的不需要的深色线条。这些深色线条也可能产生于“替换方法”属性，本章节后面关于“溢色控制”(Suppressing Spill)的部分有相关讨论。

去除暗部半透明区域噪点和去除亮部半透明区域噪点

“去噪点”（Despot）属性可以进一步简化遮罩，帮助消除其它属性无法消除的噪点。使用时要格外小心，较高的参数会使阿尔法的边缘过于光滑，从而使边缘看起来变得不真实。比如在人的手、头发或脖子上留下微小的痕迹或孔洞。“去除暗部半透明区域噪点”（Screen despot black）是攻击白色的不透明区域中的孤立的黑色点。“去除亮部半透明区域噪点”（Screen despot white）则与之相反。

使用Primatte 插件

还有很多第三方插件可以用于绿屏处理。比如由红色人软件公司出品的Primatte Keyer就获得了很大的成功。Primatte的主要优势在于它的半自动化及交互式工作流程。下面的新手指南将带你了解Primatte的基本操作方法。你也可以下载Primatte Keyer的试用版。下载网址为：www.redgiant.com/products/all/primatte-keyer/。

Primatte 新手指南

下面是针对绿屏进行处理的一系列常用步骤。操作练习时请使用保存于\ProjectFiles\aeFiles\chapter2\directory的文件mini_greencreen.aep。

1. 选择绿屏图层，然后选择“效果>Primatte>Primatte Keyer”。打开效果控制面板中的效果选项。
2. 在抠像部分点击“自动计算”（Auto Compute）按钮（图2.8）。Primatte会自动探测到背景颜色并将其移除。阿尔法透明通道自动出现。
3. 将视图菜单转换到遮罩。如果阿尔法通道的背景区域内存在灰色噪点，点击“选择背景”（Select BG）按钮，然后LMB-拖动鼠标到合成视图区域内的灰色像素上。拖动路径此时由一系列白点显示出来。Primatte自动找到选取的像素并且重新调整其阿尔法参数。你可以多次采用LMB-拖动。你也可以在“抽样方式”（Sampling Style）菜单下选择“矩形”（Rectangle），然后选择出一个像素矩形块。
4. 如果在阿尔法通道的前景区域存在灰色噪点，点击Clean FG按钮，然后LMB-拖动鼠标到这些噪点上。可以尝试在“选择背景”和“选择前景”（Select FG）工具之间反复转换。如果需要从新开始，可以点击Primatte效果栏最上方的“重设”（Reset）键。

5. 当一个黑白分明的阿尔法通道被生成后，将视图菜单转换到合成窗口。放大视图观看器来检查阿尔法边缘以及任何有可能溢出的绿色。想要减少绿色溢出，点击“溢色海绵”（Spill Sponge）按钮，然后LMB-拖动鼠标到溢色区域。溢出的颜色会马上被消除。尽量使鼠标的选择范围短小，以免从前景中抽出过多的颜色。你可以使用键盘Ctrl/Cmd+Z来取消前面的鼠标动作。需要时在绿屏图层下添加新的固态层来检查阿尔法遮罩的质量。
6. 如果边缘处被过多地缩减或半透明化，可以通过点击“遮罩海绵”（Matte Sponge）按钮并在此区域LMB-拖动鼠标来复原像素的不透明度。小心使用这个选项，因为它有可能在之前的透明背景中增加噪点。需要时可以在“抽样方式”菜单下的“矩形”和“点”（Point）之间反复切换，以获得更加有效的抽样。
7. 如果边缘过于僵硬，缺乏适当的半透明和柔化效果，可以点击“恢

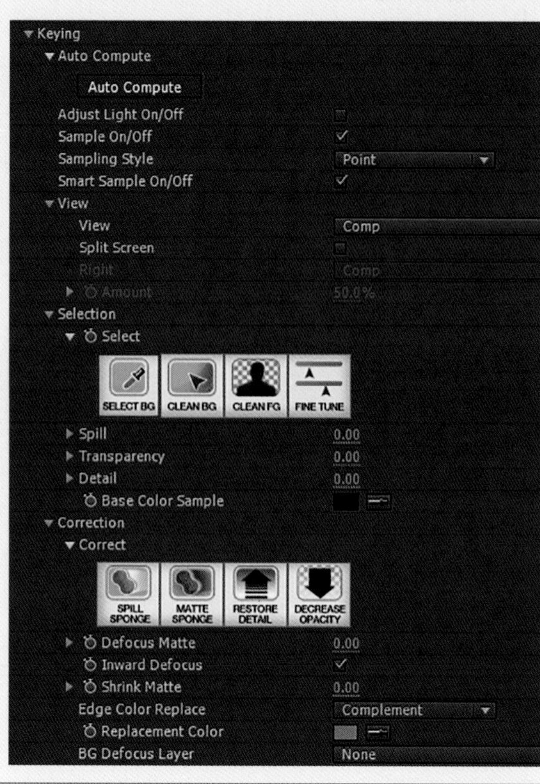

图 2.8 Primatte Keyer抠像部分的选项及初始参数。

复细节”(Restore Detail)按钮并在边缘处LMB-拖动鼠标。同样小心使用这个功能，因为它有可能在之前的不透明前景中增加噪点。你可以在任何时候返回到前面任何一次操作。

8. 想要轻微地柔化遮罩的边缘，可以提高“散焦遮罩”（Defocus Matte）参数。想要缩减遮罩范围，可以提高“柔化遮罩”（Shrink Matte）参数。在“净化”(Refinement)的扩展选项下，可以看到“溢色”(Spill)，“遮罩”(Matte)和“细节”(Detail)按钮，每个按钮都有加号和减号两个选择（图2.9）。可以利用这些选项对遮罩各个部分进行精细调整，也可以恢复或消除溢色、前景或背景参数。

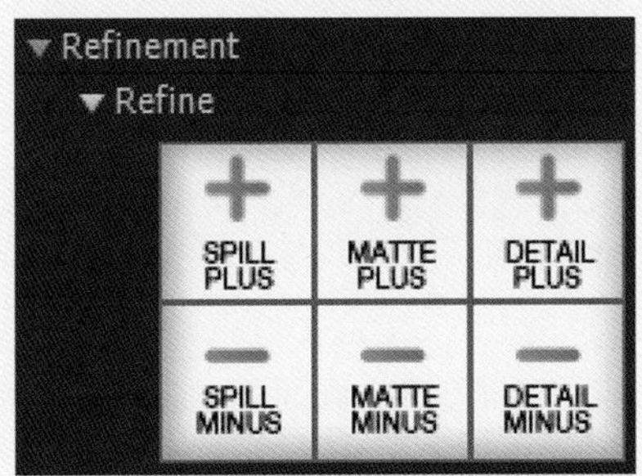

图2.9 净化的扩展选项。

9. 与Keylight相似，Primatte可以自动消除和减少前景区域的背景颜色。依据“边缘颜色替换”（Edge Color Replace）菜单的默认设置，它会将背景颜色自动替换为其补色（RGB色板上与其相反的颜色）。你也可以将菜单转换到“颜色”（Color)，并通过“替换颜色”（Replacement Col）进行颜色设置。此外还可以将菜单转换到“背景虚焦模糊”(BG Defocus)，它使用“背景虚焦模糊图层”(BG Defocus Layer)菜单下的一个模糊图层。将“背景虚焦模糊图层”设置到绿屏层，从而将原始像素参数添加回来。

这个教程的完成版本保存为mini_primatte_finished.aep。

使用差值抠像

“差值抠像”（Difference Keyers）可以找出两个图层中对应像素的不同之处，或者找出一个图层中颜色分布的不同之处。这些效果包括“差值遮罩”(Difference Matte）和“颜色差值抠像”(Color Difference Key)。

差值遮罩

差值遮罩效果将一个源素材图层（应用了效果的图层）和一个不同的图层进行比较。两个图层中任何不匹配的对应像素，就会被分配为不透明阿尔法；相互匹配的对应像素被分配为透明阿尔法。想要取得好的效果，必须提供一个“空画面”（Clean Plate）镜头。空画面是指前景没有拍摄对象的画面。例如，一个镜头需要拍摄一名演员，这个镜头的空画面版本就是不带演员的拍摄版本。一个成功的空画面需要将摄影机锁定拍摄（或使用运动控制摄影机来拍摄，运动控制摄影机可精确重复每一次的摄影机运动）。以图2.10为例，一个差值遮罩和一个静止的空画面将演员与背景分割开来。尽管制作了一个固态遮罩，这个效果很难体现RGB边缘参数——特别当噪点或胶片颗粒严重时。所以，当演员的边缘呈现出绿色时，就需要使用其它工具来缩减遮罩。本章后面关于“简单抑制工具”（Simple Choker）和“遮罩抑制工具”（Matte Choker）的部分将会对遮罩缩减进行展示。

想要实现这个效果，需要将空画面作为合成的一部分。你可以将空画面隐藏，或置于最底层的不透明图层的下面。空画面可以是单独一帧。在调整效果过程中，可以将“差值图层”（Difference Layers）菜单切换到空画面图层。调整“匹配宽容度”（Matching Tolerance）以使像素获得更加精确的匹配。如果存在严重的噪点或颗粒，可以考虑提高“差值前模糊”（Blur Before Difference）参数将素材进行柔化，或者也可以通过提高“匹配柔和度”（Matching Softness）来柔化遮罩。

颜色差值抠像

“颜色差值抠像”并不常用，它创造两个独立的遮罩并将它们合成为一个最终的阿尔法遮罩。其中一个叫遮罩B（Matte Partial B），由背景颜色而来；第二个是遮罩A（Matte Partial A），由非背景颜色而来。尽管颜色差值抠像不如Keylight 或Primatte直观，它仍然可以产生一个带有半透明前景的干净的阿尔法通道，比如镜头中带有烟或薄雾的画面。关于这个效果的具体应用，参见下面的新手指南。

颜色差值抠像新手指南

以下是使用颜色差值抠像的基本步骤。操作练习时请使用保存于\ProjectFiles\aeFiles\Chapter2\directory的项目文件mini_smoke.aep。

图2.10 上图：空画面。中图：带演员的画面。下图：抠像结果。这个文件保存为difference_matte.aep，位于\Project-Files\aeFiles\Chapter2\directory。

1. 选择绿屏图层，然后选择“效果>键控>颜色差值抠像”，打开效果控制面板的效果选项。
2. 使用“抠像颜色”（Key Color）吸管，选择背景中的绿色。遮罩A和遮罩B已经被生成。你可以通过点击右上角效果选项区域的A和B按钮来查看遮罩的缩略图（缩略图在右上方画框中显示）。你也可以通过点击按钮（图2.11）来查看最终合成遮罩的缩略图。将视图菜单转换到“修正过的遮罩”（Matte Corrected），可以在合成视图中看到结合后的遮罩。
3. 点击中间的黑色吸管按钮，然后LMB-点击合成视图背景中的某个灰色区域。这时可以使用黑色吸管多次重新采样来不断更新遮罩。当背景区域已经基本上没有灰色像素后，点击下面的白色吸管按钮。LMB-点击合成视图前景中的某个灰色区域。使用白色吸管进行多次重新采样。在黑、白吸管中可以进行反复切换操作。
4. 为了得到满意的结果，可以尝试调整不同的“滑块”（sliders）。滑块包括“输入白色”（In White）、“输入黑色”（In Black）、“输出白色”（Out White）、“输出黑色”（Out Black）和遮罩A与遮罩B的伽马设置，外加“最终输出遮罩”（final output matte）及“已标签遮罩”（labeled matte）。内部（In）滑块决定效果使用什么参数。低于“输入黑色”参数以下的数值可以忽略掉。高于“输入白色”参数以上的数值可以忽略掉。外部（Out）滑块决定输出效果数值的最大范围。例如，如果遮罩A“输出白色”设置为175，那遮罩A的输出参数将不会高于175。想呈现一个最佳质量的遮罩，可能需要调试每一个滑块。当你对遮罩感到满意时，将视图切回到“最终输出”。这时可以将

图2.11　一个经过调整的颜色差值抠像，将烟雾与绿色背景分隔开来。

“颜色匹配精确度”（Color Matching Accuracy）菜单转换为“更加精确”（More Accurate），从而进一步改进效果质量。

要注意当项目文件的设置为8位（8-bit）时，颜色差值抠像有可能产生色调分离（色带），建议选择“文件>项目设置”窗口，将深度菜单下的设置更改为每通道16位（16-bit）。关于颜色空间的更多信息，参考第一章。本教程的完成版示例保存为mini_difference_finished.aep。

使用范围抠像

“范围抠像”（Range Keyers）将颜色范围转换为透明信息。这些效果包括“颜色范围”（Color Range）和“线性颜色抠像”（Linear Color Key）。

颜色范围

颜色范围效果可以将指定范围内的颜色（RGB，YUV或Lab颜色空间）变为透明。这个效果通过Lab颜色空间的L（明度）通道或YUV颜色空间的Y（亮度）通道来创造出一个“亮度遮罩”（luma matte）。（Lab的a和b通道，YUV的U和V通道，对颜色分量进行编码。）颜色范围效果包括调整遮罩的交互式吸管。关于效果的具体应用办法参考下面的新手指南。

颜色范围新手指南

下面是使用颜色范围效果的基本步骤流程。操作练习时请使用保存于\ProjectFiles\aeFiles\Chapter2\directory的名为mini_green.aep的项目文件。

1. 将颜色范围效果（位于“效果>键控>颜色范围”）应用于绿屏图层。使用颜色抠像吸管选择背景颜色（最上面的吸管按钮）。此时阿尔法遮罩变为透明。遮罩缩略图出现在吸管按钮旁边（图2.12）。
2. 使用“+吸管”工具，在你希望添加透明层的区域进行采样。例如，点击绿屏中较暗的区域。你可以在遮罩缩略图上进行点击，或者在合成视图面板中进行点击。可以多次使用吸管。
3. 使用“-吸管”工具，在你希望恢复不透明的区域进行采样。微调最小（min）和最大（max）滑块来得到更好的效果。滑块此处被划分为

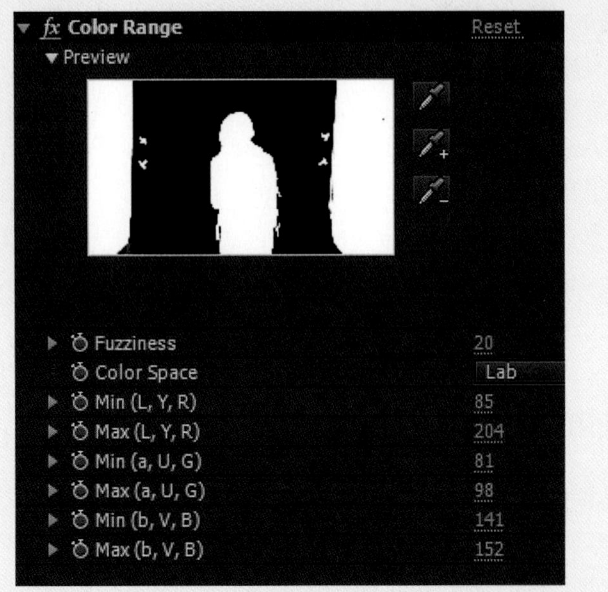

图2.12 调整过的颜色范围效果。阿尔法遮罩的缩略图出现在吸管按钮旁边。

第一、第二和第三通道。如果你使用Lab空间，前两个滑块设置L通道的范围，中间两个滑块设置a通道的范围，最后两个滑块设置b通道的范围。

该项目的完成版本保存为mini_range_finished.aep，位置位于\ProjectFiles\aeFiles\Chapter2\directory。更多关于亮度遮罩的信息请参考本章后面“创建一个自定义亮度遮罩”部分。

线性颜色抠像

线性颜色抠像效果使用一系列颜色来创造透明层。定位的背景颜色由抠像颜色样品来建立。颜色范围的大小由匹配宽容度属性确定。如果匹配宽容度参数为0%，那么只有由抠像颜色设定的颜色被选定。百分比数值越大，相似颜色的选定范围越大。这个效果也为遮罩的交互性调整提供颜色抠像，+和-吸管工具。在图2.13中，线性颜色抠像被用来快速去除蓝色的天空。

总体来讲，线性颜色抠像效果适用于含有溢色或背景上呈现明显不同于前景颜色的素材。此外，这个效果还可以帮助定位被之前使用的初级抠像插件漏掉的颜色（如Keylight）。例如，你可以使用线性颜色抠像消除绿屏上的运动跟踪标记。

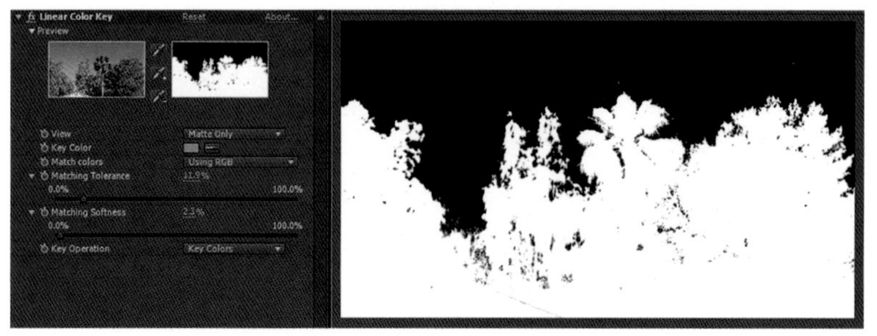

图2.13　线性颜色抠像被用来去除蓝色的天空。这个文件保存为：linear_color.aep，位　于：\ProjectFiles\aeFiles\Chapter2\directory。

溢色控制

溢色是指在前景不透明物体上出现的不需要的色控键颜色。绿色溢色是当演员在绿屏拍摄时离屏幕距离过近而导致的常见问题。溢色常出现在头发（特别是浅色头发）、皮肤和衣服上。

在Keylight 里处理溢色

Keylight效果提供了一系列消除或减少溢色的办法。当效果根据背景屏幕找到背景颜色后，便将相对应的阿尔法像素变为透明或半透明状，同时削弱RGB内背景颜色的存在。这个背景颜色并没有被完全去掉，即绿色通道的参数没有到0。然而，红、绿、蓝三色之间的平衡数值已经向红和蓝进行了转移。你可以通过使用替换方法菜单下的可选“源素材”（Source），“硬色”（Hard Colour）或“柔和色”（Soft Colour）（见图2.14）来控制转移的类型。“源素材”选项重新导入原始RGB像素值。如果素材内有一处很严重的溢色，这个溢色会重新出现。如果溢色很轻，源素材选项就可以产生很好的效果。柔和色引入一个由替换颜色定义的实色，并试图保留原始像素的亮度（明度）。硬色恰恰相反，添加替换颜色后并不进行匹配。

溢色效果的应用

除了抠像效果外，After Effects还提供了单机的溢色控制效果，包括了“溢色控制器”（Spill Suppressor）和“高级溢色控制器”（Advanced Spill Suppressor）。

“溢色控制器”效果通过“颜色到控制”（Color To Suppress）样本找到溢出的颜色。你可以将样本设置为与抠像插件使用的相同颜色，或者从合成视图面板中的抠像图层选择一个颜色。控制的程度由“抑制”属性来

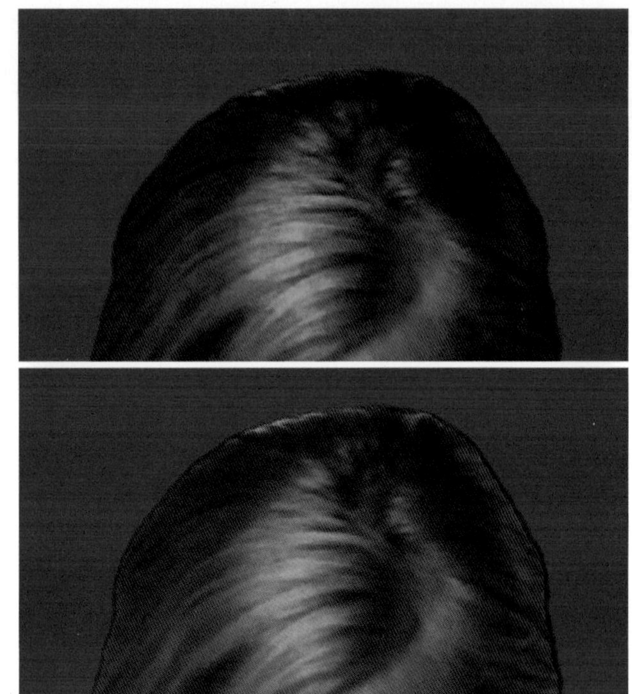

图2.14　上图：替换方法设置为柔和色。替换颜色为默认灰色。结果是头发轻微变暗，变红。下图：替换方法设置为源素材。头发变亮了一些，并保留了黄-绿平衡。然而，头发上面和右侧边缘的绿色溢色更加明显。这个项目保存　为mini_keylight_finished.aep，位于\ProjectFiles\ae-Files\Chapter2\directory。注意这个画面中的颜色饱和度被故意提高，这样可以使颜色的差别更加明显。

控制。溢色控制器位于Affter Effects CC 2013 的“效果>键控”菜单下。

Affter Effects CC 2014和AE CC 2015将溢色控制器替换为了高级溢色控制器。如果将“方法”（Method）菜单设置为“常规”（Standard），它就会探测到主背景颜色并去除或削弱它的存在。如果将菜单设置为“修正”（Ultra），你需要继续进行以下的设置：

抠像颜色 允许你选择自己需要的溢出颜色。

宽容度（Tolerance）将前景中的背景颜色过滤出来。可以通过调整这个属性来削弱皮肤上的溢色，尽管通常取得的效果甚微。原始参数为50。

溢色矫正（Spill Color Correction）决定了取代溢色的颜色的饱和度。如果绿色被消除掉，溢色区域的颜色平衡就会向红色和蓝色发生转移（产生出紫色）。这样，提高溢色矫正参数可以产生一个更加饱和的紫色。将参数设置为0，该区域内颜色则变为灰色。

降低饱和度（Desaturate）降低图像中最终颜色的饱和度。它可以辅助阻止强烈的色彩出现在溢色区域。此参数越高，饱和度降低得越大。非常高的数值甚至可以降低整个画面的饱和度。参数为0时效果消失。

亮度矫正（Luma Correction）控制溢色矫正后的像素的强度，数值越高，溢色区域越亮。

溢色范围（Spill Range）控制溢出颜色被移除的力度。数值越高，溢色被移除的程度越大。当溢色矫正数值很高时，调整此属性可以看到更明显的改变。

图2.15对比了不同的溢色移除方式。在图2.15的上图中显示了原始绿

图2.15　关于溢色控制设置的一组对比图。

屏素材。第二张图中显示了应用Keylight之后的效果（替换方法菜单设置为无）。在此设置下，溢色并没有被替换，而是显示为头发里留存的蓝-绿色。第三张图中，使用了高级溢色控制器，溢色矫正设置为100，此时溢色区域出现了紫色。最下面的一张图同样使用了高级溢色控制器，降低饱和度设置为48，溢色范围设置为22，溢色矫正设置为5，亮度矫正设置为17，此时的头发已经十分接近于原始的金黄色调。

这个项目保存为：spill_suppressor.aep，位于\ProjectFiles\aeFiles\Chapter2\directory。注意画面中的颜色饱和度被故意提高，这样可以使颜色的差别更加明显。

修改阿尔法遮罩

尽管色控键工具在视觉合成特效中经常使用，你还是有可能遇到很多无法利用它的情况。例如，素材中并没有绿屏或一个单一的背景颜色存在，此时就需要通过其它方法生成阿尔法遮罩，After Effects为此提供了“轨道遮罩”（Track Matte）功能和几种通道效果。

启动轨道遮罩

如果一个合成画面里有最少两个层，在下面的层里会有一个“轨道遮罩”选项菜单，这个菜单在TrkMat栏下面（如果这里看不到，点击图层列表下面的“切换开关/模式”按钮）。“轨道遮罩”可以从上一级的图层中借用阿尔法信息。上一级图层可以保持隐藏（隐藏可以避免挡住轨道遮罩的效果）。

如果“轨道遮罩”菜单设置为阿尔法遮罩，阿尔法信息会被自动转移。如果菜单设置为“反向阿尔法遮罩”（Alpha Inverted Matte），阿尔法参数被自动反向并转移。举例来说，在图2.16和图2.17中，通过设置绿屏图层的轨道遮罩菜单为阿尔法遮罩，场景的两边被去掉了。这个阿尔法从上一级图层中得来，它的大小和位置已经被确定。这个固态层周边的空白区域已经是透明的。注意轨道遮罩技术要与去除绿屏的抠像插件一同使用。

你也可以使用轨道遮罩生成一个亮度遮罩。亮度遮罩将RGB亮度值转换为阿尔法值。注：亮度（luma）在数字视频系统中，代表调整了伽马值的像素明度（brightness）。如果在轨道遮罩菜单内设置了亮度遮罩，上一级图层的一个灰色调版本被转移到启动了轨道遮罩图层的阿尔法通

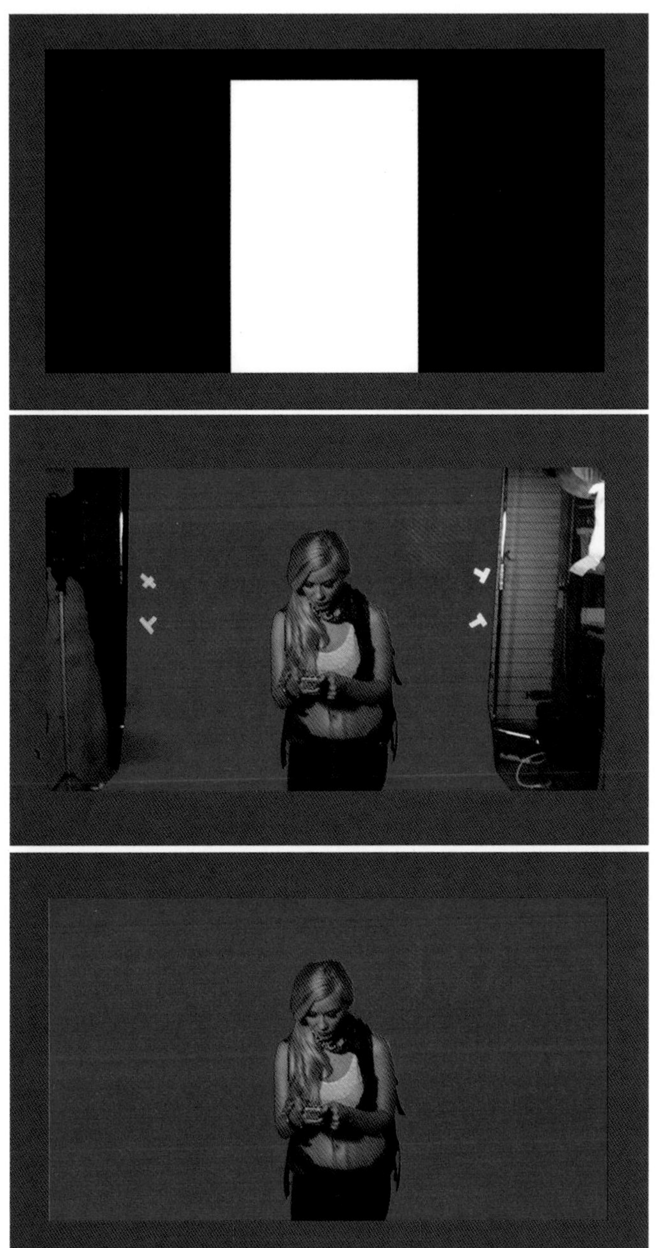

图2.16 上图：顶部图层中一个固定的形状。中图：被抠掉绿屏的画面位于中间层，红色固态层位于最底下一层。下图：中间层轨道遮罩被设置为阿尔法遮罩，由此使它从上一层中提取阿尔法信息，从而剪掉了场景的两边。这个项目文件保存为track_matte.aep，位于\ProjectFiles\aeFiles\Chapter2\directory。

道内。如果将菜单设置为反向阿尔法遮罩，参数则被自动反向。

创建一个自定义亮度遮罩

你可以通过改变通道内的参数来创建属于自己的亮度遮罩。如第一

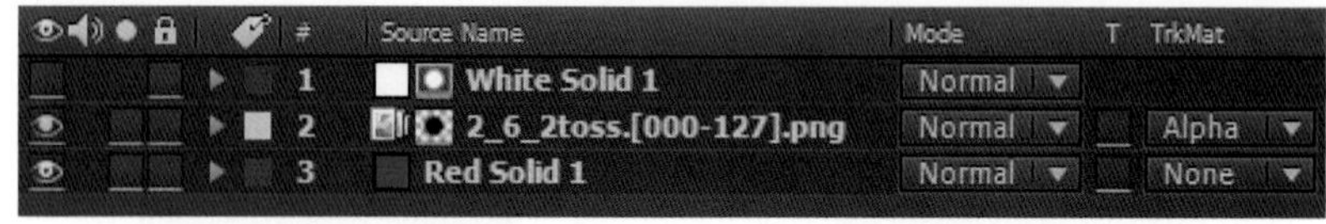

图2.17 三个应用了轨道遮罩选项的图层。关闭最左侧的眼睛符号可以将顶部的固态层永久隐藏。

章所述，一个通道自动带有像素的亮度值，无论是这是一个颜色通道还是阿尔法通道。

“遮罩设置”（Set Matte）效果位于“效果>通道（Channel）>遮罩设置”，允许你在合成画面中的任何图层内，将非阿尔法通道数值转换为同一图层的阿尔法通道。想要实现这种转移，将“选择要应用遮罩的层”（Take Matte From Layer）变为需要通道信息的图层。将“改变应用于本层的遮罩”（Change the Use For Matte）菜单变为你想要使用的通道。例如图2.18，烟花图层的红色通道被转换成这一图层的阿尔法信息。这样，烟花将自己剪掉，由此可以将它们放置于更低的图层中，即带有城市和天空的图层。

图2.18 遮罩设置效果将烟花图层的红色通道转移到相同图层的阿尔法通道，从而使烟花在带有城市的图层上显示出来。烟花照片版权归James Pintar/Dollar Photo Club所有。城市照片版权归Simone Simone/Dollar Photo Club所有。

此外你还可以使用“通道设置”（Set Channel）效果（位于“效果>通道>通道设置”）来得到一个相似的结果。想要在通道之间进行转换，设置源图层1（Source Layer 1）、源图层2（Source Layer 2）和源图层3（Source Layer 3）菜单为你想要保留RGB信息的图层。设置源图层4（Source Layer 4）菜单为提供亮度参数的图层。改变“设置阿尔法为源素材 4”（Set Alpha To Source 4）的菜单为阿尔法。此时的通道设置效果也可以将颜色通道之间的数值进行转移，以获取更具风格化的结果。例如，你可以改变“设置颜色为源素材数字”（Set Color To Source Number）菜单来拆散匹配的颜色。

改进遮罩边缘

由色控键工具或亮度遮罩得到的阿尔法“遮罩边缘”（Matte Edges）可能并不理想。为此，After Effects也提供了一些用于改进遮罩边缘的效果工具。

你可以在“效果>遮罩”菜单下找到这些工具。任何用于削弱遮罩边缘的工具都被通称为“抑制工具”（choker）。

简单抑制工具和遮罩抑制工具

简单抑制工具（Simple Choker）提供一个单独的滑块：“抑制遮罩”（Choke Matte），用来削弱或扩张遮罩。负值参数用来削弱遮罩，正数用来扩张遮罩。这个效果更趋于收紧遮罩边缘呈半透明的、衰弱的区域。

遮罩抑制工具（Matte choker）在一个工具内提供两个“抑制工具”，每一个“抑制工具”由三个选项来控制，“几何柔化”（Geometric Softness），“抑制”（Choke）和“灰度柔化”（Gray Level Softness）。几何柔化指出半透明边缘的最大像素宽度。抑制设定遮罩削弱（正数）或遮罩

图2.19　左图：一个抠掉绿屏的特写画面，可见一个带绿色溢色的粗糙边缘。右图：遮罩抑制工具通过削弱和柔化改进了边缘。这个项目文件被保存为matte_choker.aep，位于\ProjectFiles\aeFiles\Chapter2\directory。

扩张（负数）的大小。灰度柔化用于设置边缘的柔和度，当百分比数值为0时，创造一个没有半透明像素的较硬的边缘，当百分比为100时，创造一个基于另两项设置得到的最大柔和度边缘。注意，没有必要同时使用两个堵塞工具——当“抑制2”（choker 2）的初始设置为0时，“抑制2”被关闭。图2.19展示了使用遮罩抑制工具改进阿尔法边缘效果。

使用改善遮罩柔和度

相比于较老的“简单抑制工具”和“遮罩抑制工具”，“改善遮罩柔和度”（Refine Soft Matte）的效果有了明显的提高。具体来说，这个效果可以保留画面边缘细节处微妙的半透明效果，如松散的头发。此外，这个工具还可以适当保留快速运动物体的运动模糊，而标准的抠像往往达不到理想的效果。改进办法是逐渐削弱边缘透明度，同时保持前景中微小细节的敏感度。

你可以通过调整“额外边缘半径”（Additional Edge Radius）参数来修改半透明边缘的大小。可以通过选择“查看边缘区域”（View Edge Region）选框来查看边缘区域。这个区域是黄色的。“较高的额外边缘半径”参数有可能将需要的空处一起填满。所以原始参数为0时通常产生的效果更佳。你可以通过调整“平滑度”（Smooth）、“羽化值”（Feather）、“对比度”（Contrast）和“边缘转换”（Shift Edge）滑块来继续深入调整。

如上文所述，这个工具可以保留由“运动模糊轨迹”（motion blur trails）创造的半透明区域（图2.20）。你可以通过选择“更多运动模糊”（More Motion Blur）选框来手动增加这些轨迹的柔和度。与其他抠像插件相似，“改善遮罩柔和度”用于移除或减少探测到的背景颜色。这个功能由“净化边缘颜色”（Decontaminate Edge Colors）选框来控制。你可以通过调整“净化数量”（Decontamination Amount）滑块来改变背景颜色的褪色力度。

需要注意的是：“改善遮罩柔和度”对应用的图像特别敏感。例如，一个不平滑的抠像可以导致很差的效果。此外，“无预设”（unpremultiplied）的像素也可能会导致僵硬的边缘。“预设”（premultiplication）过程是指为了计算效率而将阿尔法参数与RGB参数相乘。“无预设”则与之相反。根据初始设置，Keylight的输出结果为无预设。所以，通过Keylight创建一个干净的阿尔法和“改善遮罩柔和度”效果，需要取消选择Keylight下无预设结果选框。改善遮罩柔和度效果有时也会发生抖动，因此这个效果下包含“抖动降低”（Chatter Reduction）和

图2.20　左图：由Keylight抠出的带有大量运动模糊的画面，模糊区域可见暗色的边缘。右图：同时使用了“改善遮罩柔和度”和“更多运动模糊”，削弱了暗色线条，同时保留了半透明的运动模糊特征。蓝色背景是在下级图层中添加的固态层。这个项目文件被保存为refine_soft_matte.aep，位于\ProjectFiles\aeFiles\Chapter2\directory。

“减少抖动”（Reduce Chatter）属性。本章结尾处的教程中还会有关于这些属性的进一步说明。

尽管“改善遮罩柔和度”与“改善遮罩硬度”（Refine Hard Matte）在名称和菜单属性上都很相似，它们的底层运算法则却不尽相同。最大的不同之处在于“改善遮罩硬度”缺乏检测前景边缘细节或扩张半透明遮罩边缘的能力。所以这个效果不包括“边缘细节”（Edge Details）、“额外边缘半径”、“查看边缘区域”和“更多运动模糊”属性。对比来看，“改善遮罩柔和度”通常效果更好。

章节教程：抠除一个有难度的绿屏，第1部分

正如本章所述，绿屏画面很少有完美无缺的。由于时间和预算的限制，背景中可能会出现各种问题，如不均匀的光线、阴影、褶皱和可见的跟踪标记点等。在本教程中，我们选择了一个包含了以上所有问题的绿屏画面来作为讲解实例（见前文中的图2.6）。在教程的结尾，我们将得到一个干净的抠像。

1. 在After Effects里新建一个项目。选择“文件>导入>文件”。浏览\ProjectFiles\Plates\Greenscreen\1_3f_2sing\directory。选择PNG图像序列中的第一个帧。确保PNG序列在Import File窗口右下方保持在选择状态。点击“输入”（Import）按钮。

2. 此时图像序列作为一个独立的单元被输入到项目控制板上。选择序列后，在项目控制板的最上方检查缩略图。帧率此时应该是24fps。如果出现不同的帧率，在序列上RMB-“拾取”，并选择“素材说明>要点”。在素材说明窗口，将“假定帧率”（Assume This Frame Rate）设置为24，然后点击“OK”按钮，关闭窗口。
3. LMB-拖动素材到一个空的时间线上。一个新的合成文件被自动生成，它包含着与图像序列相同的像素、帧率和时间长度。这个序列为1920×1080，共72帧。想要重新命名这个序列，RMB-拾取项目控制板里的合成文件并选择“重命名”（Rename）。输入一个新名字，然后敲击键盘上的回车键来完成这个操作。
4. 选择一个新的图层，然后选择“效果>键控>Keylight 1.2”。打开“效果控制”面板——如果这个面板没有出现，选择“窗口（Window）>效果控制”。使用“屏幕颜色”吸管，选择合成视图面板画面中背景上的绿色。选择一个中间色调。例如，使用吸管，在演员左臂附近点击一个绿色区域。此时一个阿尔法遮罩已经被自动生成。
5. 这个遮罩并不干净，它会包含由不均匀的光线、阴影和褶皱而产生的噪点。将Keylight视图菜单调至“联合遮罩”来查看这个遮罩（图2.21）。
6. 扩展Keylight屏幕遮罩区域。缓慢地提升“切除暗部”选项的参数，并注意产生的结果。当参数到达33时，“切除暗部”已经将背景区域的噪点消除，但是此时的头发已经被轻微地侵蚀。缓慢

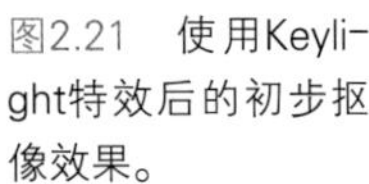
图2.21　使用Keylight特效后的初步抠像效果。

地降低切除亮部选项的参数，并注意产生的结果。当参数到达72时，“切除亮部”选项已经将前景中大部分不透明区域（演员）还原。头发也被轻微恢复。如果你继续向下调整“切除亮部”参数，任何遗留的黑色和灰色像素都会在前景中消失。但是此时的头发周围就会出现僵硬的边缘。

7. 将“视图”菜单调整回“最终结果”。在时间线上跳跃查看几帧。将画面放大到头发边缘查看细节。此时可以看到头发的边缘仍然很粗糙。一些头发被分割成几个部分，同时头发边缘的颜色开始发灰，失掉了本身的一部分颜色。灰色是由“替换方法”菜单产生的。将“替换方法”菜单设置为“源素材”，原始像素数据会被添加回来。此时出现绿色的溢色（图2.22）。将“替换方法”菜单设置为“无”（None）。这个操作取消一切颜色替换，给阿尔法边缘带来很大的改变。精细的头发丝再次出现。将“视图”菜单调整回“联合遮罩”。注意被恢复的区域大部分为半透明状态。想要查看此时图层的状态，将“视图”菜单调整回最终结果，并在“图层列表”（layer outline）下方放置一个新“固态层”。创建一个新的固态层的方法是选择“图层>新建>固态层”。例如，如果一个橘色的固态层被放置在绿屏图层下方，精细的头发外围会看起来明亮而发光（图2.23）。
8. 将替换方法菜单重新设置为源素材。我们将使用“改善遮罩柔和度”的方法来去除溢色。首先取消对“无预设结果”（Unpremultiply Result）选框的选择（在视图菜单下面）。此时头发边缘临时出现了暗色的线条轮廓。选择“特效>遮罩>改善遮罩柔和度”。此时头发边缘变得柔和，然而部分头发还是会保持模糊。降低“额外边缘

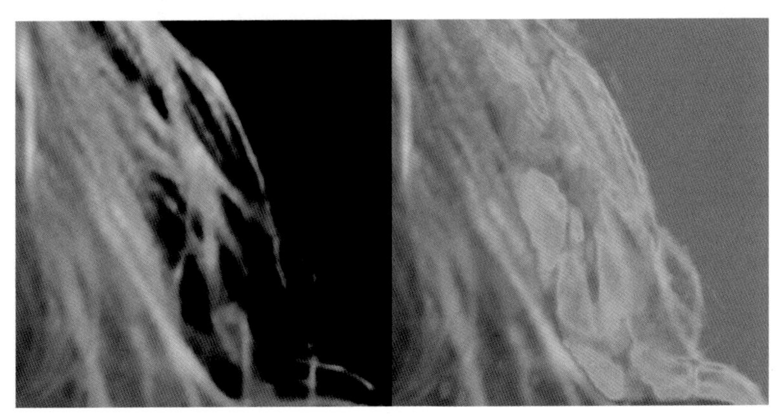

图2.22　左图：“替换方法”菜单设置为“源素材”，从而使绿色溢色重新出现。右图：“替换方法”菜单设置为“无”，当图层下被放置了另外一个图层时，如橘色的固态层，头发的外围变得明亮。

半径”参数至0.5，在保留头发细节的同时消除模糊区域。

9. “改善遮罩柔和度”的溢色移除功能造成头发边缘更加偏蓝-绿色。返回到Keylight，将替换方法菜单设置为柔和色。将“替换颜色”更改为“暗红色”（RGB数值为22,13,7）。你可以使用替换颜色吸管在头发周围的暗色区域采样。此时溢色区域的颜色会轻微地变红，从而降低了蓝-绿色的色彩倾向（图2.23）。

图2.23　头发的溢色区域，由改善遮罩柔和度效果产生了蓝-绿色。在经过设置Keylight下的柔和色，并将替换颜色更改为暗红色后，蓝-绿色倾向出现了轻微的红色倾向。

10. 想要随时评估抠像的质量，可以在时间线上来回查看。改善“遮罩柔和度”特效造成一个头发区域出现抖动和气泡。取消对“边缘细节计算”（Calculate Edge Details）的选择，阻止对细小边缘细节的重建，从而降低抖动和气泡。尽管这个操作可能导致丢失一

图2.24　教程第一部分结尾处得到的抠像效果，第6帧。

些头发的细节，但可以让抠像的结果更加一致。将“净化数量”参数降低到50%，这项操作可以降低头发边缘溢色被去除的力度，使得颜色更加一致。更改“抖动降低”菜单为“更多细节”（More Detail），并将“减少抖动”设置为100。这些属性都特别针对操作过程中产生的不一致边缘而进行调整。在时间线上再次回看，头发效果此时更加稳定。

11. 到目前为止，还没有对绿屏上的跟踪标记点和出现在屏幕左边场景的边缘进行处理。此外，“改善遮罩柔和度”在画面左上方创造出一个灰色脏点（图2.24）。“动态遮罩”可以解决这个问题，并且“动态遮罩”可以用来进一步改善我们还不满意的边缘质量。由此，我们将在第三章继续这个教程。目前的项目文件被保存为tutorial_2_1.aep，位于 \ProjectFiles\aeFiles\Chapter2\directory。

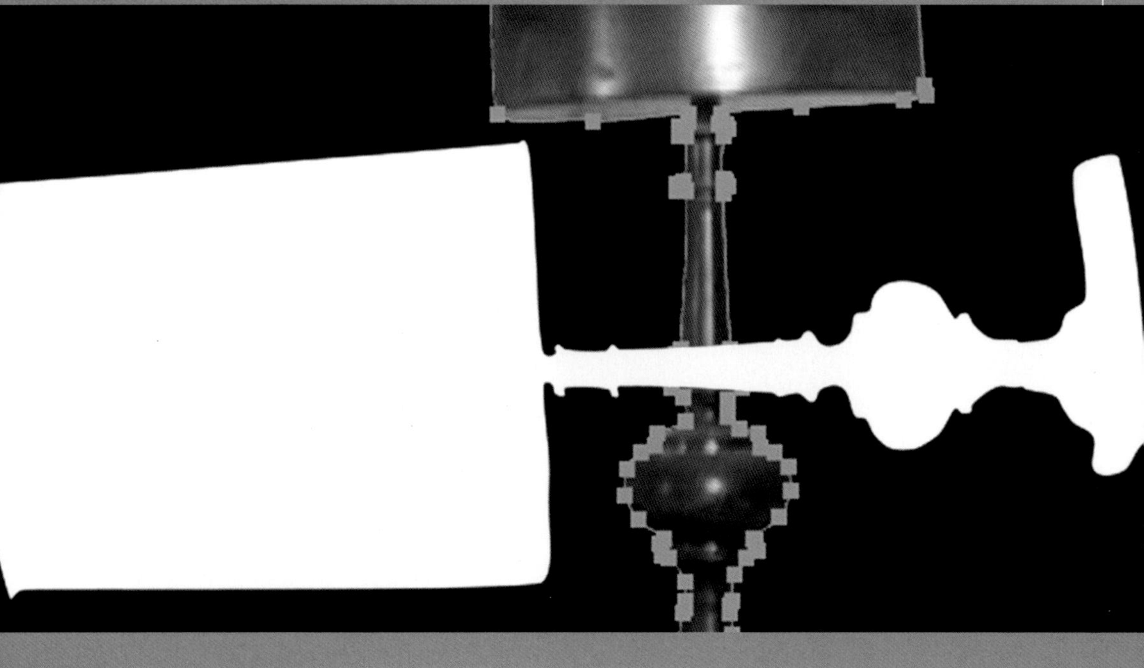

第三章

蒙版，动态遮罩和基本关键帧

在第二章中，我们讨论了使用色控键工具和常用的遮罩来生成阿尔法透明通道的办法。除了以上这些在视觉特效应用中常见的技术外，还有一些其他方法同样经常使用，其中就包括蒙版和动态遮罩(rotoscoping)。蒙版是指通过勾绘或输入一个形状来自定义一个阿尔法遮罩（图3.1）。动态遮罩是指在蒙版上添加动画，使形状随时间而改变。除了蒙版外，你可以在After Effects里制作一些动画效果，包括变形等特效。这个程序为获得最佳的关键帧和动画曲线提供了一个强大工具——图形编辑器（Graph Editor）。

本章内容包含了以下关键信息：

- 使用“钢笔”(Pen) 工具创建并操控蒙版
- “动态遮罩笔刷”(Roto Brush) 的应用和蒙版的输入
- 在时间线和“图形编辑器”上添加基本关键帧技术

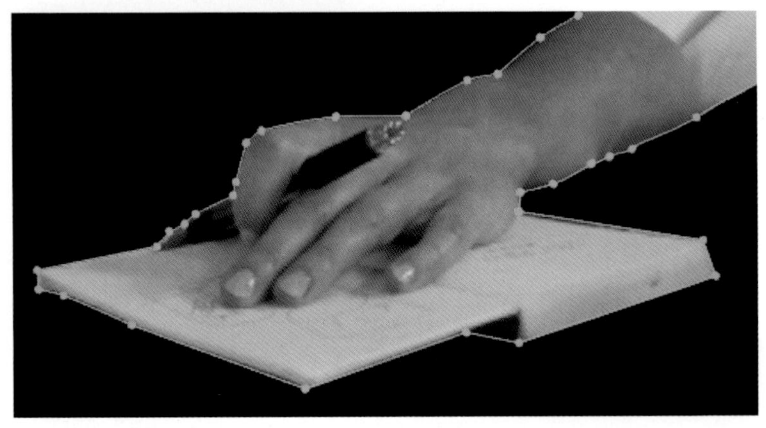

图3.1 一个勾绘出来的蒙版。蒙版边缘线为绿色，将手和书与背景分隔开来。

创建蒙版

蒙版有两种主要的形式：保留场景中某个部分的蒙版和去除场景中某个部分的蒙版。保留某个部分的蒙版通常被称为“保留蒙版”，去除某个部分的蒙版通常被称为“垃圾蒙版”(就像从画面中去掉不需要的“垃圾”)。注意“蒙版”和“遮罩”两个词经常被互换。为了便于讲解，我在本书中使用“蒙版”一词来表示通过勾绘或描绘出来的一个形状，这个形状被用来创建一个“阿尔法遮罩”。

After Effects提供几种不同的勾绘蒙版的方法，包括“钢笔”工具和它的各种扩展用法，以及“动态遮罩笔刷”工具。

使用钢笔工具

你可以通过“钢笔”工具来创造一个自定义的蒙版，在After Effects程序窗口左上角的工具栏下可以找到这个工具。“钢笔”工具可以创建出一条由很多顶点连接起来的“钢笔曲线”(spline shape)。如果这个图形是闭合的，那么图形内的区域便成为100%不透明阿尔法通道，图形外的区域则成为100%透明阿尔法通道。(如果在8-bit环境下，透明像素为0-黑色，不透明像素为255-白色。) 以下为操作“钢笔”工具的基本步骤：

1. 选择你想要创建蒙版的图层。点击“钢笔”工具按钮（图3.2)。在合成视图中，LMB-点击以安置一个顶点，继续LMB-点击添加更多的顶点组成“钢笔曲线”。注意每个顶点之间的连接线是默认为直线的。

图3.2　钢笔工具和它的各种扩展用法。

2. 当你准备好将图形闭合，将鼠标放置到第一个顶点上，鼠标变成一个小的“闭合”圆圈。LMB-点击第一个顶点，这时曲线图形已经闭合，蒙版完成，图层自动添加阿尔法通道（图3.3）。下面一层

图3.3　围绕一个台灯勾画的蒙版。右图为最终得到的阿尔法通道。

的图层画面此时从透明区域显示出来；如果下面没有图层，透明区域则被填充为黑色。

3. 点击图层列表内图层名称旁的小扩展箭头，进入图层属性。打开蒙版选项。新蒙版被列为“蒙版1”。继续打开“蒙版1”选项，可以看到“蒙版路径”(Mask Path)、“蒙版羽化”(Mask Feather)、“蒙版透明度”(Mask Opacity) 和“蒙版扩展”(Mask Expansion)(图3.4)。蒙版默认为静止的。不过你可以通过添加动画来制作“动态遮罩”(本章后面会有详细讨论)。

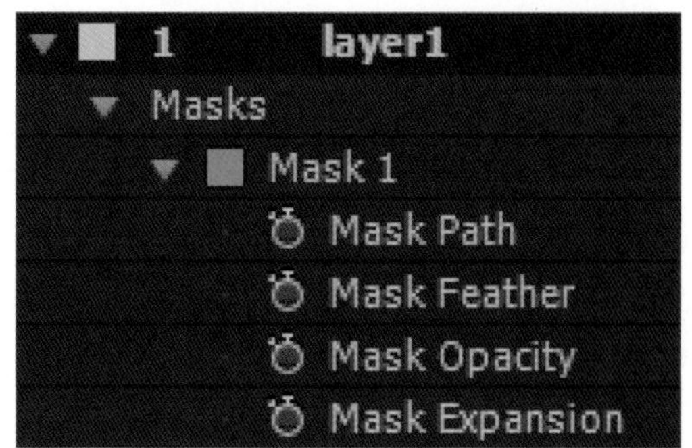

图3.4 图层列表下的蒙版属性。

4. 想要柔化蒙版边缘，增加“蒙版羽化”参数。这里有两个数值，X方向和Y方向，初始设置时为链接状态。想要降低蒙版形状的透明度，从而使不透明阿尔法区域变得半透明，降低“蒙版透明度”参数。想要使蒙版“增大”，从而使不透明边界向外扩张，提高“蒙版扩展”参数。想要缩减蒙版，在“蒙版扩展”选项中输入负值。

修改已有蒙版

你可以控制蒙版上的任何一个顶点。具体应用方法如下：

- 想要移动一个顶点，找到“选择”(Selection) 工具（位于软件主工具栏最左侧)。在合成视图画框中LMB-点击这个顶点，然后LMB-拖动。你通过进行Shift+LMB-点击，同时选择多个顶点。
- 在选择好一个蒙版后，你也可以在多个顶点上进行LMB-拖动。想要选择一个蒙版，点击图层列表中蒙版的名字，或者在合成视图／图层视图画框内点击蒙版中的一段（顶点之间的连线)。
- 想要取消对顶点的选择，在视图面板中蒙版外的空白区域进行LMB-点击即可。
- 你可以选择一个顶点，并使用键盘上的删除键来删除这个顶点，从而使“钢笔曲线”发生改变。

- 你可以双击蒙版上的一部分，将这个蒙版变为一个独立的单元。在此项操作中，蒙版上所有的顶点都要被选择，并出现一个“变形选框”（transform box）（图3.5）。整体移动蒙版，将鼠标放在选框内并LMB-拖动变形选框；放大或缩小蒙版，LMB-拖动选框的手柄（一个很小的空心四方形）；旋转蒙版，LMB-拖动选框外部的边缘（鼠标此时变为一个双向箭头）；想要从变形选框中出来，双击选框外任何空白区域即可。

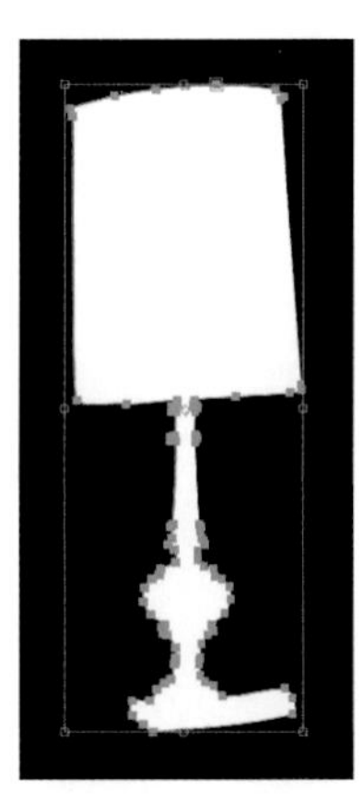

图3.5 蒙版变换选框。

此外，蒙版还可以提供以下功能：

- 顶点位置和蒙版整体的形状由蒙版路径保存。你可以在时间线上对不同的蒙版路径添加关键帧，从而随时使蒙版的形状随着时间线发生变化。本章后面还会有关于动态遮罩的更多讲解。
- 如果你在没有选择图层的情况下开始勾绘蒙版，这个蒙版将自动应用到一个新的图形图层，并剪切出一个单色图形。参见本章后面关于“输入位图（bitmap）和矢量蒙版（Vector Mask）”的更多介绍。
- 如果你想删除一个蒙版，选择这个蒙版并按下删除键。
- 你可以在图层之间拷贝和粘贴蒙版。例如，选择一个蒙版，按下Ctrl/Cmd+C键，LMB-点击一个不同图层的名字，然后按下Ctrl/Cmd + V键。
- 你可以点击“切换蒙版和图形路径的可视状态”（Toggle Mask And Shape Path Visibility）按钮，来暂时隐藏位于视图面板中的蒙版和顶点。在判断蒙版的影响或检查遮罩边缘质量的时候就可以使用这个功能。
- 想要将一个未闭合的蒙版闭合，可以选择一个蒙版，并继续选择“图层>蒙版和图形路径>关闭（Closed）”。在勾绘蒙版的期间，你可以在一个蒙版还没有闭合前就将勾绘结束，方法是选择一个不同的工具，例如“选择”工具。
- 一个图层可以同时存在几个不同的蒙版，并根据顺序以数字来命名为“蒙版n”。你可以RMB-拾取一个蒙版的名字并选择“重命名”来给这个蒙版重新命名。你还可以点击蒙版名字旁边的颜色选框来为每个蒙版选择一个特有的颜色。
- 你可以使用主工具栏上的蒙版形状按钮来创建一个预定义的蒙版形状（钢笔工具按钮左边第一个）。预定义形状包括矩形、圆角矩形、椭圆形、五角多边形或星星形状。选择其中的一种然后LMB-

拖动到合成视图内；当你放开鼠标时，蒙版的大小和形状位置就形成了。

将几个蒙版合并来创建一个复杂的形状

图3.6 三个结合在一起的蒙版将演员与背景分离。

采用合并几个蒙版的方法可以使创建一个复杂的形状变得简单。例如，你可以先勾画出一个人的头部，再勾画躯干，最后勾画出人的腿部。在图3.6中，三个蒙版联合起来，作为一个整体，将演员从背景中分离出来。

图中比较大的空心顶点代表蒙版的起始点（勾画蒙版开始和结束的地方）。蒙版边缘的白色方块代表蒙版图层的范围框。注意，在画框边缘外没有可将闭合的蒙版进行扩展的点位。当你需要制作一段动画时，这一点非常有用。

在初始设置里，单一图层内的所有蒙版都会自动添加在一起，也就是所有不透明区域被相加在了一起。你也可以为每一个蒙版选择一个独有的混合模式。只要一个图层中存在两个或以上的蒙版，就会在蒙版名字旁边出现一个混合模式菜单。在需要对蒙版进行剪切时就可以使用混合模式菜单。例如图3.7中，两个蒙版共同形成一个演员的头部。其中第二个蒙版使用了“相减”（Subtract）混合模式，从而将头发上的一小块多余区域剪掉。

图层列表中的蒙版选项里，蒙版的顺序直接影响到蒙版合并的特效。根据图3.7的设置，较大的蒙版，即蒙版1在蒙版选项内位于最上面，设置为“相加”（Add）。较小的蒙版，即蒙版2在蒙版选项内最下面，设置为“相减”。此时如果将蒙版2置于蒙版1的上面，那么就无法将头发上的多余区域剪掉。当然，你可以通过LMB-拖动蒙版的名字顺序来随意改变蒙版之间的位置顺序。

除了“相加”、“相减”和“无”（此选项将蒙版关闭），还有以下可选的

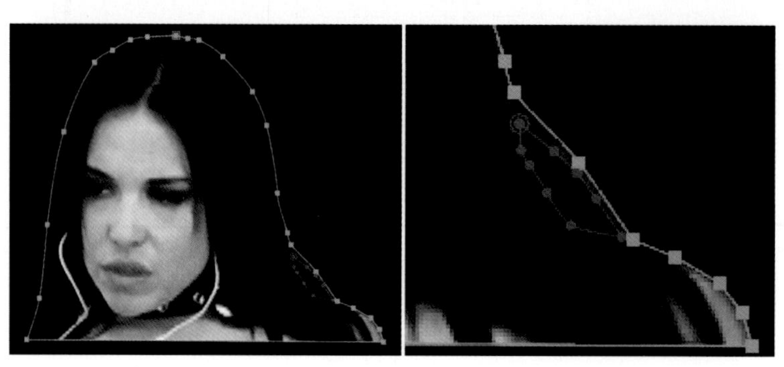

图3.7 设置“相减”混合模式时，添加的第二个较小的蒙版将演员头发上的多余区域剪掉。

混合模式：

- **交集**（Intersect）模式可以让设置了此选项的蒙版与所有其它蒙版保留相互重叠的部分。使用此功能，要将设置了此选项的蒙版放置在蒙版的最底部。
- **差值**（Difference）模式得到与交集相反的结果，蒙版之间重叠的部分被切掉。
- **变亮**（Lighten）模式将蒙版之间重叠部分的不透明度变为最高。
- **变暗**（Darken）模式将蒙版之间重叠部分的不透明度变为最低。

每个蒙版自带一个“反转”（Inverted）选框。如果选择了反转选框，蒙版就会自动将不透明变为透明，反之亦然。注意“无”混合模式可以在勾绘或调整多个蒙版时使用，这样就可以看到未添加蒙版的完整画面构图。

使用钢笔工具的扩展用法来调整蒙版

钢笔工具包含了多种额外扩展用法，用来更好地操控蒙版。LMB-点击并保持在钢笔工具按钮（见前文图3.2）。每项扩展用法如下：

增加顶点工具（Add Vertex Tool），使用这个工具，在蒙版的任何一部分LMB-点击，可以让你插入一个新顶点（或者使用钢笔工具LMB-点击先前做好的蒙版，在上面增加一个新的顶点）。

删除顶点工具（Delete Vertex Tool），LMB-点击某个顶点，这个工具将这个顶点删除。建议在使蒙版动起来之前进行顶点的添加和删除。

转换顶点工具（Convert Vertex Tool），这个工具将“直线切点”（linear tangent）转换为“弧度切点”（smooth tangent），或与之相反。“弧度切点”会在顶点上出现“切点手柄”（图3.8）。你可以LMB-拖动这个手柄的尾部来调整线条的弧度。你也可以通过加长或缩短切点手柄的长度来调整最

图3.8　一个闭合的可乐罐蒙版。蒙版混合使用了“直线切点”和“弧度顶点”。注意调整切点手柄的长度。

终的形状。短小的手柄可以使弧度更加紧凑，加长的手柄使弧度更加平缓。初始设置的直线切点更适合用于制作工业造型或建筑造型，弧度切点更适合描绘自然形状。勾绘蒙版时，在放开鼠标前LMB-点击并拖动鼠标，就可以创建弧度切点。在拖动时，鼠标的移动方向上出现切点手柄，Adobe将切点手柄称为“方向线”(direction line)。

蒙版羽化工具

在After Effects中，每一个像素都可以由100%不透明向100%透明进行转换。你可以使用羽化工具（Mask Feather）来“羽化”阿尔法遮罩边缘。当你使用这个工具LMB-点击蒙版一部分时，一个羽化点被创建出来，整个蒙版被一个羽化范围所包围。LMB-拖动羽化点靠近或远离蒙版路径，可以增加或减少羽化范围。羽化点离蒙版越远，渐变效果越柔和（图3.9）。这种渐变很适合边缘柔和或带有运动模糊的蒙版。你可以通过添加多个羽化点来更改蒙版的羽化效果，也可以在不同的位置和距离上放置羽化点 。此外，你还可以调整羽化的“强度”(tension)，方法是使用“蒙版羽化”工具选择一个羽化点，然后按Alt/Opt+LMB-拖动鼠标左右移动羽化点，这个动作会使羽化部分更“紧”(tighter)或更“松”(looser)。想要删除一个羽化点，选择这个点并按下删除键。如果

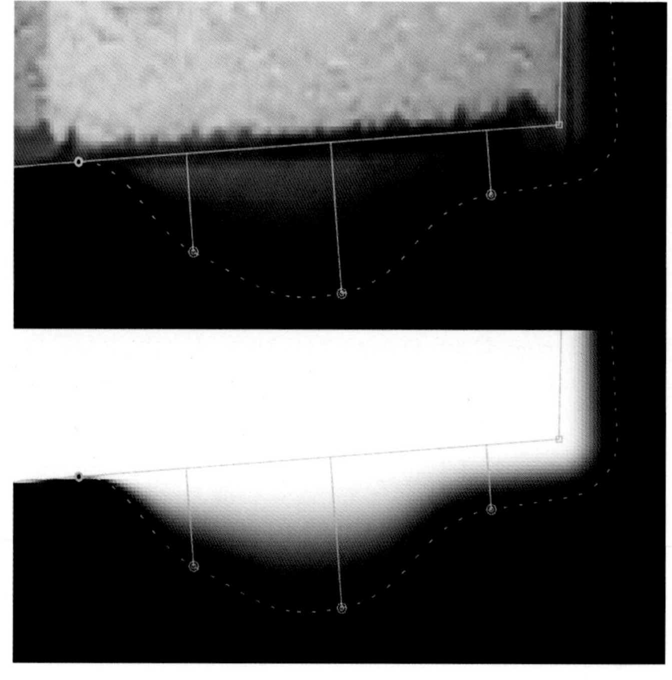

图3.9　上图：一个蒙版路径外被放置了4个距离不等的羽化点。下图：得到的阿尔法通道结果。注意羽化效果会沿着整个蒙版出现，直接在蒙版路径上设置羽化点可以将效果停止（如图中最左边的羽化点）。

一个羽化点被隐藏，使用“蒙版羽化”工具来点击一个顶点。

转换到旋转式曲线

After Effects提供另外一款可控制蒙版的方法，“旋转式曲线”（RotoBezier）选项。如果需要大量的蒙版调整工作，比如一个蒙版图形异常复杂，需要大量的顶点，或者蒙版在动态化过程中需要不停地改变形状，此时使用“旋转式曲线”可以节省很多时间。

使用“旋转式曲线”，首先需要选择图层列表中的蒙版，并选择“图层>蒙版和图形路径>旋转式曲线”。当蒙版选项转换到“旋转式曲线”选项后，你可以开始根据以下步骤调整进行交互性的调整：

- 想要使顶点周围的线更直，打开“转换顶点工具”，在合成视图或图层视图内LMB-拖动顶点向左侧方向移动。
- 想要使顶点周围的线更圆滑，打开“转换顶点工具”，在合成视图或图层视图内LMB-拖动顶点向右侧方向移动。

取消“旋转式曲线”，选择“图层>蒙版和图形路径>旋转式曲线”，将选项取消选择。在使用“旋转式曲线”时，切点手柄被隐藏起来了，因此无法直接使用。你可以配合“羽化工具”来使用“旋转式曲线”。

动态遮罩

“动态遮罩”是指为一个移动物体制作移动蒙版。在使用数字合成技术之前，“动态遮罩”是在电影光学打印纸上画出来的，它可以将拍摄物与背景分离，从而在画面中替换一个新的背景。“动态遮罩”还可以用来创建一个“垃圾遮罩”，从而将画面中不需要的移动物体去掉。

在After Effects里，基本的“动态遮罩”制作方法是在用钢笔工具创建的蒙版上添加关键帧动画。然而你也可以使用“动态遮罩笔刷”来将这个过程自动化。在数字动画世界里，一个关键帧是在时间线上一个特定帧的属性参数。一系列的关键帧组建起一个动画曲线。曲线上不带有关键帧的位置提供了“居于中间的”属性参数。属性参数也许是一个蒙版形状，一个变形信息（如缩放），或一个效果滑块。

一种取代手动设置关键帧的方法是，在运动过程中跟踪一个物体的蒙版图形。见第四章内的示范。

给蒙版设置关键帧

当一个蒙版是动态的，你不需要为每一个顶点进行动画曲线设置。实际上，整个蒙版形状被“蒙版路径”属性保存为一个单一的曲线。请根据以下步骤来为蒙版设置关键帧：

1. 在时间线上找到你想要放置第一个关键帧的画面。点击“蒙版路径”旁边、蒙版名称下面的“时间”（Time）图标。此时时间线上被设置了一个关键帧，并储存了蒙版图形内所有的顶点及位置信息。
2. 移动时间线到一个不同的画面上。改变蒙版的形状（参看本章前面关于“修改已有蒙版”的部分）。当形状被改变后，一个新的关键帧被自动设置。如果需要，你可以通过设置混合模式为“无”来取消一个蒙版，这样你可以查看未添加蒙版的完整画面。
3. 继续在下一个画面里改变蒙版形状。任何一个不含有关键帧的画面都会生成一个介于前后两个蒙版形状之间的中间蒙版图形。

你可以编辑已经存在的关键帧。参考本章后面关于“在时间线上编辑关键帧”的部分。想要决定放置关键帧的位置，请看下面的指导：

动态遮罩的制作方法

在After Effects里你有很多不同的选择来进行动态遮罩的制作。选择的方法取决于素材的类型和你的感觉。以下是可供选择的几项参考：

连续点（Straight Ahead） 如果画面中的物体移动速度缓慢或有规律，你可以使用“连续点”的方法来设置关键帧。“连续点”是一个传统的动画技术，沿着时间线设置关键帧，而不去管运动的类型。例如，你可以在画面第1帧设置一个关键帧，然后在第10帧设置另外一个关键帧，然后在第20帧继续设置关键帧，以此类推，一直到结尾。运动越有规律，物体形态的变化就越少，需要设置的关键帧也就越少。

关键点（Key Poses） 如果物体的移动方式不规律并且物体的形状持续改变，此时就需要使用“关键点”技术。在传统动画里，“关键点”是动画形象最关键的位置。例如，如果一个角色在行走，“关键点”出现在每只脚接触地面及每只脚抬起来向前跨越的地方。通过学习After Effects里的素材，你可以学会辨认大多数移动画面中的关键位置。这些位置通常都会使物体形状发生巨大改变。例如，如果你想给一个篮球运动员投篮的动作制作动态遮罩，最大的形状变化出现在投球手跳起、收回手臂准备投球，以及伸出手臂将球抛出。这些变化的位置通常被称为“极端点”（extremes），即当一个人的肢体（手臂、腿、手和脚等）处于极端位置时。

分割点（Bisecting） 你可以通过“分割点”来进一步调整“连续点”和“关键点”技术。“分割点”需要在老的关键帧之间插入新的关键帧。例如，如果你在第1、10、20这三个画面上放置了关键帧，你可以在第5和15个画面上插入新的关键帧。你还可以在动画过程开始的时候进行分割。例如，如果时间线上一共有200帧，可以按以下分布方式来添加关键帧：1、200、100、50、150、25、75、125和175（图3.10）。每个新的关键帧都被放置在一对老关键帧的中间位置。“分割点”的这种规律性适用于缓慢移动或运动规律的物体。

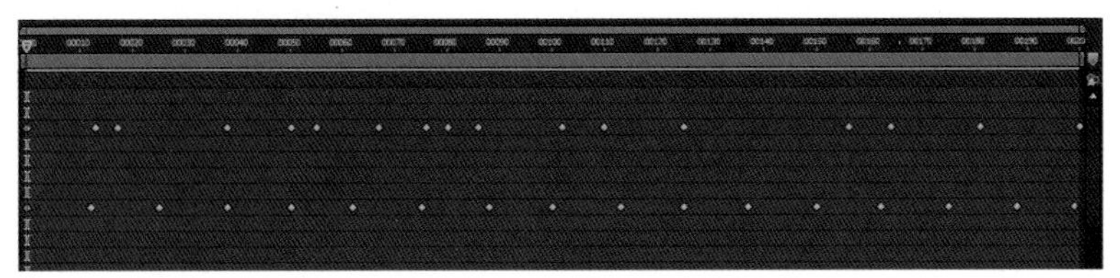

图3.10 在200帧的时间线上存在两个动态蒙版。上面的蒙版使用了“关键点”技术来跟踪不规则运动物体。下面的蒙版使用了“分割点”技术，关键帧依据一定的区间来分布。

中间点（Inbetweens） 考虑到运动物体的非线性变化，无论你采用哪种动态蒙版的制作方法，最后都需要添加“中间点”。“中间点”可以放置在任何蒙版跟踪不精确的位置上。例如，一辆汽车可能稍微改变了行驶速度，或一个演员将头微微抬起，或一个演员的头发被风吹变了形。在传统动画制作中，中间点并不是最重要的点，但是对于创造具有连续性的、顺畅的运动蒙版却必不可少。

使用动态笔刷制作动态遮罩

勾绘和控制蒙版是视觉特效里经常遇到的工作内容，但是这项工作非常耗时耗力。所以，After Effects为此设计了“动态遮罩笔刷”将这项工作半自动化。“动态遮罩笔刷”可以交互性地定义前景与背景中的元素。有了这个信息，此项工具可以探测到前景的边缘并形成一个中间带有不透明阿尔法的闭合蒙版。当前景被划定后，“动态遮罩笔刷”继续根据时间线的推移来更新蒙版的形状。“动态遮罩笔刷”作为一个效果在图层上活动，它与“改善边缘”效果捆绑使用，这样你可以调整所得到的阿尔法遮罩。具体操作方法参考下面的教程。在教程后面有关于“改善遮罩”（Refine Matte）的讨论。“改善遮罩”与单机的“改善遮罩柔和度”有相同的属性选项，在第二章中可以找到相关信息。

调整基本帧影响

当你使用一个“动态遮罩笔刷”进行“描边”(Stroke)时，当前帧变为一个“基本帧”(base frame)。由“动态遮罩笔刷”勾绘的蒙版会自动覆盖前后20帧。如果你仔细查看图层面板的时间线，会发现一个布满小箭头的“基本帧条栏”(图3.11)。条栏里箭头的方向（<或>）暗示了“基本帧”的覆盖方向。本质上，“基本帧”功能就是“动态遮罩笔刷”的关键帧。

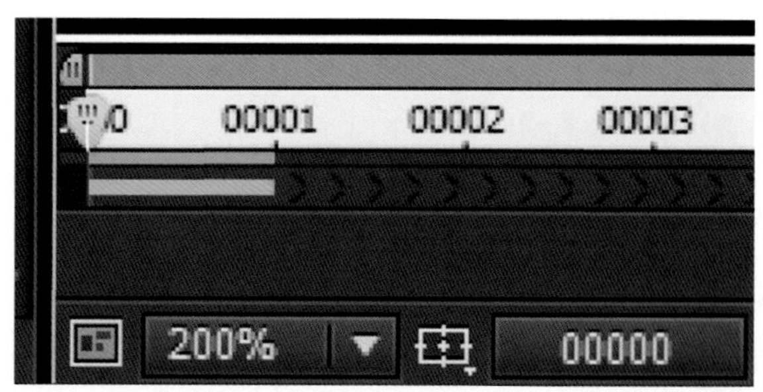

图3.11　图层面板内时间线的特写。金色的线表示“动态遮罩笔刷”的“基本帧”，右侧引伸出一条带>箭头的条栏。

如果你在后面的帧画面内“描边矫正”(corrective stroke)，箭头的方向会带有描边的影响。每次添加一个“描边矫正”时，“基本帧条栏”都会延伸。你可以通过LMB-拖动条栏的结尾处来限制一个“基本帧”的影响。当你的动态遮罩离开了画面或遭到阻隔时，这个功能也许会对你有所帮助。如果你移动了一个没有被“基本帧条栏”覆盖的画面，就不会有蒙版留下。你可以在任何一个点上加长或缩短条栏。

时间线上的任何一帧都可以保留一个独立的“动态笔刷基本帧”和一个“动态遮罩笔刷蒙版”。当你试图移到没有基本帧条栏覆盖的一帧画面时，你可以勾画一个新的基本帧，并得到它自己的带有方向箭头的条栏。此时一个新蒙版被创建出来。再强调一遍，你可以LMB-左右拖动条栏尾部，来加长或缩短任何一个基本帧条栏。

注意使用“动态遮罩笔刷”也许会比使用钢笔工具明显慢很多。当你更新一个蒙版或移到一个新的帧画面时，“动态遮罩笔刷”必须沿着条栏计算蒙版的形状。即便如此，你也可能实际上节省了一些时间，因为你必须设置较少的手动关键帧（再说一次，你可以将“基本帧”和“描边矫正”视为添加关键帧的独特方法）。

“动态遮罩笔刷”新手指南

以下为使用“动态遮罩笔刷”的基本步骤和方法。练习时请打开项目文件mini_roto_brush.aep，保存于\ProjectFiles\aeFiles\Chapter3\directory。

1. 打开图层视图中合成文件1内的一个单独图层，在图层列表里双击图层名称就可以（以图像序列命名）。你也可以通过自带时间线来区分图层视图面板。
2. 在主工具栏内点击“动态遮罩笔刷”图标。这个图标按钮显示为一个人和一支画笔，位于“橡皮擦”（Eraser）工具按钮的右侧。在图层视图中，LMB-拖动一个动态绘图笔刷来大概描绘你需要抠的图像。例如，画一个大致的线条来展示她的右手和右臂的位置（图3.12）。这个线条是绿色的，暗示前景区域。当你放开鼠标时，线条被转换为一个蒙版——也被称为“分割边界”（segmentation boundary）。手和胳膊的边缘被自动探测出来，但是由于工具无法完美区分前景和背景像素，效果可能不是很完美。
3. 再次LMB-拖动笔刷来改善边缘。例如，画一个更短小的线条来定位手指。你可以通过在图层视图里使用Ctrl/Cmd+LMB-拖动来改变笔刷的大小。
4. 如果蒙版的范围过大，包含了背景中的画面，你可以使用Alt/Opt+LMB-拖动负线条来收缩蒙版。这些线条显示为红色，笔刷中

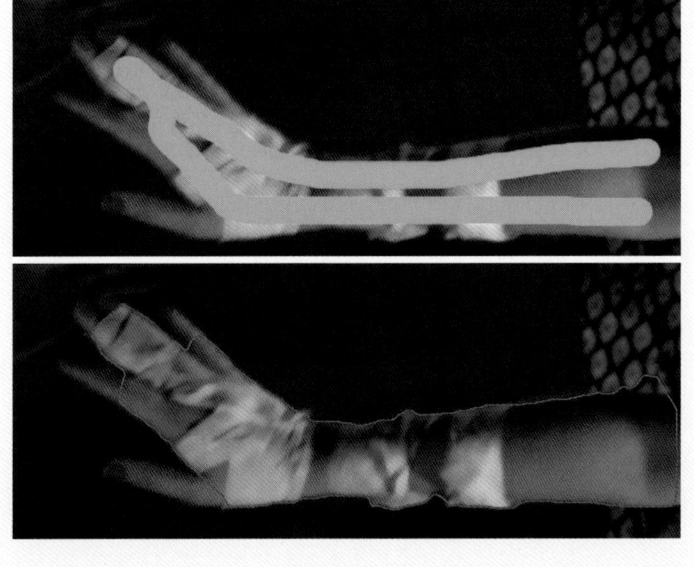

图3.12　上图：一个由“动态遮罩笔刷”勾绘的绿色线条，大致显示出胳膊和手的位置。下图：得到的蒙版被粉色的线条勾勒出来。注意蒙版此时没有将手指完全包围。

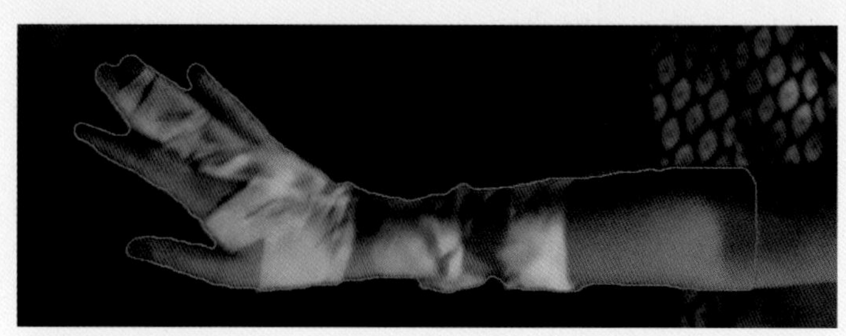
图3.13 额外的“正/负动态笔刷”线条更好地描绘出手臂。

间出现一个负数标志。通过勾绘额外的前景和背景线条来继续改进蒙版形状（图3.13）。

5. 当得到一个可用的蒙版后，在时间线上前进一个画面。注意此时的蒙版已自动更新。如果更新的蒙版形状变得有些走形，你可以自由通过在前景和背景添加线条来进一步调整。
6. 继续在时间线上前进。每一帧画面的蒙版都已经被计算出来。如果前景和背景的对比度比较低，蒙版就会变得不够精确。严重的运动模糊也会使工具分不清边界。因此，为了得到一个干净的蒙版还需要大量的调整工作。当取得满意的蒙版效果时，你可以点击位于图层视图面板右下角的“冻结”（Freeze）按钮，以防你在时间线上回看时，“动态遮罩笔刷”再次进行帧计算。

“动态遮罩笔刷”作为图层特效的一部分。它的属性可以控制在时间线上的蒙版传播（propagation），并最终得到满意的效果。本章下一个部分会继续进行讨论。一个完成版本的项目文件被保存为：mini_roto_brush_finished.aep，位于\ProjectFiles\aeFiles\Chapter3\directory。

调整传播和改善边缘

每一个基础帧都涵盖着一个独有的属性参数。当被抠像对象物存在明显的不规则运动及形状改变，或者带有不同程度的运动模糊及光线变化时，创建多个基础帧为动态蒙版素材提供了便捷的方法。“动态遮罩笔刷”的属性储存于图层列表下的“动态遮罩笔刷&改善边缘”区域，并被分组到“动态遮罩笔刷传播”（Roto Brush Propagation）和“改善遮罩边缘”属性下（图3.14）。

对于基础帧传播属性的描述如下：

查看搜索区域（View Search Region）和搜索半径（Search Radius） 使用“查看搜索区域”时，一个黄色区域用来代表某个搜索区

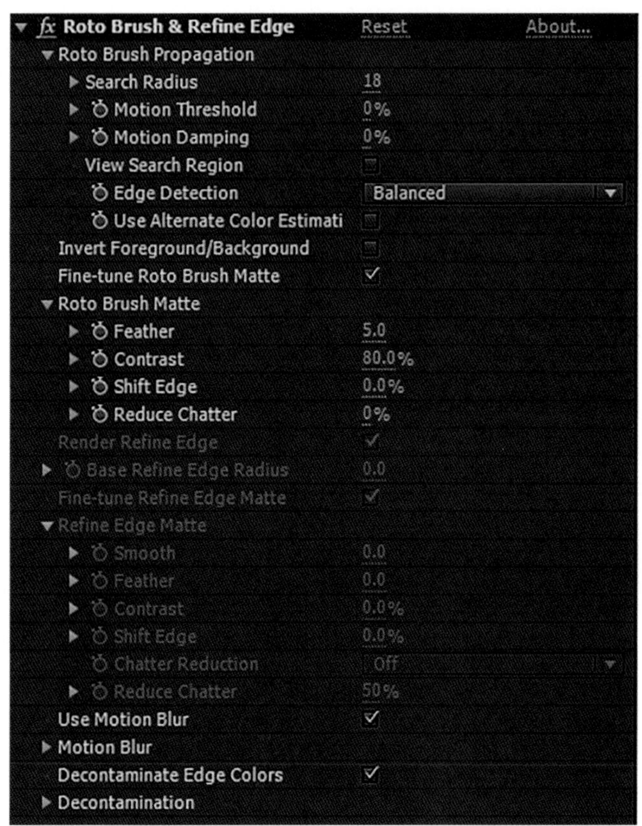

图3.14　动态笔刷&改善边缘选项，“动态遮罩笔刷传播”和“改善遮罩边缘”的选择区域被打开。

域——在这个区域内，搜索工具对与前一帧画面相匹配的前景像素进行搜索。如果对象运动得很快或形状持续变化，可以通过提高“搜索半径”参数来扩大搜索区域。如果被抠对象运动缓慢或保存形状不变，则可以降低“搜索半径”参数来避免颤抖（物体边缘周围的蒙版产生的波动）。

运动容限（Motion Threshold）和运动衰减（Motion Damping） 这两个属性共同基于探测到的运动来压缩或扩展搜索区域。“运动容限”，顾名思义，搜索区域内的运动如果少于容限值，这个区域将被去除（假定这是背景中的一部分）。这项功能可以将搜索区域内的形状变得流畅，尤其当“运动衰减”参数比较低的时候。在没有运动或尽量少运动的情况下缩减区域可以帮助避免产生颤抖。如果提高“运动衰减”参数，搜索区域被再次收紧，此时区域内几乎不包含从搜索区域移除的运动。

边缘探测（Edge Detection） 这个菜单提供了三个选项来计算新的帧画面内的蒙版边缘。“预期边缘倾向”（Favor Predicted Edge）影响基础帧内的整体蒙版形状，它对像素间颜色匹配的敏感度较低。当抠像的对象带有与背景相似的色彩时，这项功能格外有用。“当前边缘倾向”（Favor Current Edge）正相反，它影响匹配像素值而忽略蒙版的形状。在高对比度情况下这个选项更好用。初始设置为“平衡”（Balanced）时，这两种技术的效果相当。

如果选择了“精调动态遮罩笔刷遮罩”（Fine-Tune Roto Brush Matte）属性，并同时取消选择“查看搜索区域”，“改善边缘”（Refine Edge）效果的额外附加属性此时可以被使用。以下为几个主要的属性设置：

动态遮罩笔刷遮罩（Roto Brush Matte） 这细分属性为改善已得到的阿尔法遮罩提供了一些基本的属性选项。

其中“羽化”选项与蒙版羽化的属性相似。（你可以返回到合成视图来查看结果。）对比度选项，控制着从100%不透明到0%透明之间的渐变。高对比度参数可以创建一个明朗的边缘，低对比度则创建一个柔和的边缘。如果对比度参数很高，提高羽化参数可以使蒙版更加流畅，降低小波动的数量。“转换边缘”（Shift Edge）选项与“抑制”（choker）类似，用来缩减或扩张遮罩（羽化参数此时不能为0）。“减少抖动”试图通过对遮罩进行平均化处理来降低蒙版的小波动。当“抖动”（Chatter）参数为0时，这个功能被关闭。

使用运动模糊（Motion Blur） “运动模糊”会考虑遮罩在之前画面中的位置，将运动模糊应用到阿尔法遮罩上。对于运动快速并边缘模糊的物体来说这个功能很有帮助。

净化边缘颜色 选择“净化边缘颜色”后，这个属性会将前景物体中边缘上的背景颜色去掉。“净化数量”属性控制去掉颜色的力度。

你可以使用“改善遮罩”工具来进一步改进小面积的遮罩边缘（当你点击“动态笔刷”按钮，可以在下拉菜单里看到这个工具）。在图层视图中使用“改善遮罩”工具的笔刷在蒙版边缘LMB-拖动，可以柔化笔刷下的阿尔法遮罩边缘。在同一区域进行Alt/Opt+LMB-拖动，可以将柔化去掉。

输入蒙版

你不仅仅可以在After Effects里创建蒙版，还可以从其它应用程序中输入各种蒙版，比如Adobe Photoshop、Adobe Illustrator及 Mocha AE。

输入位图和适量蒙版

你可以通过任何常见文件格式来输入一个位图，并在After Effects里将它作为一个蒙版来使用。此外，After Effects也支持Adobe Illustrator的矢量文件。你可以直接将Illustrator的ai、eps或pdf文件输入到After Effects中，得到一个由闭合的矢量图形剪切下来的阿尔法遮罩。矢量图本身不是可以马上获得的。无论你使用位图还是矢量图，你可以将输入的蒙版作为一个隐藏图层添加到一个合成文件，然后使用“轨道遮罩”选项或一个通道效果将它的阿尔法信息转移到另一个图层中（关于轨道遮罩的使用方法请参见第二章）。

你可以将输入的矢量文件转换为结合了一个或多个蒙版（也称“路径”）与实色的形状图层。转换方法是：在合成文件中的一个图层内放置一个输入的蒙版，选择这个图层，然后选择“图层>从矢量图层创建图形(Create Shapes From Vector Layer)”。一个新的图层被创建，图层中所有的闭合矢量图形都变成一个蒙版（图3.15）。原始图层被隐藏起来。你可以通过移动矢量图和切点手柄来自由调整结果路径，正如使用钢笔工具一样。每个形状在图层列表里都有一个“内容（Contents）>群组（Group）”的部分，在这里，每个形状被分解为一个路径，一个填充颜色和一个变形设置。你可以修改这些属性设置。

图3.15　一个Illustrator ai 文件被输入到After Effects中，并被转换为一个形状图层。每个闭合的字母都有自己的路径。设置每个路径的填充颜色为黑色。这个示例文件被保存为：ai_shape_layer.aep，位于\ProjectFiles\aeFiles\Chapter3\directory。

使用Mocha AE 蒙版

Imagineer System Mocha AE是新近After Effects版本中自带的功能插件。Mocha AE提供基于平面的运动跟踪和蒙版系统。Mocha AE可以使很多耗费大量时间的运动跟踪和蒙版制作进行自动化处理。你可以输入一个运动轨道数据并在Mocha 里将它制作成AE蒙版。下面的教程讲解了创建和输入一个蒙版的基本步骤（运动轨道在第四章内进行演示）。

Mocha 遮罩新手指南

以下为使用Mocha AE进行动态蒙版制作的基本步骤。练习时打开文件：mini_mocha_ae.aep，该文件位于\ProjectFiles\aeFiles\Chapter3\directory。

1. 选择合成文件1中的一个单独图层，这个图层以图像序列顺序命名。选择“动画（Animation）>追踪 Mocha AE”。Mocha AE此时被打开。
2. 在Mocha AE里，新的项目窗口被打开并显示素材的帧数量和帧率。如果这些信息不正确，你可以自由进行修改。点击OK键关闭窗口。素材显示在Mocha视图窗口中。你可以使用视图回放控制来检查素材，在最上面的工具栏里选择“缩放”（Zoom）工具，然后在视图框内上下LMB-拖动来放大或缩小素材（图3.16），你可以通过MMB-拖动来滑动。想要取消对一个工具的选择，点击“选取”（Pick）工具。

图3.16 Mocha AE CC 2014版的工具栏。绿框内是选取、缩放、创建X-样条（X-Spline）图层、创建“曲线”（Bezier）图层和显示平面表面按钮。注意Mocha AE CC 2015使用同样的工具和按钮，但是工具栏的布局稍有不同。

3. Mocha是一个平面跟踪系统，这意味着它跟踪的图像为平面图像（两维的平的表面，可以进行旋转或缩放）。想要定义跟踪的形状，你可以使用“样条工具”（spline）中的一种，围绕物体形状来创建一个松散的“笼子”（cage）。在本教程中，我们使用“样条函数曲线”（X-Spline）工具，基本上这是应用起来最简单的一种工具。我们将要跟踪一个被白色胶布围绕的未上漆墙面的一部分。
4. 返回到第一个画面。在顶部工具栏内选择创“样条函数曲线”图层工具（图3.16）。此工具的图标为一个笔尖状和小X型。LMB-点击未上漆墙面最右侧部分的左下角，你可以在白色胶带内放置一个顶点。此时一个“样条函数曲线”顶点就被设置好了。顶点不需要一定精确碰触到墙面的角；事实上，小的空缺可以让跟踪工作的效果更好（图3.17）。LMB-点击墙面区域的另一个角，一个新的顶点被设置。在墙面右侧部分的上面再次点击2次。一个四角的长方形“笼子”出现。在图形上面RMB-拾取来结束操作。注意Mocha可以跟踪超出画框外的平面形状。你可以在“笼子”被画出来以后，使用LMB-拖动顶点来调整它们的位置。
5. Mocha AE会试图在时间线上跟踪“笼子”的形状。这个跟踪的应用与After Effects的运动跟踪很相似（下一个章节中将出现对运动跟踪

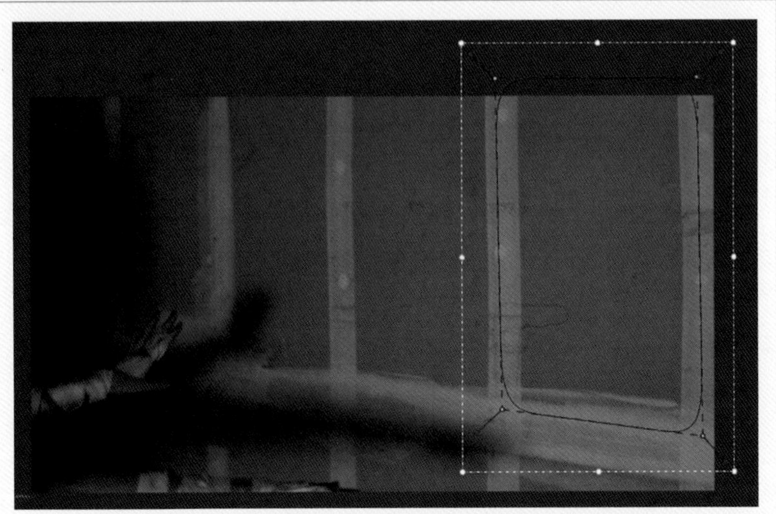

图3.17　在一面未上漆的墙上，一个“样条函数曲线”制作的“笼子”被勾勒出来。

的讨论）。点击“向前跟踪”（Track Forward）按钮来启动跟踪。这个跟踪按钮位于“回放”（Playback）按钮的右侧，图标显示为一个小T的形状。你也可以反向跟踪或每次在每一个画面内选择一个方向进行跟踪。当你启动“向前跟踪”后，时间线向前移动，Mocha自动更新跟踪形状的顶点位置变化。在教程的例子中，未上漆的墙被跟踪。如果没有极端的改变（比如大角度的旋转、明显的形状改变以及严重的运动模糊等），复杂的自然形态也可以被平面跟踪。较小的阻碍，如阴影的交错，不太会影响到跟踪的效果。严重的阻碍可能会对顶点位置的精确度产生影响，引起“笼子”与目标形状的断离。跟踪结束后，你可以使用标准回放控制来判断跟踪的效果是否满意。

6. 如果“笼子”与物体偏离，你可以通过创建参考点来进行矫正。方法是：返回到第一帧画面，点击顶部工具栏内的“显示平面表面”（Show Planar Surface）按钮（见前文图3.16）。一个蓝色的矩形在“笼子”中央出现。你可以LMB-拖动矩形的四角并将它们拖到素材里的参考点上。例如，你可以LMB-拖动左下角的点，并将其放置到墙面区域的左下角（图3.18）。你可以在时间线上为矩形添加关键帧，方法是进入程序窗口左下方的“调整轨道”（Adjust Track）选项，移动到后面一帧，更新角的顶点位置。角的顶点位置强迫“笼子”被放置到更精确的位置上。当你移动一个角时，视图画面的左上角会出现一个鼠标区域的放大画面，这个画面被标记为“当前帧”（Current Frame）。此时对比查看“主画面”（Master Frame）内同一区域的放大视图，视图中原始的角的位置被标记出来（图3.19）。这样可以让你更好地判断角的顶点位置的精确度。注意主画面上的平面顶点由一

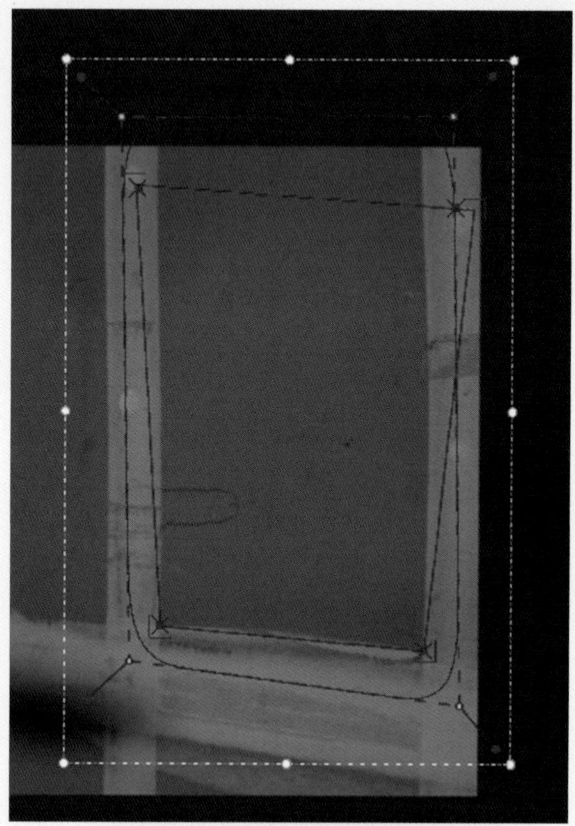

图3.18　平面参考的展示图。四个角的位置由白线和几个圆钉孔定位构成。X型标记表示这个画面为主画面。

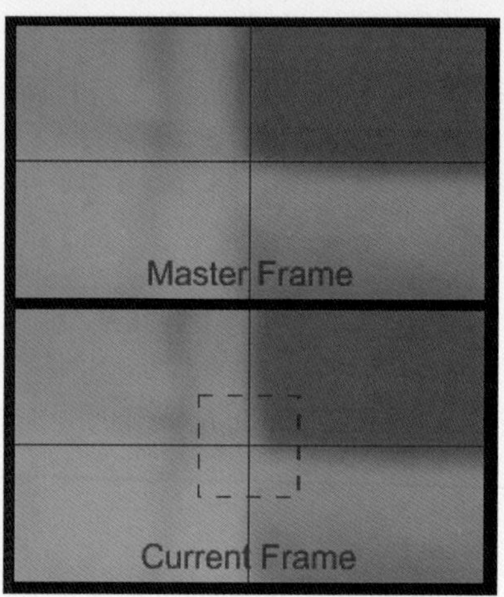

图3.19　主画面和当前帧被分别放大的平面四角视图。

个小X形标记出来。

7. 只要“笼子”精确地跟踪物体形状，你就可以将跟踪的形状与更多的常规蒙版进行合并。围绕墙面创建一个蒙版，在顶部工具栏内选择“创建曲线图层”（Create Bezier Layer）工具（参见前面图3.16）。在视图里LMB-点击墙面区域的一个角。此时一个顶点被设置。LMB-点击与其相反的角，第二个顶点出现。这个顶点带有部分“曲线”（Bezier）和切点手柄。第三次，LMB-点击画面外右上角的区域。第四次，LMB-点击画面外左上角区域。最后一次在第一个顶点上方进行点击以完成操作。LMB-拖动切点手柄的尾部，来调整墙面的边缘。你可以缩短手柄的长度来创建更紧凑的角（图3.20）。

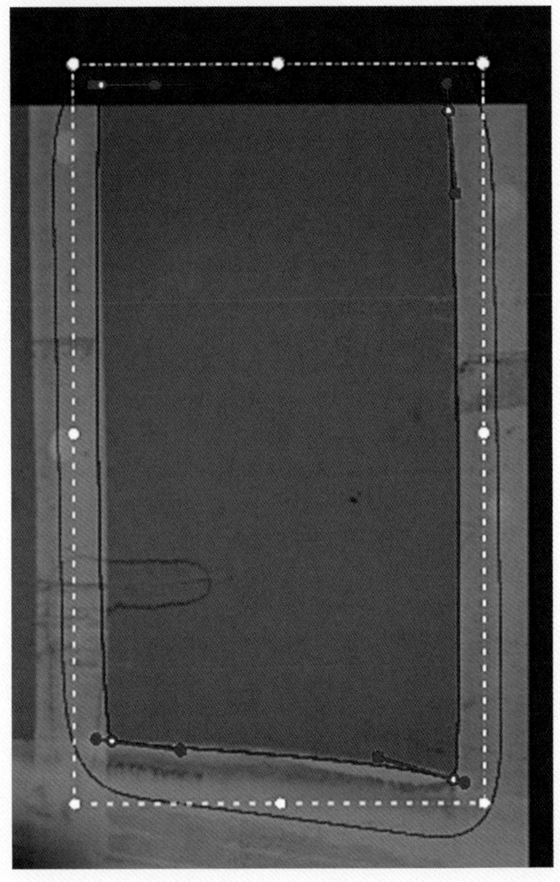

图3.20 一个经过调整的Bezier曲线形状（里面的带有蓝色切点手柄的红色线框）形成了一个蒙版。

8. 注意新的“曲线”和“X-样条”（X-spline）在图层控制面板中被列为图层1和图层2（图3.21）。将图层2重命名，可以双击名字并在输

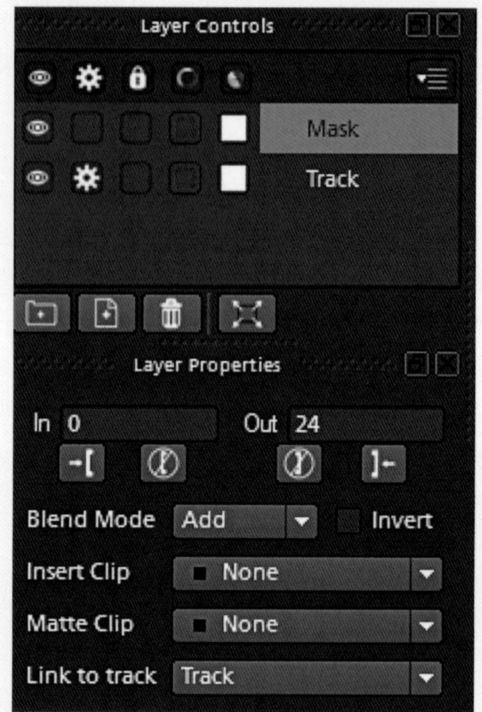

图3.21 带有重命名图层的图层控制面板。"链接到轨道"菜单在面板的下方。

入框内输入"蒙版"。双击图层1的名字，在输入框内输入"跟踪"(Track)。你可以通过链接蒙版图层和跟踪图层将它们相附在一起。这个操作可以帮助减少在时间线上手动更新蒙版图形。具体方法是：在"图层控制面板"(Layer Controls) 内选择"蒙版图层"(Mask Layer)，将"链接到轨道"(Link To Track) 菜单变为蒙版选项。在时间线上回放。蒙版不偏不倚地跟随"X-样条"(X-spline) 并覆盖墙面。想要在后面的画面中调整蒙版形状，你可以LMB-拖动蒙版顶点或切点手柄。时间线上出现的一个绿色矩形，代表一个关键帧已被自动创建。

9. 想要将蒙版转移到After Effects，在图层控制面板中选择蒙版图层，并点击"输出形状数据"(Export Shape Date) 按钮，该按钮位于程序窗口右下角的"跟踪"标签。在"输出形状数据"窗口内，选择"已选图层"(Selected Layer) 按钮并点击"拷贝到剪切板"(Copy To Clipboard) 按钮。返回到After Effects程序窗口。选择一个你想要添加蒙版的图层，然后选择"编辑>粘贴 (Paste)"，这个蒙版已经作为一种效果被添加到这个图层中，并以Mocha图层命名。虽然在合成视图内看不到曲线图形，After Effects内的图层已经被剪掉了。效果自带的变形属性为时间线上的每一帧都进行了“预动画”(pre-animated)。这些属性包括“形状数据”(Shape Data——蒙版形状信息)，“转换”(Translation)，“缩放”，“旋转”(Rotation)，“剪切”(Shear)和“透视”(Perspective)。你可以像在After Effects中编辑任何动画一样自由编辑关键帧。

在Mocha AE里有很多调整跟踪和蒙版的方法。不幸的是，由于篇幅原因本书不能一一详解。可以参考Mocha AE帮助文件来获取更多信息。注意你可以在Mocha程序窗口内，通过选择“文件>保存>项目”来保存Mocha AE项目文件。一个完成的Mocha 项目文件被保存为：mini_mocha_ae_finished.mocha，位于\ProjectFiles\aeFiles\Chapter3\directory。一个完成的After Effects项目文件被保存为：mini_mocha_ae_finished.aep，位于\ProjectFiles\aeFiles\Chapter3\directory。

关键帧基本知识

关键帧是与一个特定帧画面相关联的参数。在After Effects里，这个参数可能属于一个效果，一个蒙版或一个变形属性。有两个地方可以出现关键帧：“时间线”和“图形编辑器”。你可以在这两处任何一个地方编辑关键帧。想要设置一个关键帧，找到你想要放置关键帧的画面，在你想要添加关键帧的属性旁边点击“时间”图标。在这个点开始，属性的改变可以导致关键帧的更新（如果画面不变），或者导致一个新的关键帧产生（如果换了一个画面）。如果同一个属性存在两个或两个以上的关键帧，一个动画曲线将会被这些关键帧串联起来。这样做可以帮助决定画面之间哪些属性的参数应该存在。

在时间线上编辑关键帧

当创建了一个关键帧，当前帧画面的时间线上会出现一个符号。初始状态下，这个符号显示为一个小的钻石形，暗示关键帧使用的是“线性空间范围”(linear spans)。你可以根据以下方法改变现有关键帧：

- 你可以通过在时间线上选择一个关键帧然后按下删除键来将这个关键帧删除。被选后的关键帧变为黄色，与其相关联的动画曲线自动更新，以保证与后续的关键帧相连。

- 你可以点击一个属性的“时间”图标，点击将它关闭，从而使这个属性上的动画被取消。
- 你可以在时间线上通过LMB-拖动来移动关键帧。你也可以同时选择不止一个关键帧，方法是Shift-LMB-点击它们或LMB-拖动它们周围的一个选区。
- 你可以在属性名称上RMB-拾取并选择菜单中的“添加关键帧”（Add Key），从而强迫一个关键帧出现在时间线的一个点上。你可以在不改变属性参数设置或蒙版形状的前提下完成这项操作。
- 你可以为一个关键帧输入精确的数值参数，方法是RMB-拾取时间线上的一个关键帧图标，然后选择菜单中的“编辑”，在弹出的窗口中输入参数。
- 你可以拷贝或粘贴一个或多个关键帧。方法是选择关键帧，按下Ctrl/Cmd+C，移动到另一个画面，按下Ctrl/Cmd+V。如果选择了多个关键帧，一组关键帧将会被粘贴到目前的画面中，并同时保存它们之间原始的空间位置。你也可以在不同图层中相似的属性之间拷贝或粘贴关键帧。方法是，选择关键帧，按下Ctrl/Cmd+C，移动到你想要粘贴的画面，在不同图层上选择一个相似的属性，点击它的名称，然后按下Ctrl/Cmd+V。

分离方向

很多After Effects属性都有两个方向。即X和Y参数。每个方向参数上都有自己的曲线和一组关键帧。想进入个别的曲线，你必须使用“图形编辑器”。此外，时间线上的两个方向只能得到一个关键帧。例如，在时间线上任何一个现有画面内，你在缩放属性上设置了一个关键帧，那么X和Y两个方向只会得到一个独立关键帧符号。在图3.22中，一个图层的“位置”（Position）和“缩放”属性被添加了动画，分别在画面第1、第2和第3帧中设置了关键帧。缩放属性的X和Y方向没有被链接起来，这样它们可以使用不同的数值，然而X和Y只有一个独立的时间线关键帧符号。（链接按钮紧靠在X和Y区域左侧。）在图3.22中，“位置”参数的X和Y方向被分开，这样每个方向都有属于它自己的时间线关键帧符号。想要将“位置”分为X和Y，在“位置”属性名称上RMB-拾取，然后选择“分离方向”（Separate Dimensions）。想要重新将X和Y合二为一，RMB-拾取并再次选择“分离方向”，这时分离选项被取消。注意3D图层会引发第三个方向，

Transform | Reset
Anchor Point | 960.0,540.0
X Position | 1256.0
Y Position | 568.0
Scale | 132.0,112.0%
Rotation | 0x+0.0°
Opacity | 100%

图3.22　一个图层中的“位置”和“缩放”属性被加入关键帧。

Z。3D图层将在第五章中进行讨论。

使用图形编辑器

“图形编辑器”为改变关键帧动画提供了一个强大的操作手段。在编辑器中，你可以深入调整动画曲线，从而控制帧画面之间的参数设置。

点击图层列表右上方醒目的“图形编辑器”按钮，打开“图形编辑器”。想要在其中查看一个参数的曲线，点击这个参数的名称，也可以点击属性名称旁边的“在图形编辑器中包括此项属性”（Include This Property In The Graph editor Set）按钮。编辑器可以同时显示多个曲线。

“图形编辑器”自带两种显示模式：一个“速度图形”（speed graph）和一个“数值图形”（value graph）。速度图形模式显示数值图形的速率。由于这个模式很难掌控，我建议大家使用数值图形模式。数值图形模式显示属性数值，它与3D程序的“曲线编辑器”（curve editor）相似，例如Autodesk Maya。选择一个显示模式，点击位于图形编辑器左下角的“选择图形类型和选项”（Choose Graph Type And Options）按钮（图3.23），然后选择“编辑数值图形”（Edit Value Graph）或“编辑速度图形”（Edit Speed Graph）。

图3.23　图形编辑器按钮。绿色方框内分别为“选择图形类型和选项”，“将选择物适配到视图”（Fit Selection To View），和“将所有图形适配到视图”（Fit All Graphs To View）三个选项。

更改曲线

如果一个属性同时有两个或以上的关键帧存在，这些关键帧会被串联成一个动画曲线。任何一个现有的画面都可以生成一个属性参数。例如，如果你来到第10帧画面，读取曲线的数值，这个数值便会被添加在第10帧的属性上。读取一个曲线数值的方法是，将鼠标放置在曲线上方。数值在一个小数据读取框中出现（图3.24）。在“图形编辑器”内，时间从左向右移动，数值参数由下向上移动。属性参数沿着编辑器的左边显示。

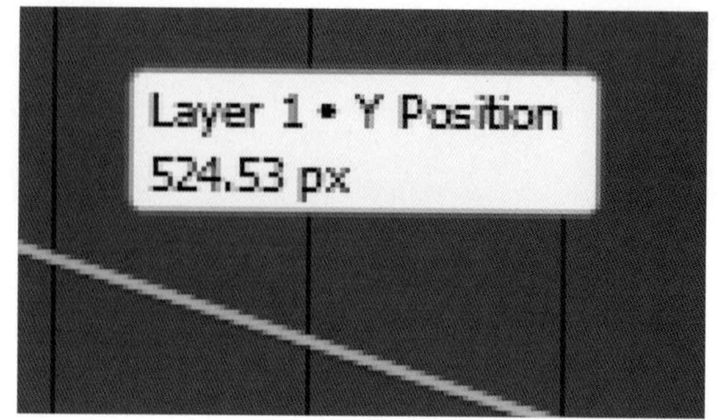

图3.24 鼠标被放置在第5帧画面的曲线上方。黄色的数据读取框显示图层的名称，属性的名称。这一帧的属性的参数值为（524.53）。px表示像素。

你通过以下方法可以改变动画曲线：

- 移动一个关键帧，方法是在黄色关键帧标记点上LMB-点击然后LMB-拖动。上下移动可以导致属性参数改变，左右移动可以将时间点改变。初始设置中，关键帧跟随所有的画面数字。
- 在曲线上鼠标所在位置添加一个新的关键帧，在曲线上按下Ctrl/Cmd+LMB-点击，新的关键帧出现在时间线上。
- 选择一个关键帧并按下删除键可以删除这个关键帧。你可以直接点击这个关键帧，或在几个关键帧周围LMB-拖动一个选框。
- 想要框起一个曲线（或多个曲线），使曲线在“图形编辑器”里被完全显示，点击“将所有图形适配到视图”按钮（见前文图3.23），想要框起已选择的关键帧，点击“将选择物适配到视图”按钮。
- 如果选择了多个关键帧，会出现一个灰色的可变形选框（图3.25）。你可以通过LMB-拖动这个灰色的选框来移动已选择的关键帧；也可以通过LMB-拖动灰色选框边缘上的白点来进行缩放。如果你进行了垂直缩放，参数范围可能被压缩或扩大。如果进行水平缩放，时间线会被缩短或加长。时间线越短，数值变化越快（对于“位置”来说，这相当于更快地运动）。

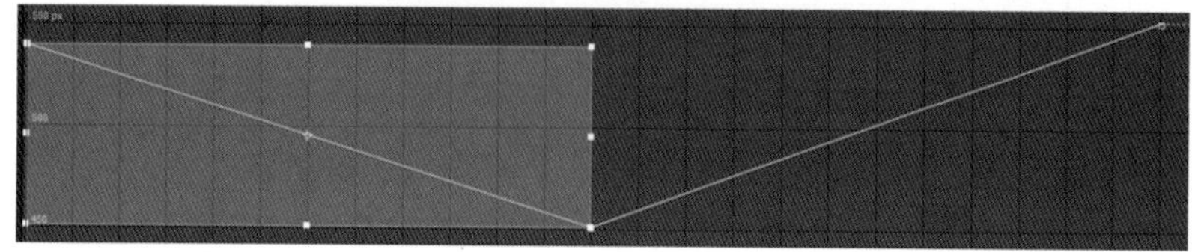

图3.25 在“图形编辑器”中显示出一个带有三个关键帧的V型的动画曲线。左面两个关键帧被选择，从而出现了一个灰色的变形选框。

更改切点类型

一个可以明显改变动画曲线的途径是改变关键帧的切点类型。初始设置中，“曲线空间”(curve span) 是以直线方式连接的——也就是说在每两个关键帧之间是完全笔直的线。这种方式更适合机械性运动。改变关键帧的切点类型（Tangent Type)，将鼠标放置到关键帧图标上，RMB-拾取并选择菜单中的“关键帧插值”(Keyframe Interpolation) 选项。在“关键帧插值”窗口内，将“临时插值”(Temporal Interpolation) 菜单转变为“切点类型”。切点类型见以下描述：

线性 (Linear)：在关键帧之间制造直线连接，没有切点手柄（图3.26)。这个类型适用于速度不连贯的机械性运动。

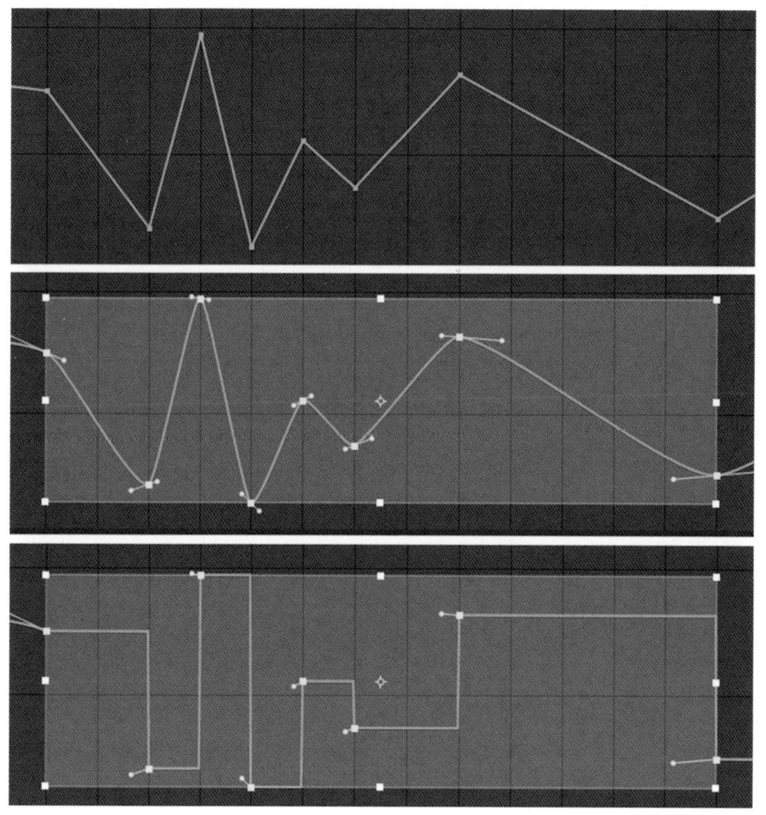

图3.26　上图：由初始的“线性”连接方式组成的复杂曲线。中图：同样的曲线被转换为“曲线”切点。下图：同样的曲线被转换为“占位”切点。

Bezier曲线：可以在关键帧上添加一个向两个方向延伸的切点手柄（图3.26)。(必须选择关键帧后才能看到这些手柄。）你可以LMB-拖动切点手柄的尾部来旋转、加长或缩短切点手柄，改变曲线的弧度。这种类型的调整在时间线视图上是看不到的。无论是变形，蒙版形状还是改变效果属性，这种类型在制作高品质动画时经常用到。

占位 (Hold)：强迫当前关键帧属性被一直保留，直到下一个关键帧出现（图3.26）。这种类型很少使用，当动画关键帧设置得比较简陋，导致人物或物体从一个位置跳跃到另一个位置时，这个功能也许可以用得上。

自动曲线（Auto Bezier）：创造短小的切点手柄，确保最高点和最低点的位置能够产生紧凑而平滑的过渡（图3.27）。这种类型可以预防在使用曲线切点时，由于数值过高或过低而产生极端的曲线数值。

连续曲线（Continuous Bezier）：与自动曲线相似，但是可以手动调整。当你编辑关键帧时，“自动曲线”将自动转换到“连续曲线”。

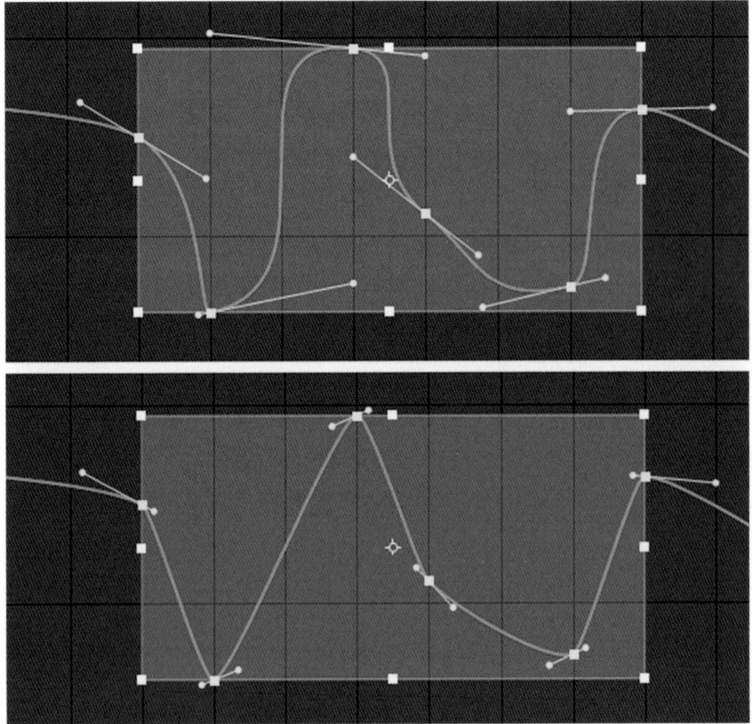

图3.27　上图：手动调整过的曲线切点。下图：同样的曲线被转换为自动曲线的后的效果。

每个切点类型都可以在时间线上产生一个不同的关键帧符号。线性关键帧使用钻石型符号；自动曲线关键帧使用圆圈符号；曲线和连续曲线关键帧使用的是沙漏符号；占位关键帧使用的是方块符号，同时它周围的关键帧则显示为有缺口的方块符号。

注意“空间插值”（Spatial Interpolation）菜单，在“关键帧插值”窗口可以找到，为视图面板中的运动路线设置切点类型。第四章中会有更多关于“空间插值”的探索。

"图形编辑器"新手指南

以下步骤可以帮助你在图形编辑器里练习曲线编辑。在这个教程里，我们会创建一个叶子形状的蒙版，并让叶子在空气中缓慢地飘落。

1. 创建一个新的After Effects项目文件。创建一个新的合成文件。设置合成文件长度为60帧，帧率为30fps。选择任何一个画面分辨率，如1920×1080。
2. 选择"图层>新建>固态层"。在"固态层"设置窗口内，点击"合成文件尺寸"（Make Comp Size）按钮。选择一个叶子的颜色作为颜色样本（绿色、棕色或红色）。见图3.28。

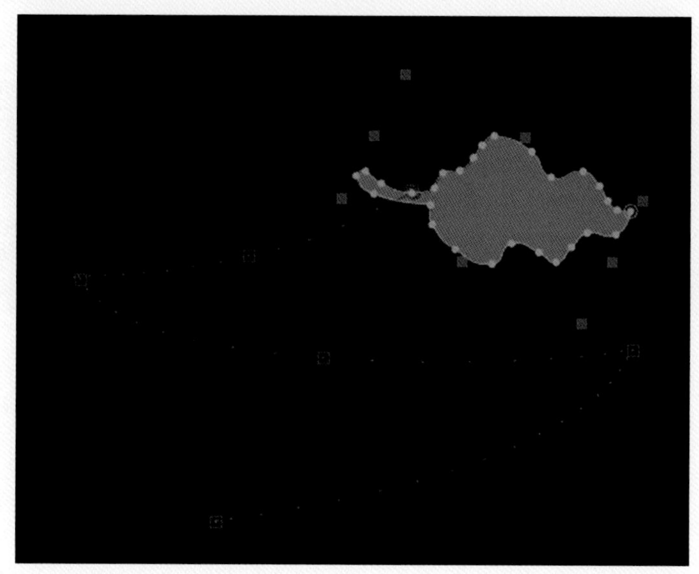

图3.28 一片叶子蒙版在固态层上剪切出一片叶子。红色的线表示由"位置"动画创造的最终运动路径。

3. 使用钢笔工具，在新固态层上勾画一个闭关的叶子状的蒙版。将叶茎朝向图层中央放置（画面中央的红色小十字线）。使用任何一个本章中介绍的蒙版制作方法来改进蒙版的形状。
4. 在第一个画面中，点击位于"位置"和"旋转"属性旁边的"时间"图标。一个关键帧被设置。前进到时间线上的最后一格画面。改变叶子的位置并旋转叶子，这样叶子此时已经来到画面的底部（好像叶子飘落下来）。新的关键帧被自动设置。
5. 在另外一个画面里添加新的关键帧，从而让动画变得更加有趣。例如，让叶子在飘落的过程中左右摇摆。你可以使用任何一种在本章前面关于"动态蒙版使用方法"里介绍的关键帧技术。尽管我们没有改变蒙版的形状，你可以应用"分割点"或者"关键点"技术来进行变形动画。

6. 返回时间线并调整关键帧。当基本动画被大致设定，打开图形编辑器。点击“位置”属性名称并选择菜单里的“分离方向”选项。如果“位置”属性的X和Y合在一起，你就不能改变单个关键帧的切点手柄。
7. 一次调整一个曲线。查看一个属性曲线，点击图层列表内的属性名称。将所有的关键帧转变为“曲线类型”切点（图3.29）。例如，点击旋转属性的名称，选择图形编辑器内的所有旋转关键帧，LMB-点击其中一个关键帧，选择菜单内的“关键帧插值”，然后将“临时插值”菜单改为“曲线”。现在可以进行调整切点手柄并返回时间线来查看得到的结果。

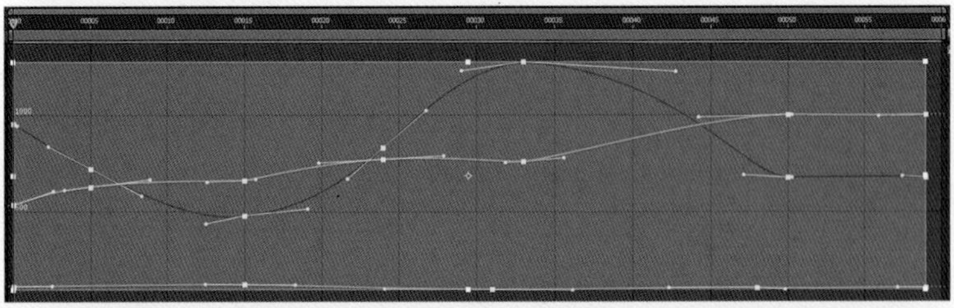

图3.29　一个动画的最终版本。X位置是红色的。Y位置是绿色的。旋转是青色的。注意曲线连接的不同形状和切点手柄的不同位置与长度。

在你改变动画曲线的时候，在脑海里记住以下指导原则：

- 曲线连接越陡峭，数值的变化越快。在使用位置和旋转属性时，意味着叶子的移动速度会更迅速。
- 曲线连接越平缓，数值的变化越慢。在使用位置和旋转属性时，意味着叶子的移动速度会更缓慢。
- 如果曲线连接变成了水平的，那就意味着没有参数的改变。在使用位置和旋转属性时，意味着叶子停止了运动。

一个完成的After Effects项目文件被保存为：mini_graph_editor_finished.aep，位于\ProjectFiles\aeFiles\Chapter3\directory。

章节教程：抠除一个有难度的绿屏，第2部分

在第二章中，我们抠除了一个带演员的绿屏。尽管我们花费了一些时间，试图在演员的身体和头发周围制作一个干净的遮罩，这里还有一些其它的方法可以用来改进这个镜头。

1. 打开位于\ProjectFiles\aeFiles\Chapter2\directory的文件：tutorial_2_1.aep。

2. 来到第一帧画面。选择素材图层并用钢笔工具在演员周围创建一个新的蒙版，用来去掉X-形的跟踪标记点。你可以将蒙版扩大到画面上下以外的地方。这是一个“保留遮罩”，因为它保留了演员而扔掉了蒙版（图3.30）。在时间线上根据摄影机的运动来制作动态蒙版。你可以使用“分割点”方法来决定关键帧的位置。返回时间线，确保演员的身体没有被切掉。在完成版本里，大约每隔8到10帧放置了一个关键帧。

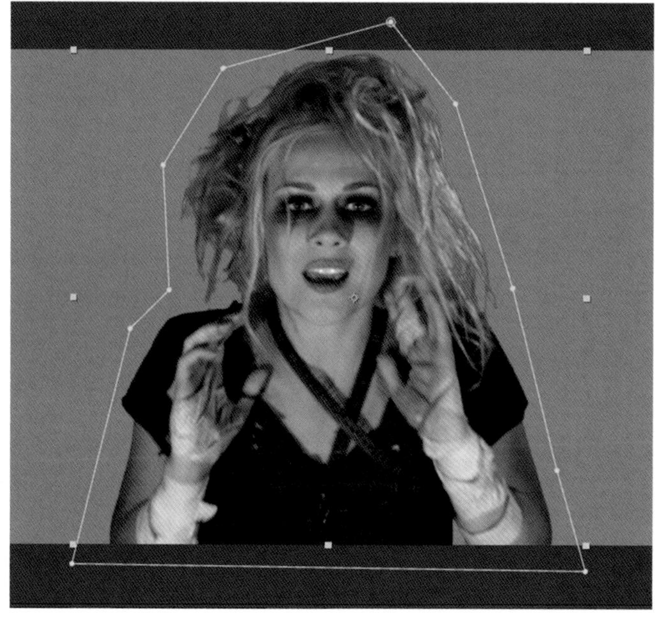

图3.30 一个保留遮罩，位于第8帧画面，保留了演员，去除了跟踪标记点。改善遮罩柔化度效果被取消。

3. 打开素材图层的效果控制面板。并点击效果名称旁边的一个小的fx按钮来关掉“改善遮罩柔化度”效果和Keylight。作为替换方法，我们可以创建一个常规的“亮度遮罩”来保持头发的细节。
4. 选择“编辑>复制”，复制素材图层。选择新的顶部图层，然后选择“效果>颜色矫正（Color Correction）>色相/饱合度”。将“主饱和度”（Master Saturation）数值减少至-100，此时图层变为了灰度图。选择“效果>颜色矫正>曲线（Curves）”。在曲线上两个不同位置进行点击，来设置两个新的点。LMB-拖动这两个点来形成一个夸张的S形（图3.31）。这个S形设置可以创造出高对比度，从而将头发从背景中划分出来，很多头发的细节变得可见。
5. 关掉图层名称旁边的Video眼睛图标，从而将新建的顶部图层隐藏起来。改变下面图层的轨道蒙版菜单为“亮度蒙版”。（“轨道蒙版”

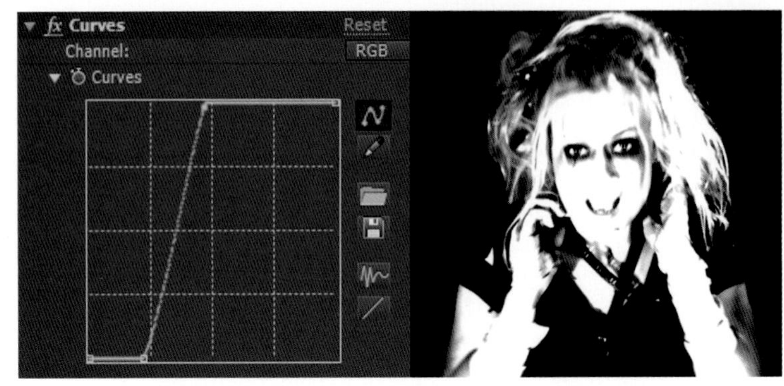

图3.31　左图：调整过的曲线效果。右图：得到的“亮度遮罩”。

在第二章中有详细讲解。）素材被顶部图层剪掉。尽管头发的边缘尚可接受，位于中央区域的演员却受到了一些不好的影响。

6. 复制位于下面一层的图层。因为之前的顶部图层已经被隐藏，复制的图层就被移到了图层列表的最顶部。选择新的顶部图层，然后重新启动它的Keylight效果。被抠出的演员此时被放置到“亮度蒙版”之上（图3.32）。这样就允许精细的头发通过“亮度遮罩”沿着之前被缩减的头发边缘再次恢复。你可以隐藏“固态层”来判断新头发的整合效果。

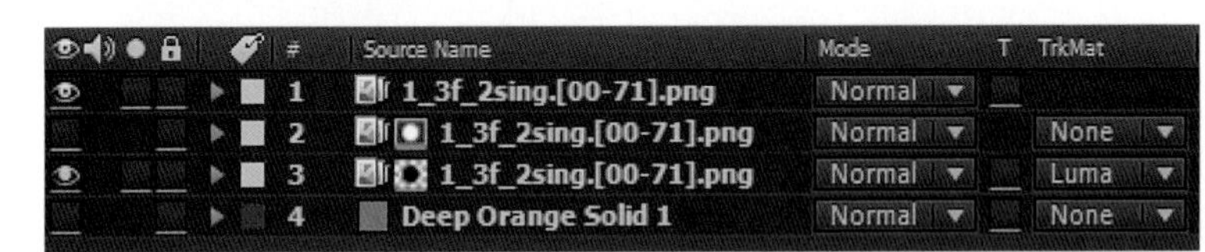

图3.32　经过新的操作，抠像图层位于图层列表的顶部，“亮度遮罩”被隐藏在中间，遮罩图层和固态层依次位于最下方。

图3.33　更新后的头发，细节比之前“改善遮罩柔化度”带来的效果更加微妙、丰富。

7. 新的头发由于绿色的背景屏幕溢色而染上绿色。选择遮罩图层（目前排在第3位的图层），选择“效果>颜色矫正>色相/饱合度”。将“主饱和度”数值减少至-75，同时提高“主亮度”（Master Lightness）至20。此时新的头发得到了更好的整合效果（图3.33）。

现在我们已经准备好在演员身后添加一个新的背景了。我们会在第四章里来进行这个操作。目前这个版本的项目文件被保存为：tutorial_2_2.aep，位于\ProjectFiles\aeFiles\Chapter3\directory。

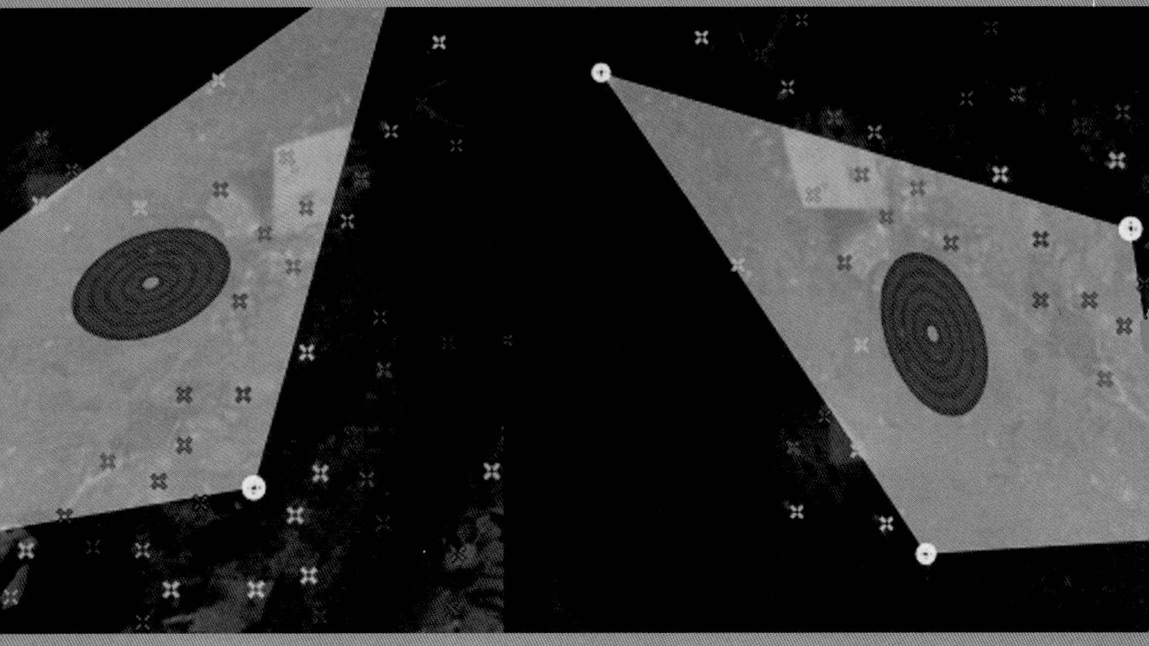

第四章

变形及动作跟踪

有很多机会可以在After Effects以及其他的合成软件中应用动画。当然，前提是并非局限于导入的渲染或者影片。可以使图层变形动画化，这包括位置、旋转和尺寸缩放。当变形动画出现之后，可以启动“动作模糊”，来模拟出真实世界中摄像机捕捉的影像。也可以使用“动作跟踪”（motion tracking）来增加动作。“动作跟踪”是捕捉影像中某个特征的运动，再将其运动应用到非运动图层上（见图4.1）。这样就会制造出“更改的图层是用原始摄像机拍摄得来”的假象。

本章包含以下主要信息：

- 图层变形综述，母子关联（parenting）以及嵌套（nesting）
- 应用动作跟踪，包含变形（transform）、角标（corner-pin）以及稳定跟踪（stabilization tracking）
- 介绍二维的以及3D摄像机动作跟踪

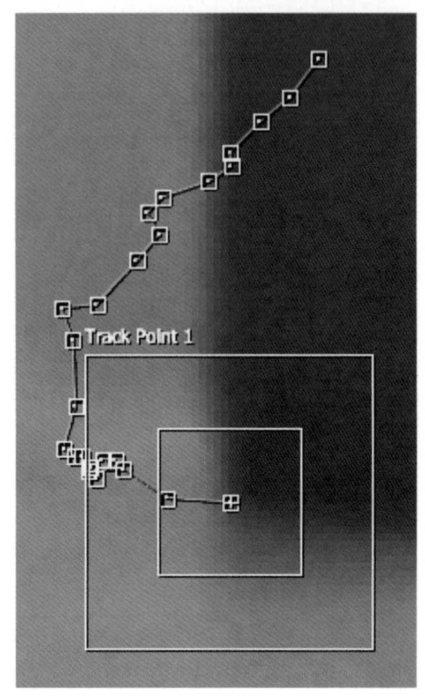

图4.1 动作跟踪工具自动生成的运动路径的放大图。

图层变形

After Effects中每个图层在“图层变形”部分都被给予一系列的属性。这包括：定位点（anchor point）、位置、尺寸缩放、旋转以及透明度。

使用定位点

定位点的默认值是设定在图层的中心，当图层被选取时，视图栏中显示为一个小十字图标（图4.2）。例如，1902×1080 图层的定位点值是960、540；而100×100图层的定位点值是50、50。和它相反的，位置属性的默认值是设定在合成品的中心。因此，一个100×100的图层默认在500×500合成品的250、250位置。（图4.2）

要谨记，After Effects的屏幕空间将0、0设置在屏幕左上角。因此，将一个图层放置在0、0的位置，该图层的定位点的十字标就会在左上角。这样，X值是从左往右，而Y值是从上至下。

改变图层的定位点就改变了图层的中心点。所有变形都是围绕或者从中心开始的。因为，改变旋转值，就会使得图层绕着当前的定位点位置旋转。改变定位点通常有助于弥补动作跟踪的动画，本章之后会详细介绍。

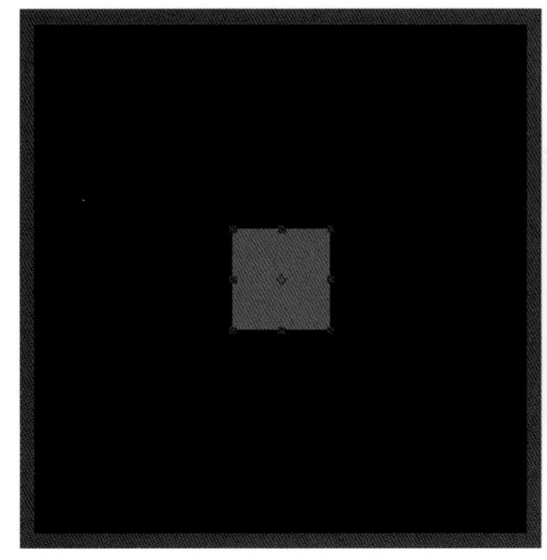

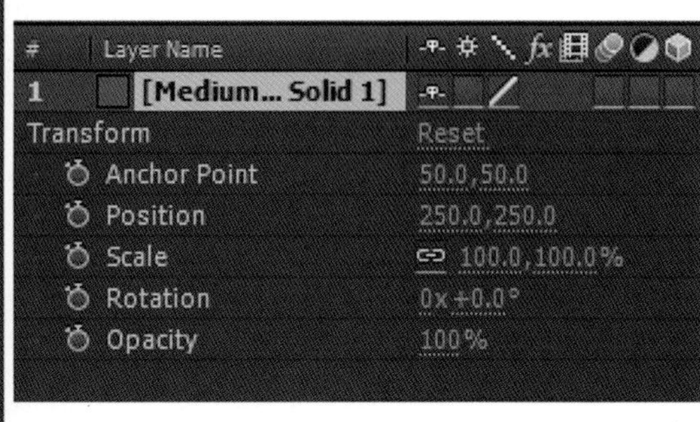

图4.2 左：100×100固态图层在500×500合成图层中（定位点显示为图层中心的十字图标）。右：图层相对应的变形部分属性使用其他的变形属性。

使用额外的转换属性

下面是使用变形部分的各个属性的小建议：

双重数值

有双重数值的属性通常用X值在左边，Y值在右。这一逻辑和像素中X值（宽度）在Y值（高度）之前是一样的。

关联尺寸缩放

尺寸缩放是默认关联的。如果要单独改变X或者Y值尺寸缩放，要点击尺寸缩放图标（图4.2），它将不再显示。可以在任何时候再次点击尺寸缩放图标，重新关联当前的XY值。

旋转

旋转包含两项数值：旋转值以及角度。每当角度超过360的时候，旋转值就会增加1.0，而角度就会重新设定到0。但是，当在“图像编辑器”（Graph Editor）中，使用旋转曲线的时候，角度值是由关键帧存储的。例如，如果旋转属性是2×90，曲线值存储为810，就等同于（360×2）+90。

关键帧

可以将任何变形属性设定关键帧。每个属性都有时间图标。需要在关键帧之间切换，点击关键帧属性左侧小的前进或者后退按钮即可。

关联位置

位置的XY值是默认关联，不能被设定关键帧。同时，XY值也不能在“图像编辑器”中被单独编辑。但是，可以在变形部分中，RMB-click点击位置名称，并选择分割尺寸，请参见上一章介绍。

复原

可以点击变形部分顶部的复原，使图层的所有变形回归默认值。

更多有关关键帧以及使用“图像编辑器”的技术，参见第三章。

母子关联

可以将一个图层和另一个图层进行母子关联，将母子关联菜单改成母图层名称即可（图4.3）。(如果母子关联菜单不可见，点击图层缩略图下方的“切换开关/模式”。这就使得“子图层”应用“母图层”的变形。如果母子图层都具有特殊的变形或者变形动画，那么将使用“网变形值”(net transformation values)。例如，如果子图层旋转45度，而母图层旋转10度，那么子图层的网旋转度是55度。但是，变形通过子图层显示在或者围绕在母图层的定位点位置，而不是子图层的定位点位置。尽管如此，母子关联提供了一种便捷的方式，让一个图层根据另一个图层变化。

图4.3 两个图层的母子关联菜单在这个图的右下角。在这个例子中，上面的图层与下面的图层有母子关联关系。“动作模糊”(Motion Blur)开关位于菜单的左侧，并且同时可以激活作用在两个图层。然而，合成项目的“启动动态模糊”开关（在顶部中央）并不能被激活。

嵌套以及变形折叠

当在After Effects中处理复杂项目的时候，往往要在一个合成中用到大量图层。大量的图层让结果的微调工作变得很困难。其中一个避免这种情况的方式，是使用额外的合成品。要将其中一个合成品的效果推导到另一个合成品的时候，可以使用“嵌套合成”。将一个合成套入另一个合成中（后者往往称为延续合成品）。将合成品从项目栏LMB-拖到第二个的位置，保持合成品的时间线。当合成完成嵌套的时候，是本质上平面化的，并看起来是一个单一的、新的图层（图4.4）。

嵌套有如下优点：

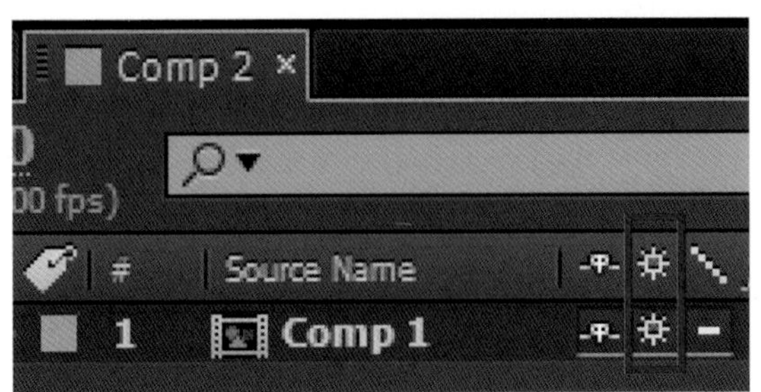

图4.4 嵌套的合成。COMP1被套入COMP2，注意折叠变形开关（红色标出）。

变形及效果应用

可以一步将变形或者效果应用于嵌套的合成中（而不用将变形或效果应用于多个图层）。

关联合成

原始合成保持其全部图层，变形及效果的完整性不受损。如果调整了原始合成，嵌套合成就会自动更新。

简化

嵌套可以创建一系列的合成，其中包含相对较少的图层数。这就简化了复杂项目的管理难度，避免了一个合成中有过多图层，在时间线区域难于观看。

嵌套有一个潜在危险，在于多余变形产生的质量损失。例如，下面的情况会产生质量的降低：

- COMP1中的图层1是设定50%的尺寸缩放。
- COMP1嵌套在Comp2中。
- COMP2中的COMP1图层被设定150%的尺寸缩放。

这个情况中，应用于图层1的网尺寸缩放值是75%（Comp1中的50%以及Comp2中的150%）。因为这个尺寸缩放变形分两步发生，所以其结果的像素更加模糊。如果只应用一次75%的变形，其结果会更清晰。用于保持质量的变形组合，被称为“串联”。在After Effects中，可以通过变形折叠开关来实现串联，开关可以在每一个嵌套合成中找到（图4.4）。

如果一个嵌套合成的变形折叠开关是开启的，那么将在效果以及遮罩应用之后，再应用变形。这样使得嵌套内以及包含的合成品的变形可以结合在一起。如果嵌套的是矢量图层，例如一个形状或文字，那么变形折叠开关会被替换成“持续栅格化”（Continuously Rasterize）开关。

预合成及预渲染

另外一种手动将一个合成嵌套到另一个合成的方式，是预合成特定的图层。预合成将选定的图层移动到新的合成中。新的合成再嵌套到原始合成中。想在After Effects中进行预合成，需进行下列步骤：

1. 选定你想要预合成的图层。在主页面选择：图层-预合成。
2. 在预渲染窗口，为新的合成输入名字。如果你选定了多于一个图层，则默认选择了“将所有属性移动到新合成”。点击 OK 按钮以关闭窗口。新合成已经创建完毕，所选定的图层已在其中。图层转移时已经包含了它们的变形、遮罩以及效果。新的合成被嵌套在原始合成中。
3. 如果只选择了一个图层，那么可以选择“将所有属性保留在原合成”选项（图4.5）。此选择下，选定的图层被设定在新的合成中，但是变形、遮罩和效果将应用于嵌套合成图层。

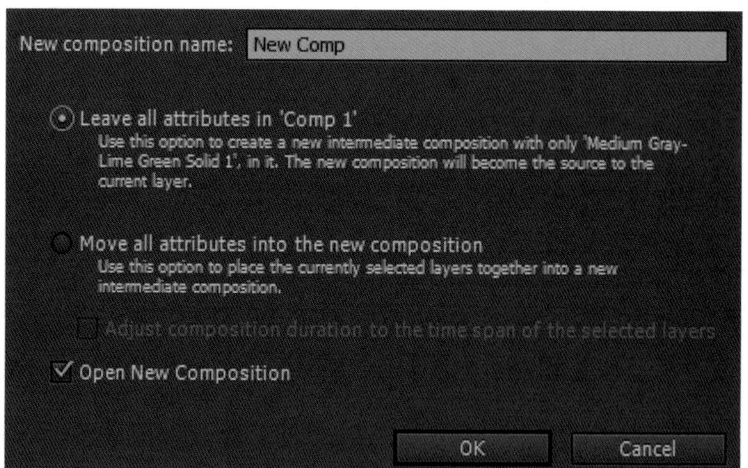

图4.5 只选定一个图层的预合成窗口。

与之相反的，预渲染将渲染一个影片或者图像序列，并因此永久地平面化一个合成。要在After Effects中使用预渲染，选择一个合成，然后选择：合成-预渲染。

合成会被增加到渲染队列中。设定“输出模式”（Output Module）和“输出为”（Output To）选项，设定一个恰当的格式以及位置，再选择渲染按钮。当渲染完成的时候，渲染完成的影片或者图像序列就会自动导入。所有渲染合成中的嵌套重复，都被影片或者图像序列取代。预渲染是一项非常复杂的合成，当你在持续不断地创作项目的时候，可以节约大量的渲染时间。但是，只有当你认为一个合成已经全面调试过之后，已经或者接近完成的时候，才应进行预渲染。当选择预渲染选项，在输出模式设定窗口中的后期渲染指令菜单，已设定为输入及替代使用。

动作模糊

任何包含变形动画的图层，无论是位置的变化、旋转，或者尺寸缩放，都可以使用动作模糊。动作模糊是真实摄像机的天然缺陷，它需要一小段时间来曝光一个单帧（称为快门速度）。例如，如果快门速度是1/30秒，那么运动物体的动作模糊轨迹就对应为该物体在1/30秒钟移动的距离。

要在After Effects中激活动作模糊，点击图层名称旁边的动作模糊开关（见前文图4.3）。开关包含三个小圈。如果此开关没有显示，点击图层缩略图下方的“切换开关/模式”按钮。此外，必须在图层缩略图上方点击在全部图层中的启用动作模糊，以在激活全部合成中动作模糊。

动作模糊的轨迹长度是由图层单帧中移动的距离、快门角度以及快门相位属性决定的。快门角度以及快门相位是在合成设定窗口中的高级标签内设定的（图4.6）。（每个合成均有特定的快门角度及快门相位值。）

快门角度的默认值设定为180度，这是模拟了常见摄像机的快门。但是，可以加大这个值来延长动作模糊的轨迹，或减低以缩短动作模糊的轨迹。可以使用下列公式，来决定虚拟的快门速度（在After Effects中以帧计算）以及相对应的动作模糊轨迹的长度：

快门速度=1/（360/快门角度）

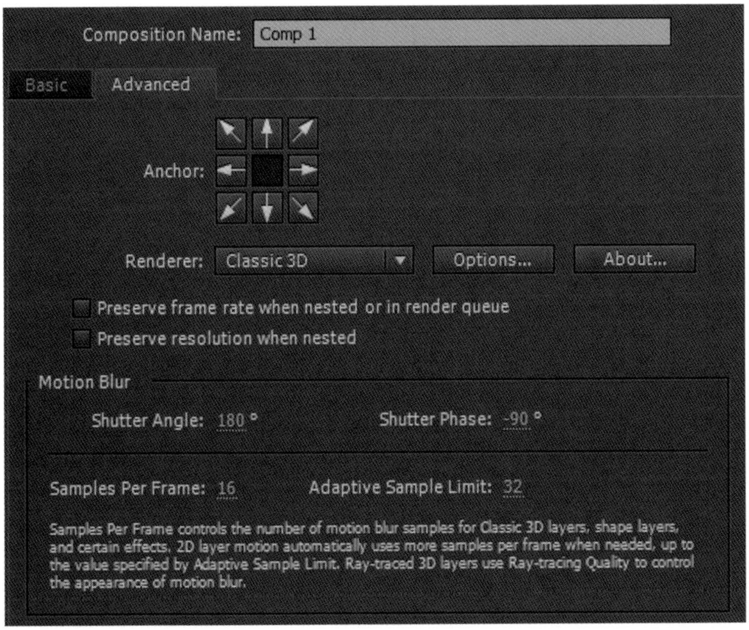

图4.6　合成项目设定窗口的高级选项卡。

因此，要创建一个等同于持续1帧的快门速度的模糊轨迹，设定“快门角度”（Shutler Angle）为360度相反，每帧取样决定了标准3D图层、形状图层以及特定效果的动作模糊取样数量。需要的情况下，2D图层自动使用每帧更多取样数，最高数取决于适应取样限制规定的数量。光线追踪的3D图层使用光线追踪质量来控制动作模糊的形态。快门相位决定了动作模糊轨迹什么时候开始和结束。可以使用下列公式决定模糊的开始和结束帧，但依然，取决于快门角度：

开始帧=当前帧-（1/［360/（快门角度+快门相位）］）

结束帧=当前帧+（1/［360/（快门角度+快门相位）］）

因此，如果快门角度是180，快门相位是-180，当前帧是2，动作模糊从1.75帧开始，结束帧是2.25，要将动作模糊轨迹置于图层当前位置的中心（以便轨迹及时地向后向前延伸），须将快门相位值设定为（快门角度/2）*-1，能够调整动作模糊轨迹的开始和结束时间，以及动作模糊轨迹的长度，对于将After Effects的模糊和实景拍摄的影片中的动作模糊进行匹配而言是非常有用的。

合成设定窗口里的高级选项卡包含了质量设定，其形式为“每帧取样”（Samples Per Frame）以及适合的取样限制（Adaptive Sample Limit）。每帧取样以及适合的取样限制这两项越高，最终的模糊就越平滑，但是渲染的时间也越长。标准2D图层使用介于每帧取样以及适应取样限制这两项之间的取样值，具体取决于模糊的力度。（3D图层的渲染在第五章讨论。）

动作追踪

动作追踪指的是在一段影像中某个特征的运动被确定的过程。可以将动作追踪的数据应用到不同的图层，从而使得该图层应用同样的动作。总体而言，动作追踪的主要目的是如下所述：

- 将动作应用到另一个图层，使得该图层看起来同样是使用真实摄像机拍摄而成的。图层的形式可以是3D渲染、静止的艺术作品或者视频。比如，如果你用运动的摄像机去拍摄一个电视机，你可以使用动作追踪将新的影像替换到到电视屏幕上。此类动作追踪通常称为运动匹配（运动匹配有时候也指代所有动作追踪）。
- 将动作应用到另一个图层，使得图层看起来是跟着某个特定的特征或事物。这种情况下，镜头不需要移动。比如，可以通过动作追踪在正在做手势的手上加上一个3D物体。

- 去除动作。可以使用动作追踪去除摄像机抖动或微笑移动，从画面上感觉摄像机是静止的。这个过程称为稳定。

变形追踪

变形追踪是动作追踪的一种，指的是仅能在XY的方向上检测到运动。变形追踪可以捕捉到位置、旋转以及尺寸缩放的变化（尺寸缩放的变化可以表现为镜头推进、拉远或者物体靠近或者远离镜头）。After Effects通过动作追踪工具支持变形追踪。动作追踪工具可以选取一帧中的某个特征。特征指的是一系列认定的像素。特征可以是一个动作追踪的“带状遮罩”（tape mask），海报的一角，地上的卵石、机器上的钉子、一个贴纸，或者任何小图案。要使用动作追踪工具，参考下面的新手指南。

动作追踪新手指南

指南中，我们会捕捉一个镜头中的运动，再将其动作追踪数据应用到一个空物体上，作为测试。请按照下列步骤进行：

1. 创建一个新的After Effects项目，导入\projectfiles\plates\motiontracking\1_3i_2wall\目录下的1_3i_2wall.##png文件。设定帧率为24fls，LMB-拖动这个图像序列到一个新的合成。
2. 选择图层>新建>“空对象”(Null Object)。一个空图层就被加入合成中。空对象不会渲染，但是包含一系列的变形。可以将运动追踪数据应用到空对象上。
3. 选取视频图层，选择动画>动作追踪，图层预览开启，“追踪栏”(Tracker panel) 也在右下角开启(图4.7)。注意，“位置广播”的选项是默认选择的。
4. 追踪点1出现在图层预览中。LMB-拖动（将鼠标置于嵌套点方格中的空白区域）追踪点并将它置于水平和垂直带状遮罩交汇的角落(图4.8)。当拖拽追踪点的时候，会出现其特征区域内（中间的方格）的放大界面。
5. 在追踪栏，点击“向前分析”按钮。时间线会往前，而定位点特征区域内（里层格子）的特征的运动将会被检测到。一条运动路线出现在预览中，以代表此运动(见前文的图4.1)。
6. 当时间线到达最后帧，点击追踪栏的编辑模板按钮。在运动目标窗

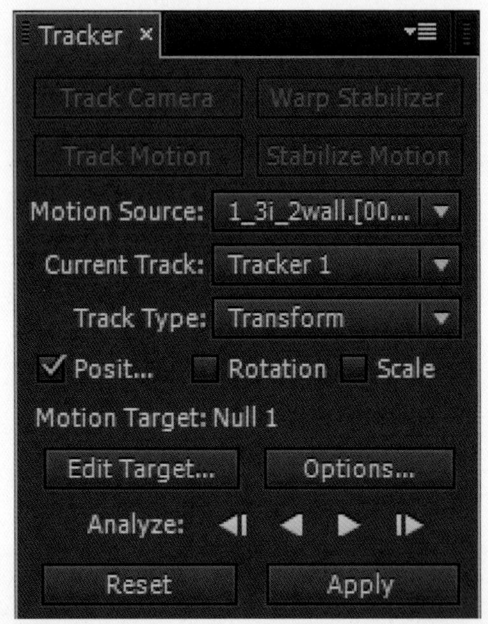

图4.7 “追踪栏”。

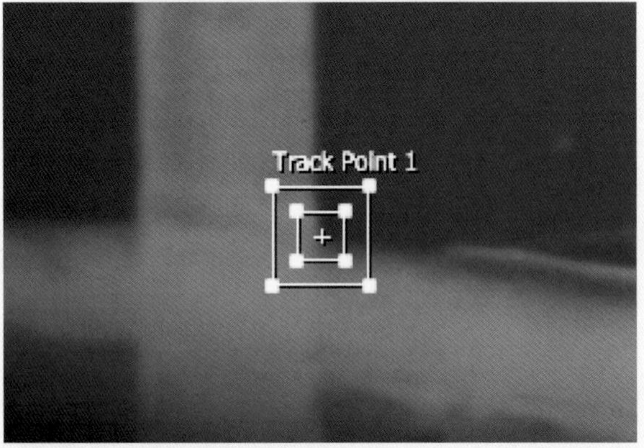

图4.8 追踪点1位于墙面上带状遮罩的角落。

口，将图层菜单改成Null1。点击追踪栏的“应用”按钮，当“动作追踪应用选项”（Motion Tracking Apply Options）的窗口打开时，点击OK按钮。缩略图栏会切换回到合成的缩略图。空图层1的位置被自动设定关键帧跟随追踪的特征。

7. LMB-拖动当前帧的显示器条到时间线中，用手动来调整时间线。空图层的红色方块跟着带状角，就如同是同一个真实摄像机拍摄而来的（图4.9）。注意，空图层左上角钉在运动路径上。

尽管本指南里使用的影像是容易追踪的动作，但其他的镜头往往

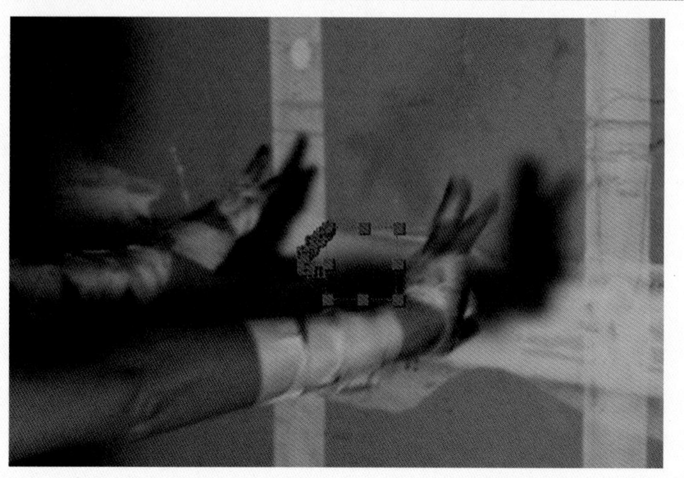

图4.9　动作追踪数据应用在空物体上，当空图层被选中时显示为一个红色的方块。空图层的动画位置属性创建了缩略图栏中的红色运动路径。

会更有难度。因此，有多种方式来调整轨迹点，增加额外的轨迹点，以及操控最终的动作路径。这些技术将在本章中充分介绍。本指南的完整版本被保存为：mini_transfom tracking.aep，位于\projectfiles\aefiles\chapter4。

选择特征以及微调运动路径

当选择追踪特征的时候，寻找下述特点：

小图案　尽管可以加大追踪点方块的尺寸，但是大的尺寸会减低运动追踪计算的速度。

高对比度　边缘有着高对比度的特征会带来最佳的动作追踪效果。

减低运动模糊　模糊越重，就越难以长时间准确追踪某个特征。

无遮挡　在画面中进进出出，或者被其他物体遮挡的特征会造成动作追踪无效。

稳定光　在光亮和阴影区域进出的特征难于追踪，因为它的色值在变化。

想找到符合上述全部条件的特征几乎是不可能的，所以就需要对最终路径进行微调。下面来介绍具体方法。

重新分析

可以通过重新分析覆盖之前的追踪路径。既可以向前，也可以向后分析。还可以在同一帧同时双向分析。向前分析，向后分析，向前分析一帧，向后分析一帧的按钮均在追踪栏中。

选择新的特征

如果一个特征产生不准确的运动路径或者造成追踪的失败，那么就选取一个新的特征重新分析。注意，需要在合成栏中“分辨率”（Resolution）/“向下采样”（Down Sample Factor）菜单中选择“全部”（Full），否则，图层缩略图将显示简化的版本（有跳跃像素的）并将更难于准确追踪某个特征。

从中间点分析

并不是必须要从0帧追踪到1帧。可以将追踪点设置在特征容易被看到的任意帧。之后，可以向前或者向后分析。分析的顺序是由你决定的。

调整定位点区域

在动作追踪过程中的任何阶段，都可以自由调整定位点区域。只要LMB-拖动方框的角即可。内层区域显示为内层方块，是特征区域。特征区域决定了被追踪的像素图案。外层区域显示为外层方块，方块内的区域是指当出现遮挡，快速运动，光线变化等情况下，会在此区域内搜索特征。

手动调节关键帧

被追踪的时间线上的每一帧均有关键帧。关键帧显示为图层缩略图中动作路径上的空方框。可以LMB-拖动关键帧的方框到新的位置。这一点当运动路径突然超出所选特征的时候尤其有用。但是，需要谨慎使用手动调整，因为它可能带来抖动。

跟踪另一通道

如果点击追踪栏的选项按钮，动作追踪选项窗口会开启（图4.10）。此处可以通过通道选择选项来选择跟踪某个特定的通道。亮度选项用于比较像素的亮度，适合于高对比度的影像。RGB选项比较红绿蓝像素值而忽略亮度，适合带有特殊颜色，例如绿屏的影像。饱和度选项就如名称所示，检测颜色通道之间存在的对比。

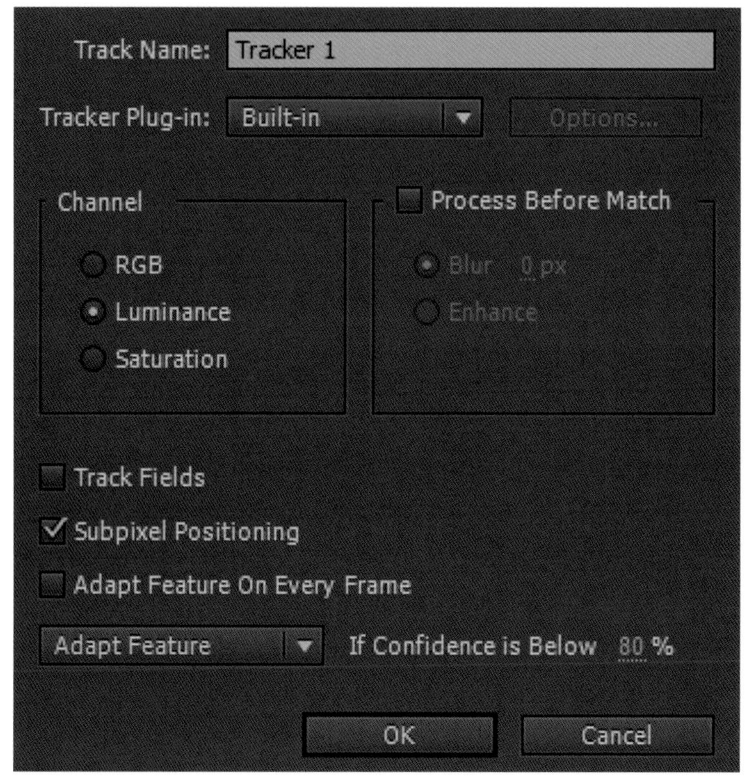

图4.10 动作追踪选项窗口，见CC 2014版。

预处理影像

在动作追踪选项窗口，可以选择匹配前处理的选项。之后可以选择模糊或者加强。加强会在动作追踪应用前锐化视频。这一选项对于柔化或者模糊的影像很有用。模糊选项会应用一个模糊滤镜，跟随区域滤镜有强度的设定。模糊选项可以针对那些有大量胶片颗粒或噪点的视频，提高其动作追踪的效果。注意，After Effcets CC 2015版本中去掉了匹配前处理的选项，而换成匹配前加强的选项。但是，你可以通过在视频图层应用效果，将一个合成嵌套到另一个合成，再将运动追踪应用到嵌套合成中，来实现自定义的预处理。

更改追踪器的动作

在动作追踪选项窗口，可以选择当“信任度”（confidence）下降时，追踪点的操作。信任度是代表追踪器在一帧内找到正确的特征图案的数学准确性。当动作菜单设置成“适应特征”的选项，那么追踪器在一段时间内会允许特征图案的变形。这样设定并不会带来追踪失败，但是可能会造成追踪点突然跳到另一个和原始特征大致相同的特征处。尽管如此，适应特征选项在大量影像中都会提供好的效果。然而，可以在动作菜单中选择“继续追踪”选项，这会无视信任度的下降而继续向前，或者“推断运动”选项，这会通过删除信任度低的关键帧（因此，有些位置是中间帧）来预测特征的位置。也可以将菜单设定为停止追逐，这样当可信度的值降低到设定值的时候就会停止追逐。当处理有难度的影像时，可以将可信度的百分比调高，以避免追踪器无休止地在每一帧上追踪。

变形追踪以及旋转和尺寸缩放

动作追踪默认的只检测位置的变化。但是可以选择追踪旋转或者尺寸缩放变化。分析之前，在追踪栏里选择旋转和尺寸缩放的选项。额外的旋转和尺寸缩放测量会增加一个第二追踪点，图层缩略图中的追踪点2。这两个追踪点由“橡皮筋”连起来，以确定摄像机或者特定物体的旋转，或者变大变小（图4.11）。

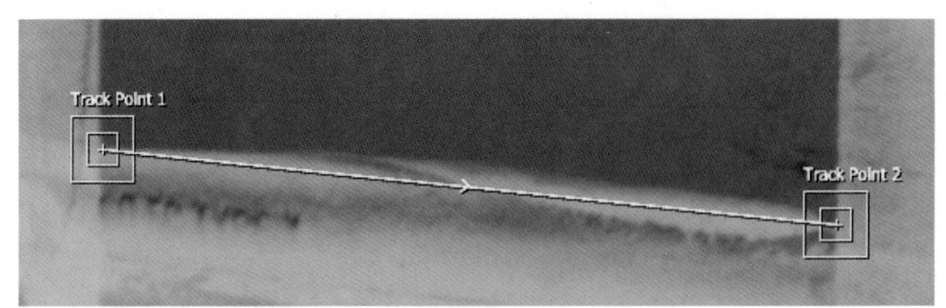

图4.11　额外的旋转创建追踪点2。此处，追踪点位于带状的角落。每个追踪点都位于高对比度的角落中心。

像追踪点1一样，追踪点2也可以定位和尺寸缩放。例如，当需要检测一个手持摄像机的旋转和移动时，将两个追踪点定位在门、窗（或类似有直线边的物体）的边缘。理想情况下，每个追踪点的特征区域内的像素图案都会具有之前小节列出的特征。当选择了旋转和尺寸缩放时应用动作追踪，目标图层的位置、尺寸缩放以及旋转属性均被自动设定关键帧。

调整已应用的变形追踪

上文讲到，应用动作追踪数据会给图表图层的位置、旋转以及尺寸缩放属性创建关键帧。尽管可以在图形编辑器中修改最终的动作曲线，但是因为关键帧的数量大，这项工作也较艰巨。另一种方法，是用下文介绍的技巧来进行动画微调。

调整定位点

当应用了动作追踪时，目标图层跳到一个非预期的位置，可以通过改变定位点值来矫正它的位置。此处的调整不会造成动作追踪数据的损失，也不会修改位置动画。当应用动作追踪数据的时候，目标图层的定位点和附件追踪点1对齐（在追踪到中心时显示为小的+图标）。

删除关键帧

可以删除位置、旋转以尺寸缩放的关键帧，使得相对应的曲线更易在图形编辑器中处理。也可以通过平滑工具大量删除（图4.12）。选择窗口>平滑工具，选取图形编辑器或者时间线缩略图上关键帧的曲线，点击平滑工具的应用按钮（工具位于软件的右下角）。可以在平滑栏中提高允许值，来提高去除的程度。

更新动作路径

在任何时候，都可以回到追踪栏，对动作追踪路径进行微调。可以重新应用数据，以覆盖目标图层之前的变形动画。

如果追踪器栏被关闭，选择“窗口>追踪器”。如果之前的追踪在追踪器栏中没有显示，在动作来源菜单中选择追踪应用到的图层。注意，每当选择“动画>追踪动作”，就会创建一个新的追踪器：追踪器n。

你可以在当前追踪的菜单改变追踪器的名字，来选择特定的追踪器。每个追踪器都被列在图层的动作追踪器中（位于变形部分上方）。追踪点位置的关键帧（称为特征中心），追踪点附带的点位置（和特征中心一致除非手动移动），以及可信度值均保存在这个部分。

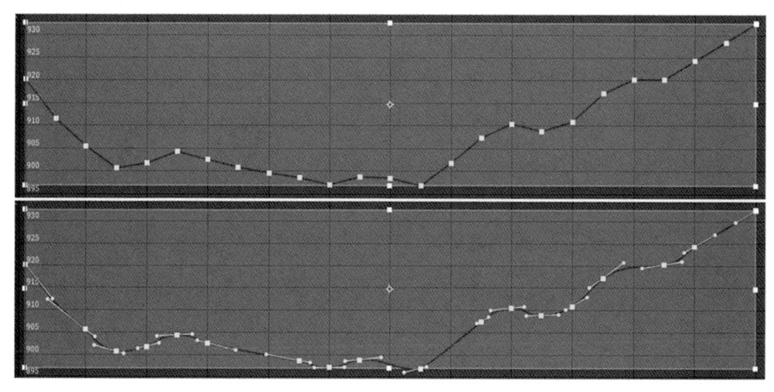

图4.12 运动追踪创建的X位置的曲线。上方缩略图显示批量删除之前，每帧一个关键帧。下方缩略图显示使用平滑工具批量删除后的曲线，允许值为0.5。

追踪多个特征

偶然情况下，需要对多个特征进行动作追踪。在整个合成的时间中没有一个特征是清晰可见的情况下，通常需要使用这种方式。例如，特征可能会进出镜头，被遮挡，所以有严重的动作模糊。可以遵照下述简单的几步，来进行多特征追踪：

1. 确定视频开始时可追踪的特征。将追踪点放置在该特征处。向前分析，直到该特征已不可见。点击追踪栏上的停止按钮暂停追踪。
2. 找到一个从这一点起，可见的特征。如果最后几帧的追踪不准确，将当前时间显示器条向后拖拽到之前帧。
3. Alt/Opt+LMB-拖动追踪点到新的特征上。如果你拖拽时按住Alt/Opt，那么追踪点附带点会保持原始的动作路径。向前分析，如果需要跳转到新的特征，重复2和3的动作。
4. 当分析完成整个时间线，点击应用按钮以应用数据。After Effects会考虑多个特征及其互相抵消的运动路径的部分，在目标图层应用一个单一延续的关键帧动画。目标图层的定位点和追踪点1附带点对齐，也就是延续着第一个追踪的特征所创建的动作路径。

影像的稳定

可以使用动作追踪工具来稳定影片plate，使其看起来没有摄像机的移动。要使用影像稳定技术，参考下面的新手指南。

稳定化的新手指南

1. 创建一个新的After Effects项目，导入\projectfiles\plates\motiontracking\shake目录下的文件：shake.##png，将帧速率设定为24fps。将图像序列拖拽到时间线上，创建一个新的合成。向后播放时间线。注意，镜头中体现了两种摄像机的运动：平滑倾斜以及高频率抖动。
2. 选择新图层，选择“动画>动作”追踪。图层缩略图窗口开启。追踪栏同时在右下角开启。将追踪形式从变形改成稳定。
3. 追踪点1，显示在图层缩略图中。当在时间线的第1帧时，将追踪点拖拽到左侧追踪带状遮罩的角落。将定位点的附带点放在白色带状和绿色带状之间的边界。给特征区域设定尺寸缩放并搜索区域框，以保证它们覆盖X带的大部分（图4.13）。

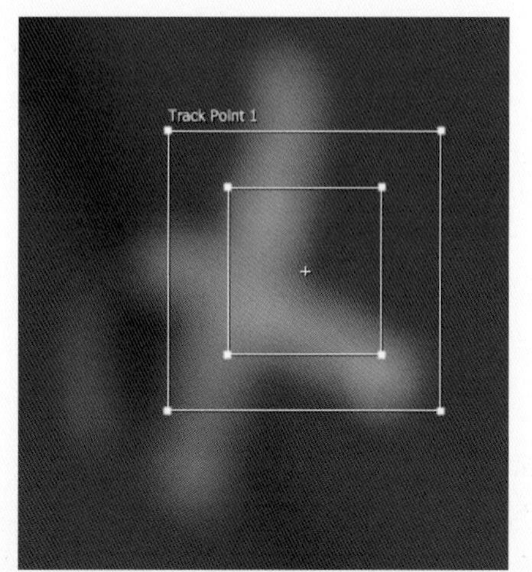

图4.13　追踪点1已定位并锁定左侧追踪遮罩的尺寸缩放。

图4.14　上图：稳定化的图层暴露了图层边缘，合成的边缘出现黑条。下图：合成经过嵌套并改变尺寸缩放，去除了黑条。

4. 在追踪栏中，点击向前追踪按钮。时间线向前进行，而定位点特征区域（内层方框）内的特征运动被检测到。缩略图中会出现一条运动路径来显示该运动。
5. 当时间线到达最后帧，点击追踪栏的应用按钮。这段动作追踪数据被应用到同一个图层。缩略图窗口转为合成缩略图。图层的定位点自动确定了关键帧。
6. 向后播放。图层被左右或上下移动是为了固定图层在追踪带状遮罩上的位置，所以遮罩不会移动。这样反过来，摄像机看起来就是静止的。
7. 稳定化会暴露边框，因为画面被移动过（图4.14）。这产生了右侧和下方的黑条。为了避免这一现象，要创建一个分辨率、帧率、时长一致的新的合成，并将第一个合成与其嵌套。在嵌套图层中，将尺寸缩放改成110%，Y位置值改成567。回放，边框黑条就消失了。

需注意，稳定化无法去除由移动摄像机带来的动作模糊。本指南的完成版本位于projectfiles\aefiles\chapter4，名为mini_stabilization.aep。

角钉追踪

追踪角钉是用四个追踪点来跟踪一个四边形特征。例如，你可以使用角钉追踪来追踪窗户、门、画框、电话屏幕、广告屏等物体的四个角。当将角钉追踪的数据应用到图层的时候，图层的四角被移到追踪点的位置，来将图层和追踪的四边形进行匹配。使用角钉追踪，参考下方的新手指南。

角钉追踪新手指南

可以使用动作追踪工具应用角钉追踪。采取此类追踪，遵循下述步骤：

1. 创建一个新的After Effects项目。从\projectfiles\plates\motiontracking\wallpov目录下导出文件：wallpov.##.png。设定帧率24fps。LMB-拖动图像序列到时间线以创新一个新的合成。
2. 选中wallpov.##png图层，选择“动画> 动作”追踪。图层缩略图开启。追踪栏同时在右下角开启。

3. 在追踪类型菜单将变形改成透视角钉生成了四个有“橡皮筋”链接的追踪点。回放时间线，确定哪帧中摄像机的运动模糊是最小的。例如，第10帧是相对而言清晰的。
4. 将追踪点放到由重叠的标色水线构成的四个角（图4.15）。选择有较好对比度的角。可以单独移动任意一个追踪点。注意追踪点的命名顺序是由左上角开始，沿着顺时针方向，为1，2，3，4。最好保持此顺序。如果将追踪点交错移动以致边缘扭曲且追踪点顺序改变，会带来追踪错误。可以调整特征以及搜索追踪点区域的方框。较大的搜索框可以提高在昏暗或者对比度低的影像中的动作追踪。

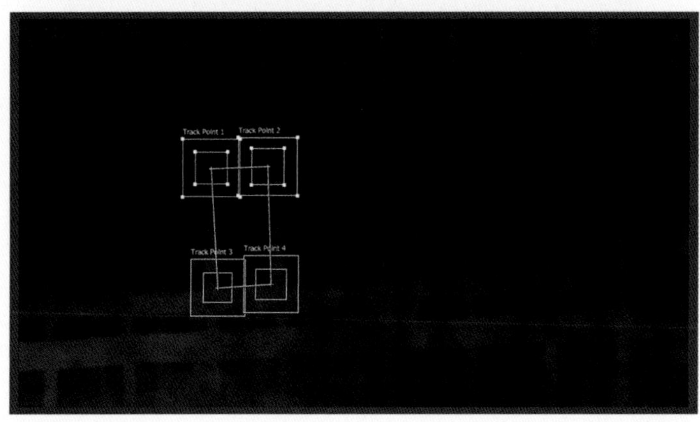

图4.15　确定位置及尺寸缩放的追踪点。

5. 使用分析按钮，为追踪点创建运动路径。使用本章之前“选择特征以及微调动作路径”中的建议去使动作路径的质量最高化。注意，开始的几帧如果光线昏暗或者有严重的动作模糊，对该区域内的动作追踪而言尤其困难。因此，需要手动调节追踪点到这些帧中合适的位置。
6. 当运动路径生成完，导入\projectfiles\art目录下的warning.png名为警告的文件。LMB-拖动这个警告图像到图层缩略图的上方。点击追踪栏的编辑目标按钮，并检查绘图图层已被选取。点击应用按钮。缩略图栏回到合成缩略图。警告图层出现角钉的效果，并且显示在效果部分。此效果包含决定了图层四角新位置的四套关键帧。因此，图层扭曲以匹配追踪的四边形。回放时间线。图层的四个角被放置在追踪点的附带点的位置。此外，警告图层的位置属性被动画化。

7. 尽管警告标识的图层现在包含变形动画，但是不存在动作模糊。点击图层运动模糊的开关以激活模糊。确保合成的“应用动作模糊到所有图层”的开关开启。回放。警告标识现在和影像一样具有严重的动作模糊。在合成设定窗口的高级条中，可以自由设定动作模糊设置（见本章之前动作模糊部分）。

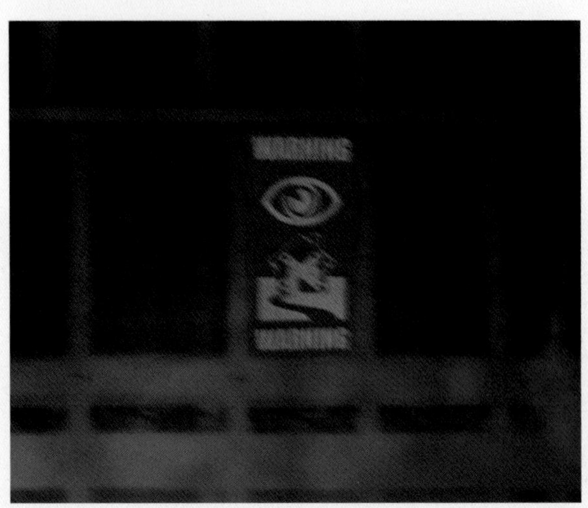

图4.16　警告标识图层变形以匹配追踪的四边形。动作模糊已开启。绘图图层的透明度降至50%。

要更好地将标识整合，把警告标识图层的透明度降至50%。这样墙面的紫色就和纸张颜色融合起来（图4.16）。指南的完成版本保存为\projectfiles\aefiles\chapter4目录下的mini_corner_pin.aep。（要将标识更好整合，也会用到第九章讲的色阶方面的技术。）

如果目标图层的变形导致无法保持四边形的形状，可以去除角钉的动画并把角落“推回”到更理想的位置。想让警告标志更宽更像四方形，可以采取下述的额外步骤：

1. 将警告图层的角钉扩大。选取其中一个角钉名称，如“左上”。开启图形编辑器，围绕着X或Y曲线的全部关键帧，LMB-拖动一个选择框。将鼠标放置在其中一个被选取的关键帧上，向上或者向下拖拽。当你向上拖时，关键帧的值会上升，向下拖拽时则下降。图层角被移动至视图。需注意，不要在图形编辑器中向左右拖拽关键帧，这将会抵消该段动画曲线。
2. 在其他曲线及角上重复上述动作，直到图层再次呈现四边形。也可以通过抵消角来改变图层的尺寸缩放（图4.17）。这样不会影响动作追踪的质量。但是，四角推得越远，追踪越有可能出现微小的瑕疵变化。

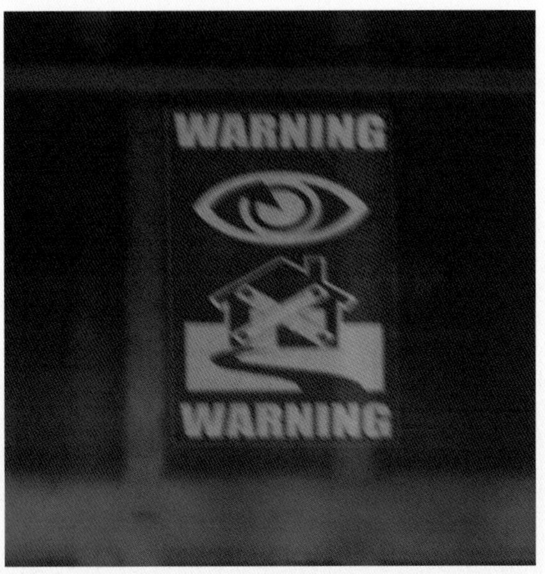

图4.17 通过去除角钉的角动画曲线，警告标识变得更宽更近似长方形。

尽管如此，你可以通过单独调整角钉XY关键帧来保证结果的顺畅。去除版本的效果保存为\projectfiles\aefiles\chapter4目录下的corner_pin_offset.aep。

注意，追踪栏里的追踪选项中也有平行角的选项。这和透视角钉类似，但是这样的追踪点4是跟追其他三个点的。例如，当移动追踪点2的时候，追踪点4会保持和追踪点2的距离并跟着移动。这种形式的角钉适合那些已知会有透视变换，或者透视变换很微妙的四边形。

3D摄影机追踪

3D摄影机追踪和2D的变形追踪等方式不同，它是通过在3D空间内操作而实现的。3D摄像机追踪系统的目的是在3D空间内创建出虚拟的3D摄像机，来模拟真实摄像机。3D摄像机追踪尽可能和真实摄像机的镜头以及任何运动一致，例如倾斜、平移或移动。因此，3D追踪适合摄像机在多方向移动的复杂镜头（而不是摄像机固定在三脚架上的镜头）。

有关3D摄像机追踪的简单介绍在下面的两个指南中。After Effects中的摄像机追踪工具即是为实现这个功能而存在。此外，Foundry也有自己的插件。（注意，第五章将详细讲述软件的3D环境。）

3D摄像机追踪的新手指南

在After Effects中，可以通过摄像机追踪功能来实现3D摄像机追踪。下面是基本步骤：

1. 创建一个新的After Effects项目。从\projectfiles\plates\motion-tracking\1_3b_4stand目录下导出文件1_3b_4stand.##.png。设定帧率为24fps。LMB-拖动图像序列到时间线以创新一个新的合成。
2. 选中影像图层，选择动画-摄像机追踪。图层上会增加一个3D摄像机追踪效果。合成缩略图的边框上出现一个蓝色的分析条。停止分析，点击在效果控制栏中3D摄像机追踪部分顶部的曲线按钮（图4.18）。

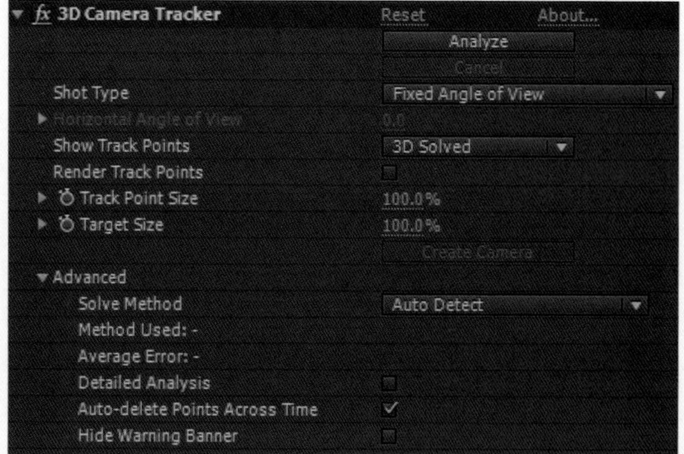

图4.18　3D摄像机追踪效果的默认值。

3. 注意，镜头类型菜单设定为固态视角。当摄影机使用的是定焦镜头时，这项设定是合适的。如果视野确定，那么可以将选项改成特定视角，并将水平视角的滑块改成确切值。通过三角函数计算镜头焦距、光圈或图像传感器的物理尺寸，会得出视野值。

   2*正反切［（电影画面或图像传感器宽度/2）/镜头焦距］

   如果摄像机使用变焦头，焦距随着拍摄变化，则设定成可变焦距。在本指南中，默认的固定视角选项是正确的。
4. 在高级选项部分，注意处理方式菜单设定为自动检测。这让特效确定镜头运动的方式。处理方式菜单提供三个额外的镜头运动方式：常规，大部分平面场景，和三脚架平移。三脚架平移假定摄像机是固定的，但是会平移或倾斜。大部分平面场景保证镜头可以向前后及两侧运动，但是假定运动限制在单一平面内。“常规”适用于更加有力的相机镜头画面，例如向前移动的手持摄像机等。在本指南中，保持自动检测设定即可。

5. 点击分析按钮。蓝色条回到“分析”。影片在两个通道中进行分析（向前及向后）。当分析完成，缩略图中会出现一系列追踪点（图4.19）。这些点被确定为3D空间里特殊的位置。回放，一些点会消失，因为其追踪的特征消失。有一些点可能会错误地滑动。其他点在整个时间线上的时间段内保持固定在特征上。那些可以保持不动的点，则是成功的点。此特效可以通过平行计算，来确定特征在3D空间里的相对位置。为了通过透视来看到点，特效可以“溶解”一个虚拟的3D摄像机，并“穿过”它来观看。在分析的过程中，特效自动确定那些具有高对比度，可追踪图案的特征。

图4.19　分析后显示的追踪点。较大的点代表靠近真实摄影机的特征。女演员头顶部较大的点随着演员的动作消失了，因此无法应用动作追踪。追踪点的尺寸设定为150%。

6. 如果追踪点很难看到，可以通过提高追踪点尺寸值来改变尺寸缩放。需要的话，可以在追踪点尺寸栏输入一个大的值。（只有在特效选取了特效控制栏的时候，追踪点才会可见。）靠近摄像机的特征的追踪点比远离镜头的特征的追踪点要大。（因此，这是确定追踪是否是精确的方式。）可以自由地删除错误的或者不需要的追踪点。LMB-拖动缩略图中一个追踪点的中心，这样就出现一个黄色圆圈，再点击删除。（注意不要删除整个特效。）例如，可以考虑删除演员身上或者衣服上特征的追踪点。

7. 在追踪点之间拖拽鼠标。注意在三点系列中出现一个灰色三角以及红色和黑色的圆心。这代表在3D空间中这三个追踪点交汇的一个平面。可以利用这一点，在确定的平面上放置2D图层。在时间线的第一帧，鼠标拖动屏幕左下角地面上的点。考虑到追踪点的密度，圆心有时候会存在错误的旋转。另一个方法是，你可以手动选择3个或更多的点。Shift+LMB-点击追踪点中心即可。手动选择距离很远的点，更准确地代表地板的位置（图4.20）。

8. 当追踪点已选择，RMB-点击圆心并选择创建文字及摄像机。这会创建一个3D摄像机，显示为一个新的图层。摄像机的变形动画是复制真实摄像机而来的。此外，一个文字图层被创建并转化成3D图层（3D图层选项开启）。默认文字，TEXT出现在圆心中间并和圆心方位一致。要隐藏追踪点，只需取消3D摄像机追踪效果的选项。
9. 回放时间线。文字出现在地板上，就像是用原始摄像机拍摄而来的（图4.21）。此外，可以改变文字图层的任何文字效果（通过“窗口>文字”）。例如，在本指南中，文字看起来很小，把文字尺寸改成1200。可以激活文字图层的动作模糊选项，也可以改变它的变形来弥补文字效果。作为一个3D图层，文字图层有着X、Y、Z（景深）

图4.20　手动选取了4个追踪点。灰色形状及圆心代表地板的位置。

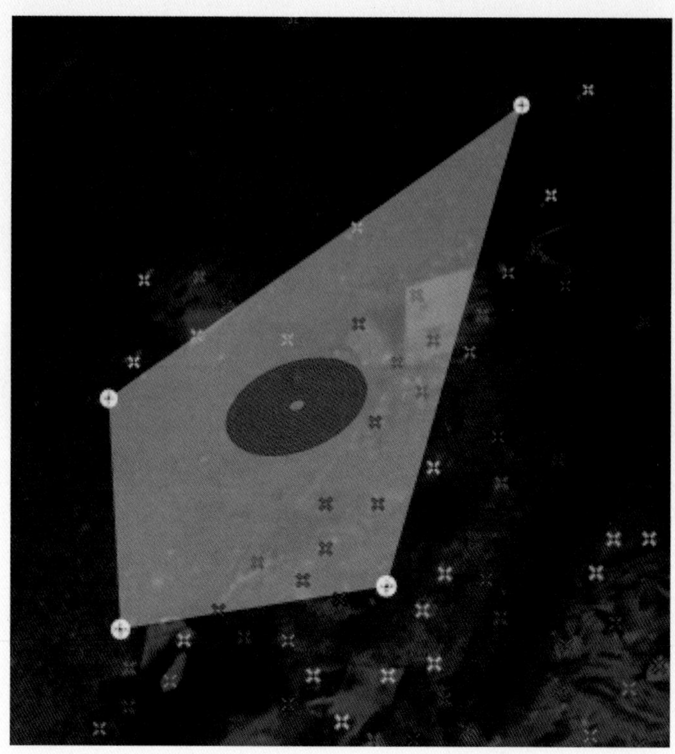

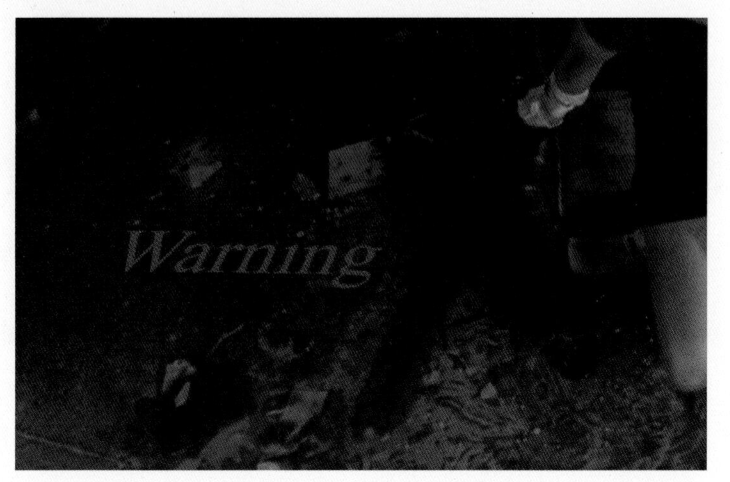

图4.21 文字图层，通过3D摄像机追踪效果转化为3D图层，已自动定位，所以看起来文字在地面上。通过3D摄像机追踪效果创建的3D摄影机，会生成正确的景深和透视。

变形值。

此外，可以回到3D摄像机追踪选项，用不同设定重新分析。当重新分析的时候，可以创建一个全新的摄像机，只需点击创建摄像机按钮。这个功能并不局限于在场景中安置文字图层。当你选取3个或者更多追踪点的时候，可以选择使用RMB菜单创建一个平面图层或者空物体。你可以控制一个自定义的3D图层，如果你将这个3D图层母子关联到一个空图层或者通过“表达式”（expressions）连接到变形。更多有关3D图层以及3D摄像机的复制的使用，将在第五章详细介绍。“表达式”将在第十章中介绍。本指南的完成部分保存为\projectfiles\aefiles\chapter4目录下的mini_3d_camera.aep文件。

Foundry的摄像机跟踪器简介

Foundry的摄像机跟踪器是After Effects进行3D摄像机追踪任务使用的插件。尽管原理和After Effects自己的摄像机追踪工具相同，但是插件提供了额外的特点。本部分将大致介绍该插件。

摄像机跟踪器将追踪过程分成三个步骤。每一步有一个按钮、相应名称，以及一系列在应用步骤之前可以选择的选项。

设计的使用步骤如下：

1. **追踪特征**　这一步确定追踪点并在整个时间线中向前或者向后追踪。当追踪完成时，每个追踪点都在缩略图中显示为一个小的X，并带有部分的运动轨迹。可以在应用追踪特征的选项之前，在追踪

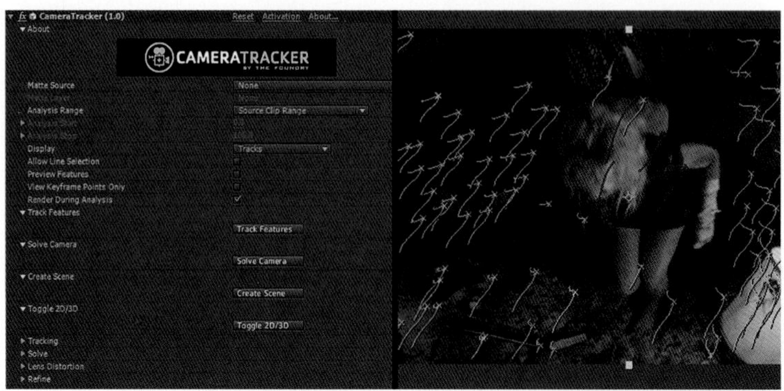

图4.22 左图：摄像机跟踪器属性。右图：部分处理的追踪点以及部分运动路径。

部分中设置所需追踪点的数量并调整追踪敏感性。可以通过追踪验证菜单来选择两个摄像机类别中的一个：自由摄像机——适合手持拍摄镜头；以及旋转的摄像机——适合于固定三脚架的倾斜和滑动。

2. **解算摄像机** 这一步基于追踪点数据，处理或者创建一个内部虚拟的摄像机。当摄像机生成，追踪点被进行了颜色编码（图4.22）。绿色点表示有效。红色点是不适合的，通常代表会在一段时间内消失。处理选项中包含额外的摄像机选项。处理前，可设定焦距类型以及需要跟踪的影像的分辨率。如果知道真实摄像机的焦距，可以将焦距类型设置成已知，单位设置成毫米，并选择正确的焦距尺寸。（一个摄像机的需要跟踪的影像分辨率代表了摄像机传感器的物理尺寸或者曝光的胶卷画框尺寸。）
3. **创建场景** 在这一步创建一个3D摄像机，匹配处理摄像机。此外，生成一个3D图层形式的空物体。摄像机的图层被母子关联到空图层，位于画面中心。

此外，插件提供了“切换”（Toggle）按钮。点击这个按钮会切换到内部3D空间的视角。追踪点显示为一团点。观看3D视角，有利于确定追踪点是否定位于特定的位置，例如地面。（可以使用统一摄像机工具来改变预览以检测追踪点。）实际上，可以选择追踪点，确定它们所属的轴心和轴线。举例，再次点击“切换”，切换回2D预览画面，在缩略图中选取一组左侧地板上的追踪点，使用摄影机追踪器菜单（当效果被选择时，被嵌入在合成缩略图的左下方）选择“地板平面>设定至选择”。所有追踪点团被重新定位在3D空间里对齐XZ平面内的所选追踪点。摄像机的位置也得到更新，以保证追踪点和追踪特征对齐。

当场景创建之后，可以选择附加一个新的空图层或者固态图层到一个追踪点。只需在缩略图中选择一个追踪点，并选择“摄影机追踪器菜单>创建>空物体”，或者“摄影机追踪器菜单>创建>固态”。新的空图层或者固态图层被母子关联到初始的空图层上，并被赋予和选取的追踪点一致的变形值。将一个图层母子关联到空图层或者通过表达式关联到变形，就可以控制一个自定义的3D图层。更多3D图层或者3D摄像机的复杂使用将在第五章介绍。更详尽的使用指南请参见Foundry的“摄影机追踪器”PDF文件（www.thefoundry.co.uk）。

手动追踪

少数情况下，会发现某个特定镜头无法使用After Effects或者插件进行追踪。这可能是因为剧烈的摄像机移动导致无法进行可用特征的定位。严重的动作模糊、镜头灰度或者噪点，都会影响追踪工具生成可用的运动路径。这种情况下，可以使用手动追踪。手动追踪的步骤如下：

1. 在3D软件，如Autodesk Maya中创建一个真实场景或者地点的简单几何模型。
2. 在3D摄像机上附加上一个包含素材的图像平面。
3. 摄像机的动画设定为匹配真实摄像机的动作。将影像中的几何图形和影像对齐，有助于摄像机的定位。例如，将一个建筑物的四角和该建筑物3D模型的匹配，有助于确定摄像机的位置，以及它是如何旋转的。
4. 需要追踪的元素，比如一个3D道具，被放置在3D场景中并被3D摄像机渲染。渲染成品再合成到After Effects（或类似合成软件）内的原始视频上。

在这种情况下，动作追踪实际上是在3D软件中发生的，而不是合成软件中。这种情况往往出现在当3D物体需要获得真实摄像机的运动时。要保证手动追踪的质量最大化，就需要几何模型的准确度尽可能高。所以，真实的测量或者类似数据是很有帮助的。同时，真实摄像机的信息是极度重要的，比如精确到毫米的镜头尺寸、图像传感器尺寸、地面和镜头之间的距离，等等。

After Effects也可以使用手动追踪。例如，你需要追踪一个标签，以保证它跟着演员手中的一个物体运动。你可以手动确定标签图层的关键帧、位置、尺寸缩放和旋转。

动作追踪遮罩和面部追踪

因为要在时间线内以大量的点来操控遮罩形状，逐个贴图过程动态遮罩会耗费大量的时间。可以使用追踪遮罩的动作追踪选项来简化逐个贴图的过程。应用此选项，只需遵循下述的步骤：

1. 在需要分离的特征上创建一个遮罩。遮罩不能和特征贴得太近，但可以松散地围绕在它周围。例如，你可以在需要的元素，比如一张脸周围画出一个遮罩。或者在不需要的元素，比如动作追踪标记上画出一个遮罩。(这种情况下，可以插入遮罩来去除特征。)
2. 在图层预览中RMB-点击遮罩名称，并选择追踪遮罩。追踪栏开启，并有一系列回看分析按钮以及一个方式菜单。
3. 在方式菜单中选择需要的动作追踪方式。如果特征的移动是左右，或者上下，而不带旋转或者尺寸缩放变化，则选择位置方式。如果特征有旋转以及尺寸缩放变化，将方式设定为位置，尺寸及旋转。如果特征有透视变换，选择透视方式。
4. 使用分析按钮进行时间线内的分析。当分析完成时，遮罩路径属性被自动设定了关键帧。回放时间线。遮罩是和特征匹配的。

After Effects CC 2015包含了两个面部追踪的选择：面部追踪（轮廓）以及面部追踪（含细节特征）。当选取追踪遮罩时，这两个选项在追踪栏的方式菜单里可以选择。要应用面部追踪，遵循下述步骤：

1. 在需要动作追踪的面部上创建一个遮罩，让遮罩松散地环绕在脸部周围。
2. 在图层预览中RMB-点击遮罩名称并选择追踪遮罩。追踪栏开启，并有一系列回看分析按钮以及一个方式菜单。将方式设定为面部追踪（轮廓）或者面部追踪（含细节特征）。
3. 使用分析按钮进行时间线内的分析。如果设定为轮廓，则遮罩路径属性被自动关键帧。回放时间线。遮罩会跟随着可见的面部。如果方式设定为含细节特征，遮罩被动画化，并创建了一个面部追踪点部分，附加在图层的特效部分（图4.23）。

面部追踪点部分包含很多属性。这些属性确定了大量面部细节的XY位置，包括上下眼皮、鼻角、嘴角以及上下唇。可以将任意面部追踪点的关键帧动画复制粘贴到其他图层。这样就可以使得另一个图层在时间线内跟随特定的脸部细节。也可以使用面部追踪点属性作为表达式的一

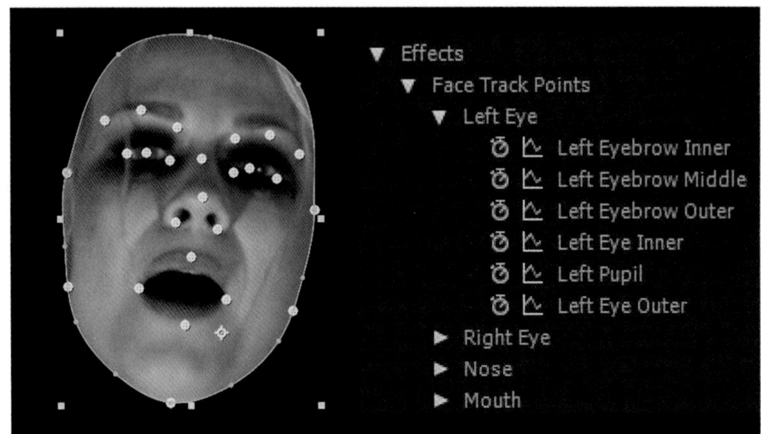

图4.23　左图：被自动遮罩的脸部，带有面部追踪（细节特征）选项。此外，面部追踪点在时间内会跟随主要的面部细节。右图：图层缩略图中部分最终面部追踪点。例子被保存为\projectfiles\aefiles\chapter4目录下的facial_trakcing.aep。

部分。（表达式将在第十章介绍。）追踪点在合成缩略图中显示为十字，但是不会在最后渲染品中出现。

使用Mocha AE进行平面追踪

平面追踪是动作追踪的一个变形，用来追踪平面形状的位置和旋转。尽管看起来和角钉追踪类似，但是平面追踪可以将一个平面形状识别为一个整体，即使当部分角可能暂时被遮挡或者出离画面也可以继续追踪。不仅可以使用平面追踪来追踪四边形，还可以追踪二维平面的任意形状（换句话说，真实世界中任何平面）。可以使用平面追踪来追踪墙壁，盒子的一面，一个画线的停车位，一个不规则的木板剪贴画，绕着牙齿的装置，等等。下述是应用平面追踪的基本步骤：

章节教程：平面动作追踪

下述步骤代表了使用Mocha AE进行平面追踪的常规方式。可以使用保存在\projectfiles\aefiles\chapter4目录下的文件：tutorial_4_start.aep.

1. 选择1_3i_2wall合成中的“单独的图层”（sole layer）。选择Mocha AE中的动画>追踪。Mocha AE 会开启，新项目窗口开启并显示视频的画面范围和帧速率。位置选项列出了原始Mocha文件被存储的位置。需要的话可以更改位置。点击OK按钮关闭窗口。影像会出现在Mocha缩略图中。可以使用缩略图中的播放控制来播放视频。（有关Mocha界面的详细信息，参见第三章中“Mocha 遮罩新手指南”部分。）

2. Mocha是一个平面追踪器，这就意味着它追踪的形状被定义为一个平面（一个平的、二维表面，可以旋转或者变化尺寸缩放）。要选定追踪形状，可以使用几个曲线工具来松散地形成一个绕着该形状的曲线“笼子”。在本指南中，我们使用X曲线工具。回到第一帧，在上面工具栏中选择创建-X曲线图层工具。这包括一个笔尖以及一个小的X，作为图标的一部分。沿着中心部分RMB-点击4次，将三个点放置在由钉孔围绕出的位置之外。将第四个点放置在一个污渍的点。使用图4.24作为指南。最好的是形成合成的“笼子”以至于不包括没有光线或者阴影变化的一部分素材。比如，女演员的手部和下方钉孔有交叉，于是这一点就难以被追踪。注意，定点可以在边框的外部。RMB-点击形状以完成。当“笼子”绘制完成之后，可以通过LMB-拖动来调整顶点。
3. 点击向前追踪按钮。追踪点位于回放按钮的右侧，是一个小的T字图标。当点击向前追踪按钮时，时间线会向前进行并且Mocha会根据所选形状而更新“X-样条”曲线（X-spline）“笼子”的定点位置。在本范例中，笼中整体的图案被追踪。当追踪完成时，回放

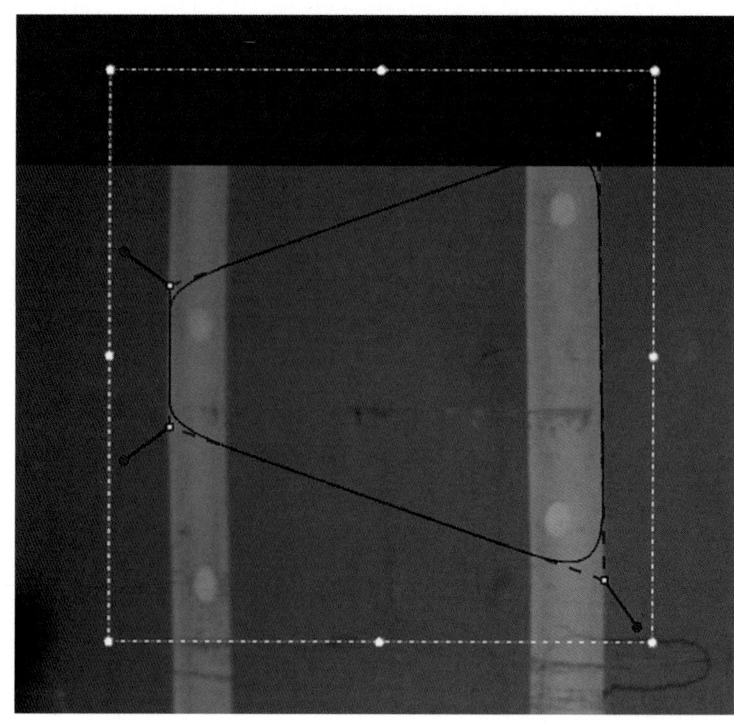

图4.24　一个由三个钉孔位置和一个污渍条位置组成的X曲线尺“笼子”。注意顶点不需要触及任何特征。顶点可以位于边框外。

来测试“笼子”位置的准确度。

4. 如果样条笼移动，可以通过创建参考点来矫正它。调整之后，可以在任意帧向前或者向后重新分析。如何创建Mocha中的参考点，参见第三章“Mocha 遮罩新手指南”。对“X-样条”（X-spline）笼调整，以进行动态遮罩和对样条笼调整以进行平面追踪，两者遵从同样的过程。
5. 当“笼子”的追踪效果已经可以接受时，点击工具栏中的显示平面按钮。按钮为一个蓝底色白方块，并有一个小字母S。这会在缩略图中显示为一个蓝色的参考四方形平面（假设X曲线图层已在图层控制栏中被选定）。四边形代表了当Mocha AE的数据被输出到After Effects时，2D平面的四角所在的位置。尽管Mocha AE使用平面追踪技术，其导出的数据往往在After Effects中使用为角钉效果。
6. 在时间线的第一帧上，LMB-拖动平面的角以构成一个更长、更近似正方形的形状。使用图4.25作为参考。回放。注意，平面保持其新的形状并跟随“X-样条”（X-spline）笼移动。
7. 点击位于追踪栏右下角的输出追踪数据按钮。在输出数据窗口，将格式改为After Effects角钉特效。点击复制到剪贴板选项。窗口关闭，而追踪的数据被以角钉位置数据的形式，复制到运行中的系统的剪贴板上。

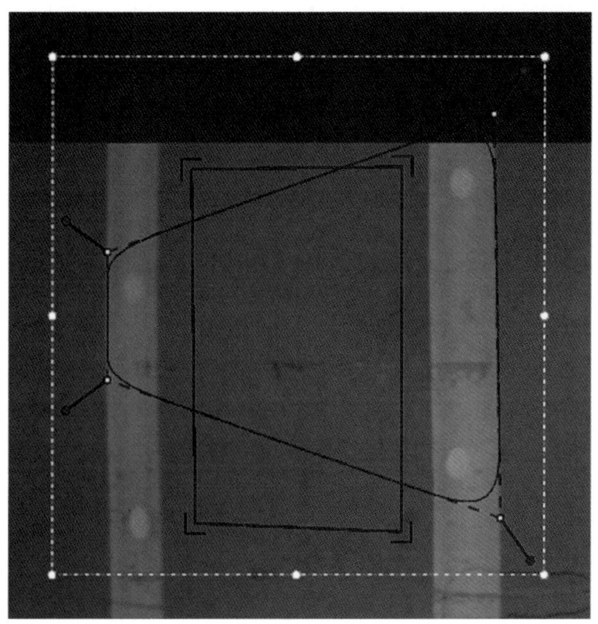

图4.25　蓝色方形平面调整成更近似正方形。

8. 选择文件>保存，来保存Mocha文件。回到After Effects软件界面。导入\projectfiles\art目录下的warning.png文件。LMB-拖动警告图层到图层缩略图的最上方。开启警告图层的变形栏。改变定位点的位置以匹配当前图层的位置——在此范例中：960、540。将图层和Mocha AE的平面形状对齐是必要的。选择“编辑>粘贴”。Mocha的数据从剪贴板复制到了警告标识的图层，并显示为一个新的位置、尺寸缩放以及旋转的动画，也是带有动画化的四角位置的一个全新的角钉特效。
9. 回放。警告标识的图层已变形而适应Mocha平面所设定的区域（图4.26）。此外，图层带有镜头的运动。注意，警告标识可以正确地移动到屏幕边框外。要更好地整合标识，将其透明度调整成75%，并激活运动模糊。完成的Mocha文件，保存为\projectfiles\aefiles\chapter4目录下的tutorial_4_finished.mocha。完成的After Effects文件保存为\projectfiles\aefiles\chapter4目录下的tutorial_4_finished.aep。（要更好地整合标识，我们会应用第五章介绍的色阶技术。）

图4.26 Mocha 平面追踪数据应用到一个标识图层。数据转换成角钉以及变形动画特效。

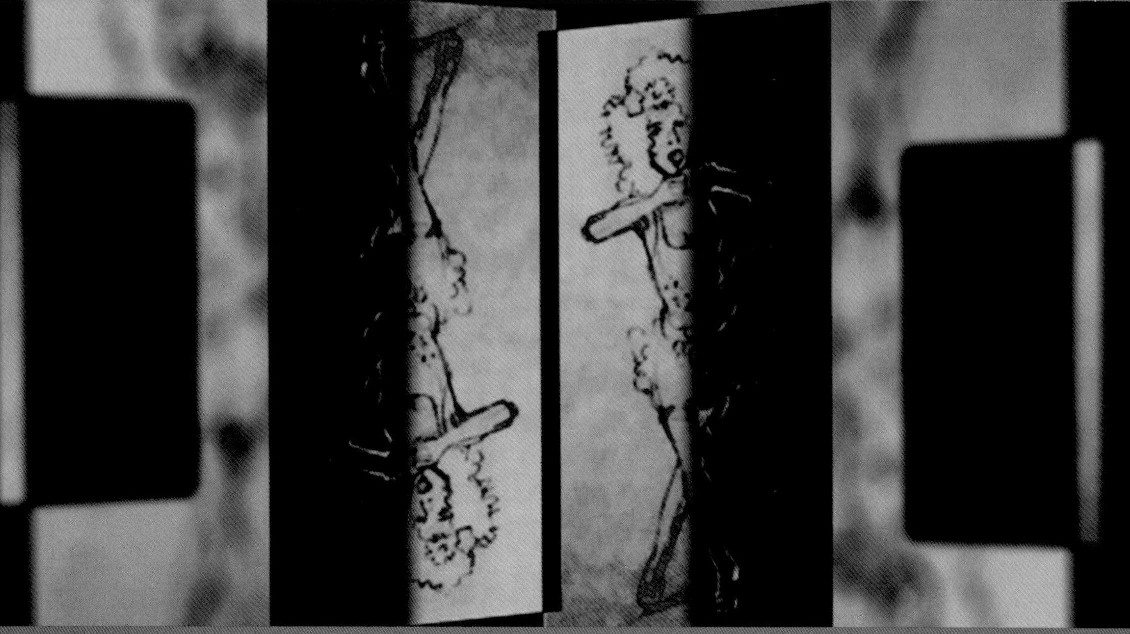

第五章

3D环境中的应用

由于电影、电视以及商业制作的后期时间在日益缩短，2D以及3D软件的功能也开始重叠。After Effects是设计为主要进行2D合成的软件，但是自带全部的3D环境，包括摄像机、光线、材料，等等。近期，更增加了渲染3D几何图形的功能（图5.1）。这就让合成师可以选择在2D、2.5D、3D环境中工作，或者在三个空间之间来回转换。2.5D指的是在3D空间内的2D图层，这样有助于给“数字绘景”（matte painting）或者类似的背景幕以景深，而使其看起来不再是平的。

本章将介绍下述重要信息：

- 3D图层，摄像机以及灯光的创建和变形
- 如何使用3D图层材料的属性及阴影
- 从Cinema 4D Lite以及其他3D软件中导入数据

图5.1　一个使用After Effects创建的类似玻璃的碟，使用了3D图层、环境图层、3D摄像机以及光线追踪3D渲染。

3D图层的创建及变形

在After Effects中，可以将任何图层转换成3D图层，只需点击图层名称旁边的3D开关。这是一个小立方体的图标。这一转化，图层就具有了第三维度及其变形，以及一个材料选择栏。此外，如果图层被选中，3D变形操控栏也在定位点处显示（图5.2）。和标准的3D软件一样，变形处理包含三个箭头：绿色为Y、红色为X、蓝色为Z。

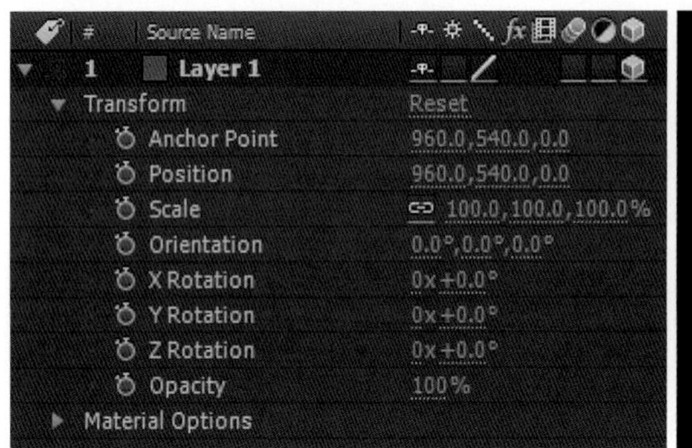

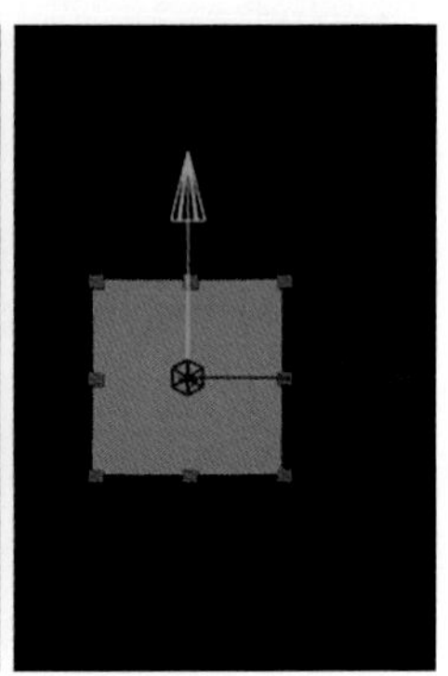

图5.2　左图：3D图层的变形栏。右图：3D图层的变形操控，在合成缩略图中显示。

3D图层的定位点、位置和尺寸缩放获得一个Z区域（field）（从左到右为X、Y、Z）。注意，Z对于图层没有影响，图层仍在3D空间中保持为一个二维平面（像一张纸）。旋转分成了三个属性——每个箭头一个。增加了一个新的属性：方位。方位属性会旋转图层。然而，方位并不适用分辨率以及角度，而仅是提供无上下限的X、Y、Z的角度。可以使用旋转或者方位属性，或者同时使用两个来转动图层。不需要3D摄像机，就可以转动3D图层。

使用多个视窗

合成缩略图默认设定为一个视角。可以展开选项栏，选择带有多个视窗以及/或者透视角度的3D软件：将选择视窗布局菜单改成一个布局。例如，为了模拟Autodesk Maya的默认布局，将菜单改成4个视窗。这就在原有视窗之外，又增加了一个上部、一个前部、一个右侧的“多视窗”（orthographic viewport），原始视窗的标签为已激活摄像机（图5.3）。如果还没有创建3D摄像机，那么已激活摄像机视窗显示为标准的合成缩略图。如果已经创建了3D摄像机，已激活摄像机则为类似于标准3D软件的透视图。要激活某个特定的视窗，LMB-点击其边框。当视窗的边角都带有橘红色三角时，则视窗被激活。

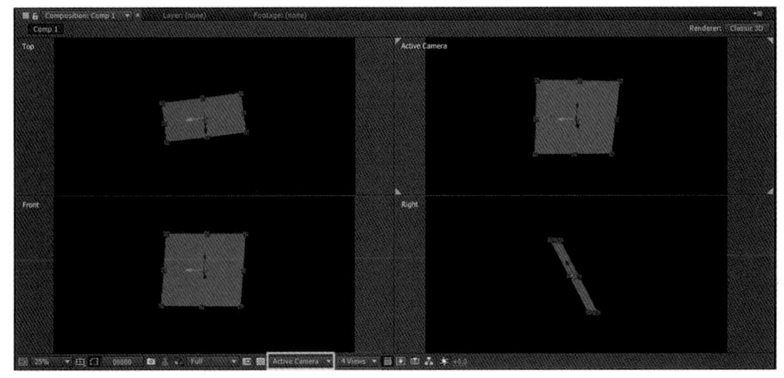

图5.3　红色框标注的是选择视窗布局菜单，被设定为4个视窗。本范例中，已激活摄像机视窗是激活的，显示为四角的橘红色三角。此时，没有3D摄像机，但是有一个带有旋转的512x512的3D图层。3D视窗弹出菜单标注为黄色框。

透视视窗的黑色区域代表了渲染帧。交换视窗同样也具有这些。但是，不能通过渲染队列来渲染交换视窗。

可以使用摄像机工具来调整任何视窗的视角。例如，选择主菜单，摄像机工具中的标准摄像机工具（图5.4），可以MMB-拖动一个激活的视窗上下、左右滑动。也可以RMB-拖动一个激活的视窗来推近或推远拍摄。如果在带有3D摄像机的透视视窗中使用标准摄像机工具，可以

图5.4　摄像机工具菜单，在旋转工具的右侧。

LMB-拖动来旋转（或沿轨道移动）摄像机。

可以在一个是窗内交互地变化一个3D图层。要移动一个3D图层，选取图层并使用选择工具LMB-拖动一个箭头到正或者负的方向。也可以在主菜单选取旋转工具，沿着一个箭头，或者在箭头上方LMB-拖动，来交互地旋转一个3D图层（图5.4）。

3D摄像机的创建及变形

想要充分利用3D环境的最好方式是创建3D摄像机。3D摄像机模拟真实摄像机，并可以通过选择不同的镜头或者应用不同的变形而得到多种的视觉效果。创建一个3D摄像机，选择“图层>新建>摄像机”。摄像机设定窗口打开（图5.5）。

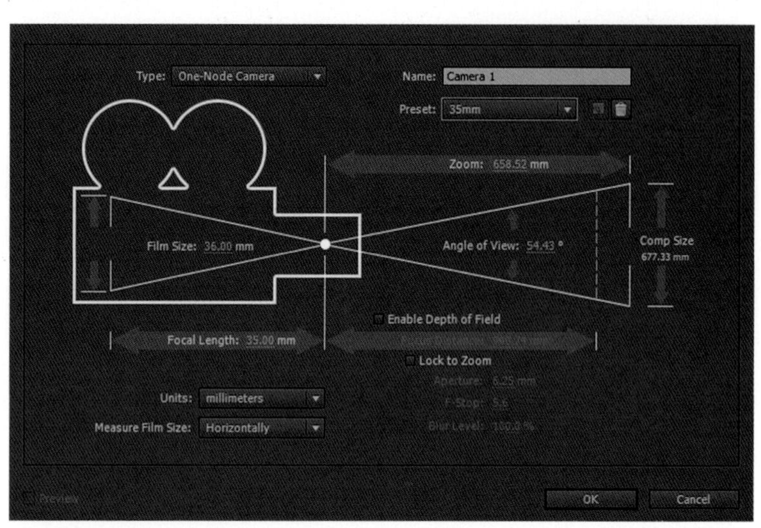

图5.5　摄影机设定窗口。

可以在预设定菜单中选择焦距来选定镜头。也可以在摄像机图标下方输入自定义的焦距。如果已知真实摄像机的视窗角度或者胶片尺寸（水平光圈），可以在相对应的名称栏里输入数值。默认摄像机是一个两个节点摄像机以及一个目标点（每个都有其自身的变形）。或者，可以将类型菜单设定成一个节点的摄像机以避免出现目标点。当点击OK，一个新的摄像机被创建并位于图层缩略图上方。

在交换视窗中有一个摄像机的按钮（图5.6）。如果存在一个3D摄像机，则可以将2D图层靠近或者远离摄像机而移动。After Effects的3D空间使用Y代表向上系统，也就是正值X代表向右，而正值Z代表向着摄像

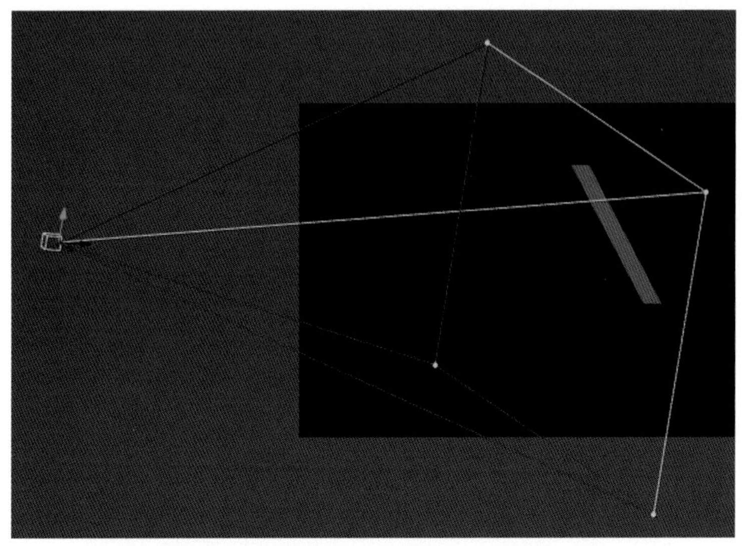

图5.6　右侧视窗中是一个被选取的单节点的3D摄像机。摄像机被设定了非默认的旋转值。

机默认的位置，而正Y代表向上。

3D摄像机的变形

有几种方式来进行摄像机的变形。可以使用标准摄像机工具来改变视角：LMB-、MMB-，或RMB-拖动透视视窗即可。也可以使用轨道orbit，追踪XY（卷轴scroll），以及追踪Z（移动摄像机dolly）工具（图5.4），使用这些工具，只需要LMB-拖动透视视窗。

此外，可以交互地改变摄像机按钮。想进行摄像机的变形，选择摄像机图层，在视窗中，LMB-拖动三个箭头其中的一个，向着正或者负的方向移动。想要移动两节点摄像机的目标点，在视窗中LMB-拖动该点（没有变形控制栏）。改变目标点的位置会旋转摄像机（图5.7）。如果摄像机的箭头看不到了，可以使用标准摄像机工具，LMB-拖动，可以靠近摄像机，同样也可以离远。如果使用单一节点摄像机，同样可以使用旋转工具来交互地旋转。

和其他任何图层一样，摄像机图层的变形值也可以改变。变形选项包括位置X、Y、Z，方位X、Y、Z，以及每个箭头对应的旋转属性（图5.8）。如果在视窗中，交互地旋转一个单节点摄像机，摄像机的方位值就会改变。可以RMB-点击位置名称，并选择不同的方向，将位置分成三个属性。两个节点的摄像机还含有目标点的X-Y-Z值。

可以创建多个3D摄像机。选择一个预览的摄像机，选择视窗，将弹出的3D视窗菜单改成自选摄像机（见前文图5.3）。同理，也可以将交

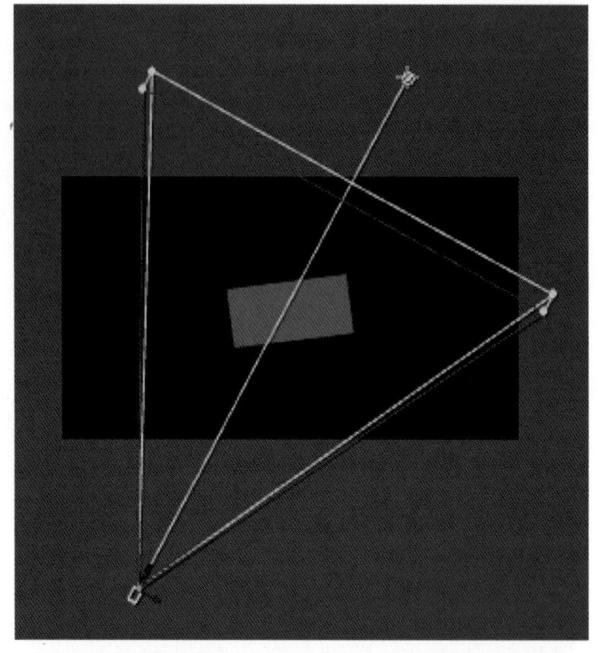

图5.7 两节点摄像机。目标点从摄像机前方四边形的图像平面中移出。

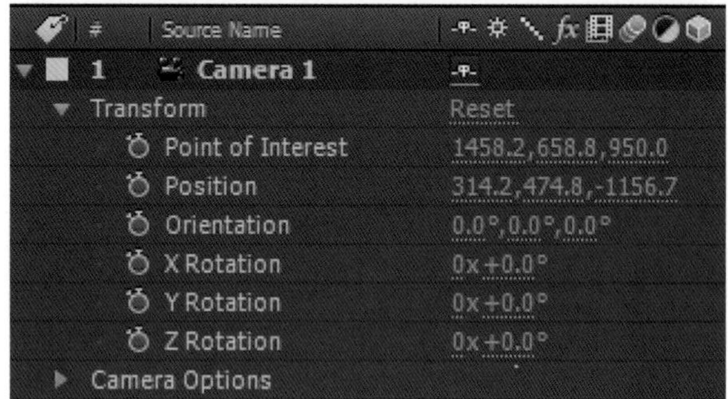

图5.8 两节点摄像机的变形栏。

换视窗改成其他的视窗，如左侧或者下方。要存储一个自定义的透视视窗，选择一个视窗并将弹出的3D视窗菜单改成一个自定义的书签，命名为“自定义视窗”并标记数字1、2、3。

改变3D摄像机的属性

每个3D摄像机图层都包含摄像机选项（图5.9）。缩放属性控制镜头的焦距，由像素的距离值代表，也就是摄像机镜头和图像平面之间的距离。摄像机图标锥截体（代表摄像机视野范围的类似金字塔的结构）尽头位置的四边形代表了图像平面。参见本章前文图5.6和图5.7。如果改变缩放值，视窗的水平角度会相应地自动更新（数值显示在缩放属性右侧的括号里）。如果提高缩放值，镜头会变得更长，而摄像机会拉近。如果降低缩放值，则镜头变短，而摄像机拉远，视野更宽阔。

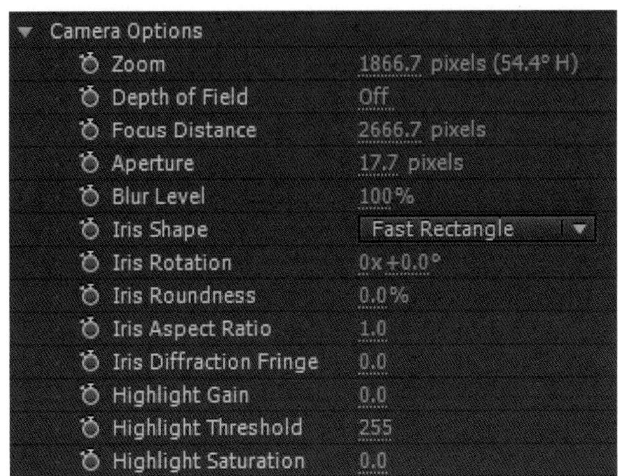

图5.9　3D摄像机图层的摄像机选项。

由于缩放像素的距离和视窗水平角度的值是“非联系”的，可以通过选择摄像机图层来改变镜头，选择“图层>摄像机设定”。在摄像机设定窗口，可以选择新的预设定焦距，或者在焦距栏输入一个毫米值。数值越小镜头越宽，而数值越大镜头越长。

摄像机选项中的其余属性控制着景深，将在下一部分介绍。注意，2D图层对于3D摄像机是保持可见的。但是2D图层被默认为是固态的，而不是3D视角。

使用景深

景深指的是摄像机的焦点之外。也就是说，景深代表了物体在焦点内的距离范围。在这个范围外的物体就会对焦不准、模糊。默认的景深属性是关闭的。如果将其开启，下述的额外的摄像机属性将影响其效果：

焦点距离　从镜头到焦点内范围的中心之间的像素距离。由摄像机锥截体图标中插入的第二个四边形代表。如果改变焦点距离值，将会看到这个四边形在视窗里移动。调整数值，让聚焦清晰的3D图层被这个四边形等分。

光圈　镜头打开的像素数。和真实的摄像机一致，光圈值越大，焦点范围就越小。

模糊 设定焦距外区域的模糊程度。值越高，模糊程度越高。

虹膜形状 通常真实摄像机会产生一个八边形或者其他多边形的焦外成像。

虹膜旋转，圆度以及长宽比 进一步确定焦外成像的形状。

虹膜衍射条纹 当此值升高值，产生一个环绕焦外成像的光晕 光晕在高对比度的小区域内可见。

高光获得，阈值及饱和度 当景深选项开启时，改变光亮区域的效果。

摄像机属性中控制景深的部分，类似于特效菜单下的“模糊&锐化”中“镜头模糊”。当没有3D摄像机的时候，可以在2D图层应用摄像机镜头模糊，通过创建真实焦外成像来模拟真实摄像机。景深的新手指南如下：

景深的新手指南

要创建景深，遵循下述步骤：

1. 在一个合成中创建3个3D图层。可以创建3个不同的，或者同一个图层复制成3个。为提高最终的景深效果，创建图层的像素要比合成稍低。例如，导入或者创建一个稍小尺寸的固态图层或者艺术画。范例艺术画被保存在\projectfiles\art目录下，名为：drawing.jpg。
2. 选择“图层>新建>摄像机”。可以创建两节点或者单节点摄像机。将选择视窗布局菜单调整成4个视窗以获得交换视窗。
3. 将图层沿Z轴排开。当3D图层被选取时，可以交互地LMB-拖动Z轴操控（当第一次创建3D图层时，将覆盖在3D空间内的同样位置）。
4. 调整摄像机的位置和旋转，保证通过激活的摄像机透视窗口可以看到三个图层（图5.10）。展开摄像机选项。开启景深选项。调整焦距值。可以看到焦距平面在交换视窗里来回移动。将焦距平面对齐至等分中间的图层（该图层在3D空间中位于另外两个图层的中心）。
5. 缓缓地提高光圈值。值越高，靠近以及远离的图层就变得更加模糊

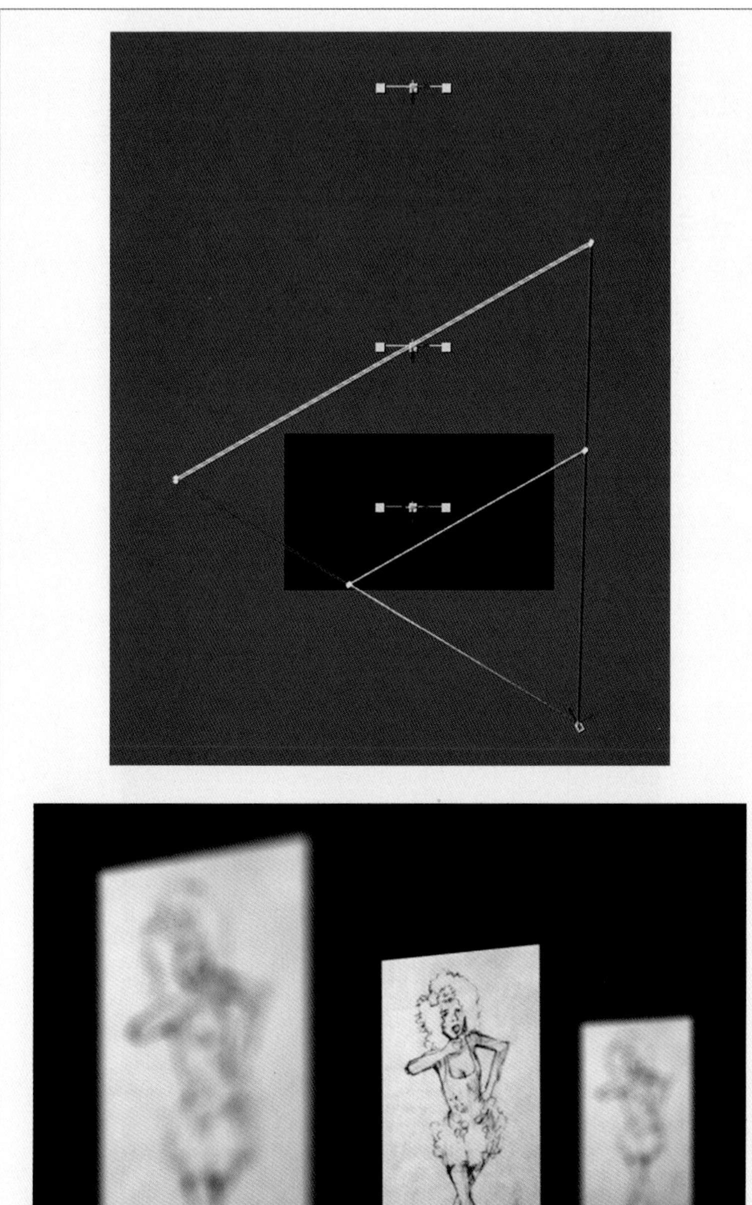

图5.10　3个3D图层，从上方视窗看，为水平线，沿着Z轴排开。摄像机旋转并定位在从右侧观察此3个图层。焦距平面等分中间的3D图层。

图5.11　最终的景深。

（图5.11）。尝试不同的虹膜形状和属性。每个改变都会影响焦外成像。调整焦距值，将聚焦区域放置在不同的点，例如在前方的图层上。范例mini_depth.aep被保存在\projectfiles\aefiles\chapter5目录下。

设定光线

如果在After Effects的3D环境中没有光线，那么3D图层则保持原有的像素亮度。也就是没有高光或者阴影。可以在任何时间创建一个光线，通过选择“图层>新建>光线”即可实现。在光线设定窗口中，有四种光线可选择（图5.12）。

光线类型有以下几种：

平行定向光源 光束是平行的。最终光线质量是由光线旋转决定的，而不是位置（图5.13）。

聚光灯 模拟真实的聚光灯发射出圆锥形的光束。

图5.12 灯光设定窗口。

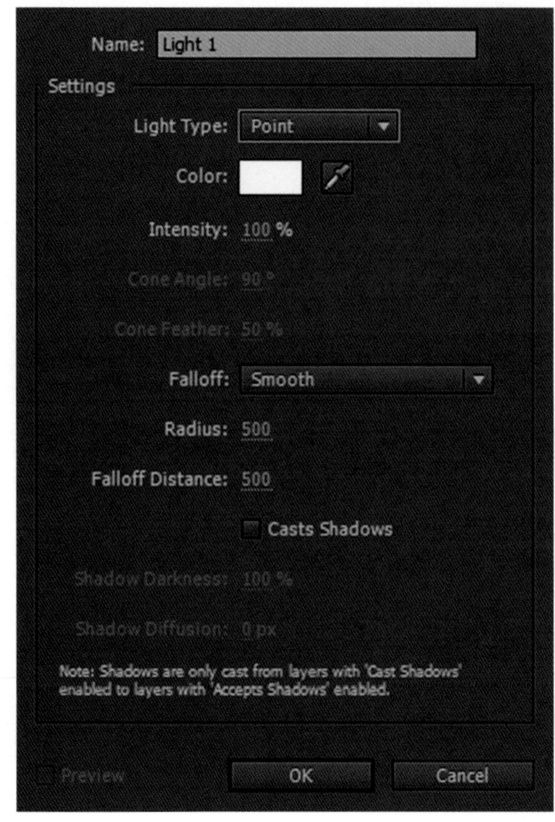

点 从光标发出的环境光，类似于电灯泡。

环绕 此类光线没有位置以及光的图标，而是从各个方向射来。

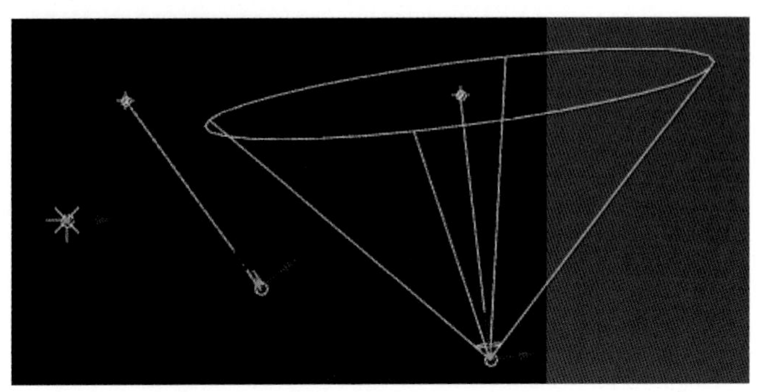

图5.13 由左至右：点、平行以及聚光灯。

可以选择光线颜色、密度（亮度），以及是否对所有光线类型投射阴影。此外还可以选择：平行光、聚光，以及环绕光包含衰减菜单。如果衰减设定为平滑，则光线递减（亮度减少）在一段距离内呈线性。减少是从半径距离开始，到衰减距离结束。如果衰减设定为固态反转方形，则光线衰减是光线到距离的方形的反转，模拟了大气层内光线的反转。这种情况下，衰减从半径值开始。聚光灯也包含一个圆锥角度值，这个值设定了光线圆锥的宽度，而圆锥羽化值，则设定了圆锥角的衰减。高的羽化值带来柔和的圆锥角，当聚光灯打到3D图层时可见。

当点击光线设定窗口的OK按钮时，光线作为一个新的光线图层被创建，并增加到图层布局中。光线图层有着自己的变形和光线选项，其中有本章介绍的各种光线属性。你可以在任何时候改变光线属性。

可以像对待3D图层或者摄像机一样，对光线进行交互的变形。平行光有一个光线图标以及一个目标点，每个都有自己的位置属性。聚光灯光线有一个目标点，以及光线图标的方位和旋转属性。可以LMB-拖动视窗中的目标点来移动它的位置。

点光只有一个位置属性。环境光没有变形，且被认定为在任何位置亮度相同。可以在合成中创建任何类型的光。

使用材料

一旦After Effects的3D环境中出现了光线，3D图层就有了表面阴影质量，而这是由3D图层的材料选项控制的（图5.14）。

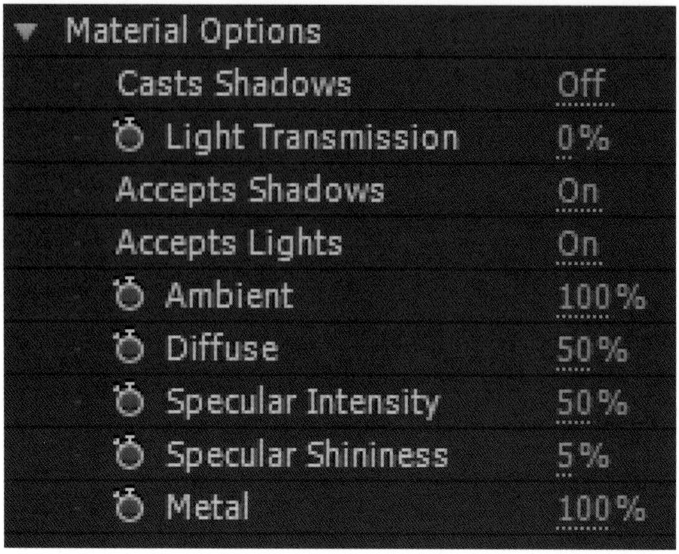

图5.14　3D图层的材料选项。

Material Options	
Casts Shadows	Off
Light Transmission	0%
Accepts Shadows	On
Accepts Lights	On
Ambient	100%
Diffuse	50%
Specular Intensity	50%
Specular Shininess	5%
Metal	100%

下述为每个属性的介绍。

环境

这是环境的阴影的组成部分，代表了到达表面的二次光的净总和。环境光的值越高，图层非照亮区域的亮度就越高。

散射

这代表了散射阴影的组成部分，控制着表面的亮度和暗度（也就是有多少光线反射回摄像机）。值越高，图层越亮。

镜面亮度，镜面光滑度及金属

镜面亮度控制着表面高亮的大小（图5.15）。镜面高光是一个聚焦的光线反射，显示为表面的一个热点。镜面亮度的值越大，镜面高光就越小，类似于玻璃般的光滑表面。镜面亮度越低，高光就越宽，类似于粗糙表面。如果镜面高光不可见，则代表表面是散射的，光线以随机的形式被反射到各个方向。（纸张和硬纸板代表着散射表面。）镜面亮度属性设定了镜面高光的亮度。金属属性决定了镜面高光的颜色。金属属性值较低，则颜色偏白，金属值高，则偏图层内包含的颜色（模拟某些金属，如铜）。

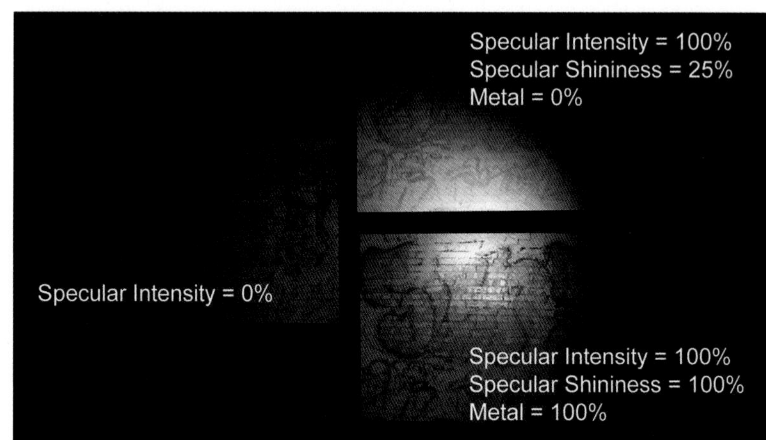

图5.15 三个不同的镜面属性。图层被一个简单的聚光灯照射。此文件名为：specular.aep，保存在\projectfiles\aefiles\chapter5目录下。

透光率

这个属性控制了图层的半透明度。如果图层是半透明的，则光线会穿过表面。真实的半透明表面包括人体、蜡、肥皂，等等。用手电筒对着手掌照射就会看到这样的效果。在After Effects中，如果透光率高也可以看到这样的效果。并且光线相对于渲染摄像机而言，位于3D图层的后面（图5.16）。

投射阴影，接受阴影以及接受光线

上述选项有和各自名称对应的开关选择。注意，投射阴影是默认关闭的。每个3D图层可以有其自己特殊的阴影及光线设定。如果一个3D图层的接受光线属性是关闭的，那么则接受其默认的像素值——也就是场景中无光。注意，阴影是配合透明度的。如果3D图层投射出阴影，并因为其阿尔法通道有透明区域，阴影则获得正确形状（图5.17）。(通过同样的标记，也可以遮罩3D图层。具体将在下一部分介绍。）投射阴影的暗度由光线选择中的阴影暗度控制。如果使用点光或者聚光灯，可以通过提高阴影散射值来柔化阴影边缘。

默认情况下，阴影图的分辨率设定为当前合成的值。但是，可以在“合成>合成设定”中选择高级栏，点击选项按钮来改变分辨率。在经典3D渲染选项窗口，可以将阴影图分辨率调小。这样有助于当你在设定合成时，提高合成的渲染速度。

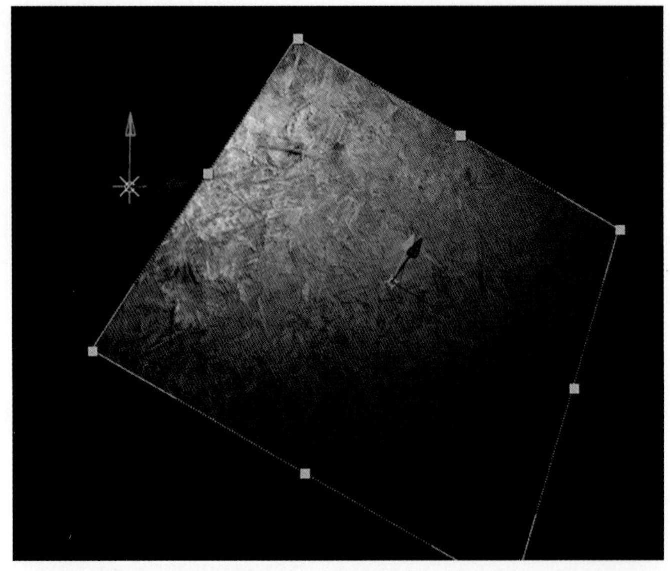

图5.16　点光位于3D图层后面，但可以穿过其表面，因为透光率为100%。

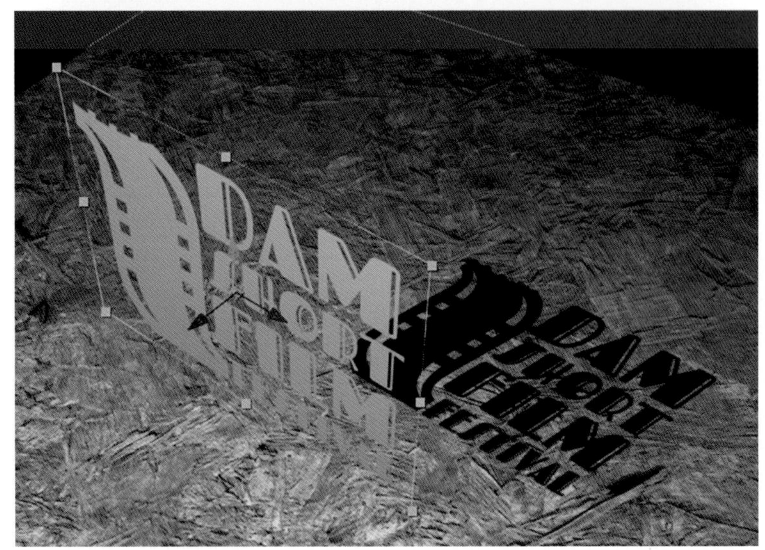

图5.17　平行光投射出3D图层的阴影，并具有透明度以穿过阿尔法通道。范例shadow_trans.aep被保存在\projectfiles\aefiles\chapter5目录下。

遮罩3D图层

可以对3D图层应用标准的遮罩和动态遮罩。当绘制一个遮罩时，是从使用的视窗的视角来进行绘制的。从这一刻起，遮罩就“困在”3D图层的2D平面了。如果旋转或者改变图层位置，遮罩也会随着变化，并保持其相对于图层的大小和形状。下面是遮罩的新手指南。

光线、阴影以及遮罩3D图层的新手指南

要创建并调试3D图层以及3D摄像机，调整图层材料属性以及遮罩3D图层，应遵循下述步骤：

1. 创建新的项目。导入\projectfiles\art目录下的文件wall2.tif。
2. 创建一个分辨率1920×1080的新的合成，帧速率24，时长48。LMB-拖动文件到合成中。
3. 最初，墙面文件是大于合成的。将图层尺寸缩放调整成25%。点击图层的3D按钮。将选择视窗局部改成4个视窗。将墙面图层沿着负Z的方向移动直到其退到默认摄像机之后。可以在视窗中交互地LMB-拖动Z控制栏，或者视窗布局中的位置值。当Z值加大，图层就向着摄像机后退。
4. 使用前部交换视窗，绘制一个四边形遮罩，以保存图层左侧的一个细长部分（图5.18）。在透视摄像机视窗中调整图层的位置。注意，遮罩是如何跟着图层并且和图层的透视一致的。
5. 使用“编辑>复制”，来复制墙面。调整遮罩在新图层的位置，以至可以切出正确的墙面部分。旋转屏调整新图层位置，以至它和原始图层角度匹配，并因此创建出一个柱形。通过“图层>新建>摄像机”，创建一个新的摄像机。调整摄像机的位置或旋转，以保证可以更好地审阅3D图层（图5.19）。
6. 导入\projectfiles\art目录下的文件：rock.tif。将其放置在图层布局底部。将其转换成3D图层。旋转到其平躺（90，0，0）。将图层调整位置以形成一个柱子下方的地面。
7. 通过“图层>新建>光线”来创建一个聚光灯。调整光的位置和旋转，让光线从上而下照射柱子和地板。如果场景变暗，提高光线的散射距离值。进一步提高亮度。例如，设定衰减距离为5000，亮度为200%。3D图层会变得可见，但是不至于太亮而使材质变得发白。打开灯光的投射阴影选项。
8. 在每个3D图层中开启透视阴影选项，接受阴影选项以及接受灯光选项。柱形透视而来的阴影就会出现在地板上。调整灯光的位置和旋转以获得有趣的阴影形状。
9. 对每个3D图层的散射、镜面亮度、镜面平滑度以及金属属性进行微调。调整灯光的圆锥角度和羽化值，使得柱形的顶部和后面的地板不可见（图5.20）。

图5.18　长方形的遮罩（橘红色）切割出墙面3D图层的一个垂直的部分。注意变形控制保留在原始的定位点上。

图5.19　创建了一个3D摄像机，位于正在观察新的柱形的位置。这个柱形是将两个切割出的3D图层放置在合适的角度组成而来的。注意，当旋转时，遮罩"粘着"3D图层。

图5.20 一个聚光灯照射光在柱子和地面上，产生影子和光。

可以任何添加额外的光线获得额外的3D图层来创建建筑（例如墙壁或者天花板）。范例mini_3d.aep被保存在\projectfiles\aefiles\chapter5目录下。

将2D图层作为视效卡

除了传统的动态影像，After Effects的3D环境也常用来创建2.5D的场景。这指的是放置在3D空间内的2D图层，当激活3D图层按钮时就会出现。这些图层有时被称为“卡片”（cards）。2.5D场景有助于为平面的背景增加额外的深度和透视。例如，可以使用2.5D给静止的“数字绘景”增加景深。数字绘景可以是一张静止的美术画，由真实地点的照片拼凑而成的艺术画，或者由3D软件创建的渲染的图像序列。创建2.5D数字绘景，应遵循下述步骤：

2.5D数字绘景的新手指南

本指南中，使用卡片来组成一个房间，并最终包含演员的视频。我们需要使用一些静态Maya 3D渲染的卡片。请遵循下述步骤：

1. 打开\projectfiles\aefiles\chapter5目录下的文件：2.5_set_start.aep。检查其内容。其中有两个合成。3D房间的5个静止渲染已经导入。
2. 打开Comp 1，LMB-拖动静止的美术画到合成中。从上到下的顺序为：右侧墙面，左侧墙面，天花板，背墙，以及地板。注意，

Comp1 的分辨率是极大的3000×4000，而渲染图是2400×3000和3200×4000。大分辨率可以让摄像机在最终设定中被动画化，但是保持最终输出的分辨率为1920×1080。

3. 双击新的右侧墙壁图层将其打开。完成的3D渲染占渲染的一部分，而大部分余下的作为线框网。绘制一个遮罩将墙面分离。渲染的黑色部分和透明的阿尔法对应，所以只需绘制一个四边形遮罩（图5.21）。在图层缩略图中绘制遮罩，和通常在合成缩略图中是一样的。

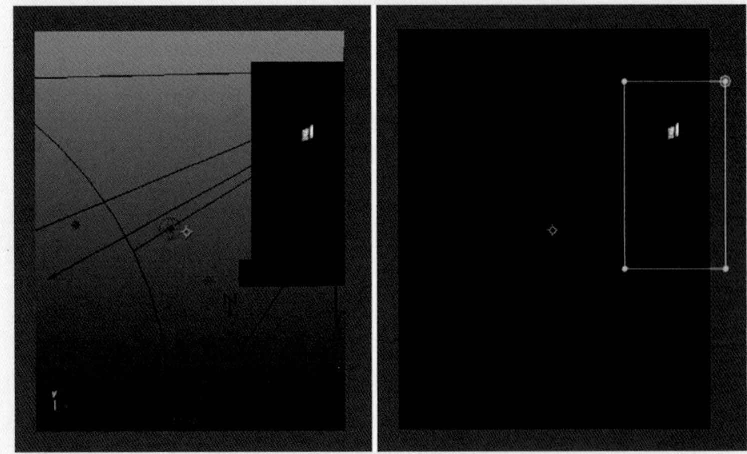

图5.21　左图：未遮罩的图层显示出Maya生成的部分渲染和线框图。右图：遮罩的图层，将渲染完成的右侧墙壁分离出来。

4. 打开其余的渲染图层，每次一个，并绘制遮罩将其完成部分分离并丢弃线框图的部分。将所有图层转换成3D图层。
5. 回到合成缩略图。将选择视窗布局改成四个视窗。使用标准摄像机工具调整交换视窗以保证可以看到全部图层。此时，所有图层都是重叠的。
6. 在地板图层将旋转改成-45。当增加摄像机并动画化时，这个旋转会带来时差变化。取消尺寸缩放选项的关联，并改成120、86、100。将图层加宽。
7. 在天花板图层将选择改成45。取消尺寸缩放选项的关联，并改成150、120、100。在左侧墙壁图层，将Y旋转改成-45。取消尺寸缩放关联，并改成100、135、100。在右侧墙壁图层，将Y旋转改成45。取消尺寸缩放关联，并改成100、135、100。注意，地板和天花板的旋转是相反的。左墙壁和右墙壁的旋转是相反的。这将创建一个加宽的盒子形状。但是，这个阶段，图层之间还是交错的。

8. 将图层外移直到其边角对齐。例如，左侧墙壁左移，右侧墙壁右移。背墙沿着Z，向摄像机后方移动。天花板向上移动。地板向下移动。当移动图层时，有几个选择。当图层被选取，可以在视窗内交互地LMB-拖动变形箭头。这会改变图层的位置值。或者在图层布局中改变位置。可以改变定位点值。但是，这样可能会将定位点操控栏向远离图层移动。因为这里的虚拟设定是基于静止的，改变合成的位置和定位点值是可以接受的。如果应用了动画或者动作追踪数据，则最好通过改变位置值，而保留定位点的默认值，这样定位点不会偏离图层。
9. 继续调整图层位置直到创建出一个强行透视的布局，类似图5.22。选择“图层>新建>摄像机”，创建一个两节点的摄像机。镜头设定28mm。调整摄像机位置，使其审阅的平面和地板图层前部交汇（图5.22）。在时间线的第一帧，将视点放置在靠近背墙图层的上方。将目标点定为关键帧。在最后一帧，将视点位置放置在靠近背墙图层的下方，于是房间处于中心。

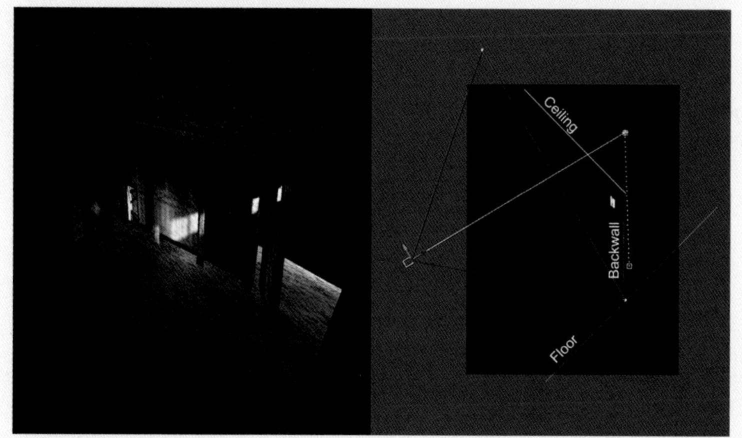

图5.22 左图：3D图层的最终效果，创建出一个有阴影，有地板，天花板，边墙和背墙的强行透视的房间。右图：右交换视窗显示了摄像机位置。垂直的点状线是动作路径的目标点。摄像机开始为向上倾斜的位置。

10. 打开Comp2，Comp1已经嵌套其中。Comp2是1920×1080，即理想的输出分辨率。Comp1悬于Comp2之上，以创造出理想的最终帧。回放时间线。注意由加宽的3D镜头和强行透视的房间结构带来的视差变化（也就是透视的变化）。

此外，可以应用颜色矫正效果，例如曲线、饱和度以及颜色平衡，来挑战渲染，创建出更紧密结合的房间。比如，赋予整体光线一个灰暗的、蓝紫色的效果（图5.23）。同样，可以回到Comp1，激活图层的动作模糊，再回放Comp2。范例的最终效果被保存为：2.5_set_finished.aep，位于\projectfiles\aefiles\chapter5目录下。

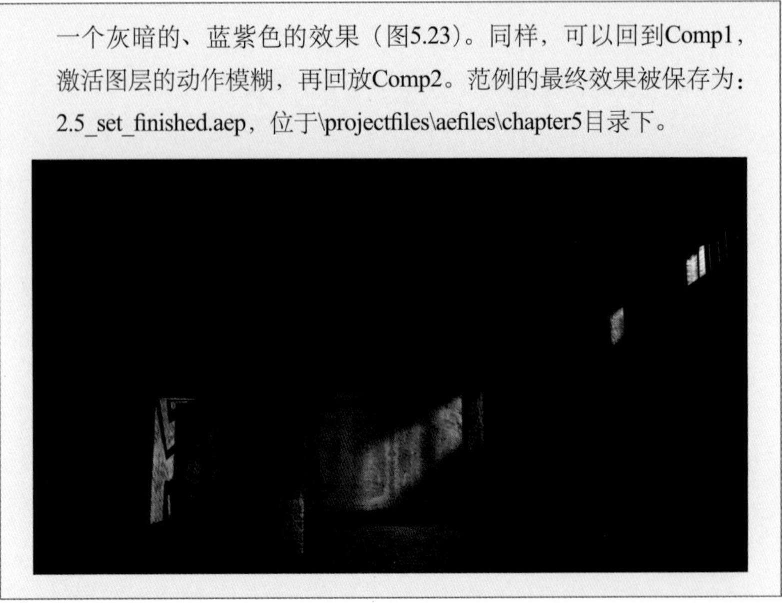

图5.23 在Comp2中，最终组成的房间。图层包含颜色矫正效果，包括曲线和颜色平衡，使得整体光线呈现蓝紫色。

导入摄像机，光线以及几何图形

可以从Autodesk Maya以及其他支持RLA和RPF格式的3D软件中导入摄像机。从Cinema 4D Lite中可以导入摄像机、光线和几何图形。Cinema 4D Lite和After Effects是捆绑的。和3D软件的配合，让合成的过程更有力而灵活。

导入Maya摄像机

可以将Maya摄像机导入After Effects中，作为一个摄像机图层。遵循下述步骤：

1. 在Maya中输出摄像机，选择摄像机并选取“文件>输出”选项。选择.ma格式，也就是文本文件。范例文件：camera.ma保存在\projectfiles\data目录下。
2. 在After Effects中，选择“文件>导入”，选取.ma文件。摄像机作为一个新的摄像机图层导入到新的合成中，合成名称为摄像机节点。注意Maya空间中的0、0、0和After Effects中的0、0对齐。因此，如果摄像机在Maya中位于0、0、0，则在After Effects中它会出现在前视窗的0、0位置。但是，如果摄像机已动画化，那么动画曲线已导入，并且对应的关键帧会出现在时间线上。视窗中还会绘出运动路径。新的合成的时长和Maya动画的时长一致。After Effects中的摄像机图标不一定和Maya中的图标相关联。(实际上，After Effects中图标往往相对于其运动路径而言较大。)

3. 可以自由地将摄像机图层复制粘贴到其他合成中。摄像机的缩放属性值是由Maya的焦距值转换的。Maya单节点摄像机导入After Effects，依旧是单节点摄像机。而Maya的双或多节点摄像机导入After Effects中，则成为一个单节点摄像机，和一个与其母子关联的新的空图层。

使用RLA和RPF格式

如果以RLA或者RPF格式渲染图像序列，则可以在After Effects中获取摄像机的信息。导入RLA或者RPF文件并放置在一个合成中。选取新图层，再选择“动画>关键帧辅助>RPF摄像机导入”。一个带有关键帧变形的3D摄像机就被创建出来。可以随意操控这个摄像机。

最低的标准是RLA或者RPF图像序列要有一个Z景深通道，来保存摄像机信息。范例的RPF文件保存在\projectfiles\data\camera目录下。这个图像序列是由一个空白的Autodesk 3ds Max场景创建的。

使用Cinema 4D Lite

After Effects可以通过Cineware插件来读取Maxon Cinema 4D Lite文件。详尽介绍Cinema 4D 已经超出本书的范围，但是下面的新手指南可以展示创建并导入摄像机、光线和几何图形。

Cinema 4D Lite新手指南

遵循下述的步骤，在Cinema 4D Lite中创建原始物体、灯光、材料或者动画，在将这些元素导入After Effects中。

1. 选择“文件>新建>Maxon Cinema 4D文件”，创建一个新的Cinema 4D Lite场景文件。文件的浏览窗口将开启。为新的Cinema 4D 场景选择一个名称和位置，并点击保存按钮。
2. Cinema 4D Lite将作为一个外部软件开启。软件开启时带有一个大的透视视窗（视窗区域也是编辑窗口）。可以通过在这一视窗中使用Alt/OPT以及鼠标按键来操控摄像机（和Maya功能一致）。可以选择不同的视窗栏布局，只需选择视窗菜单的“栏>安置>布局”。整体的交互界面参见图5.24。

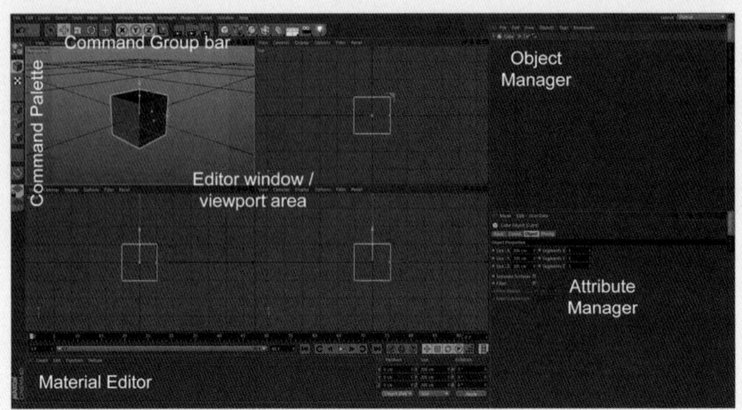

图5.24 Cinema 4D Lite软件窗口，其中有主要的交互组成元素。

3. 使用位于主菜单的新建菜单，创建一个测试的几何形状。例如，“选择>新建>物体>立方体”，将一个原始立方体置于0、0、0的位置。要进行变形，选择位于软件左上方的命令组条的变形按钮，并LMB-拖动相关的箭头到视窗中。
4. 如果想改变一个原始物体，可以将其变成可编辑状态。点击模型状态按钮，点击视窗内的物体，使其具有一个橘黄色的外框，RMB-点击物体并选择菜单中的可编辑。模型状态按钮和物体状态按钮共享命令调色板从上方数第二个的位置。想要看到两个按钮，点击并停留在按钮。当物体可编辑时，可以选择子部分，只需激活命令调色板的点、边缘或者多边形工具，并LMB-点击视窗内的物体。点工具可以选择顶点，多边形工具可以选择面。当选取一个或多个子部分时（可以通过shift+LMB-点击来额外选取），可以使用标准变形工具进行变形。注意多边形模型工具是不包含在Cinema 4D Lite的。但是如果是完整版的Cinema 4D，可以自由准备模型，供导入到After Effects。
5. 如果要将某种材质应用到物体上，从软件窗口左下角的材料管理栏选择“新建>新的材料”。此栏是默认空白的。新建一个命名为Mat的材料。这个材料按钮就显示在栏中。如果选取这个按钮，则材料的属性就出现在属性管理栏中（图5.25）。这里包含3D软件常见的属性，例如颜色、亮度（散射质量），以及多种镜面控制。要将某个材质映射到属性上，例如颜色，需点击材质属性旁边的通道条里面的颜色标签，并浏览材质文件。如果点击属性名称旁边的小箭头，可以选取程序化的材质，例如噪点或者渐变。要将材质赋予物体，LMB-拖动材料按钮到视窗里物体的上方。视窗内的物体会更新为带有材料的效果。

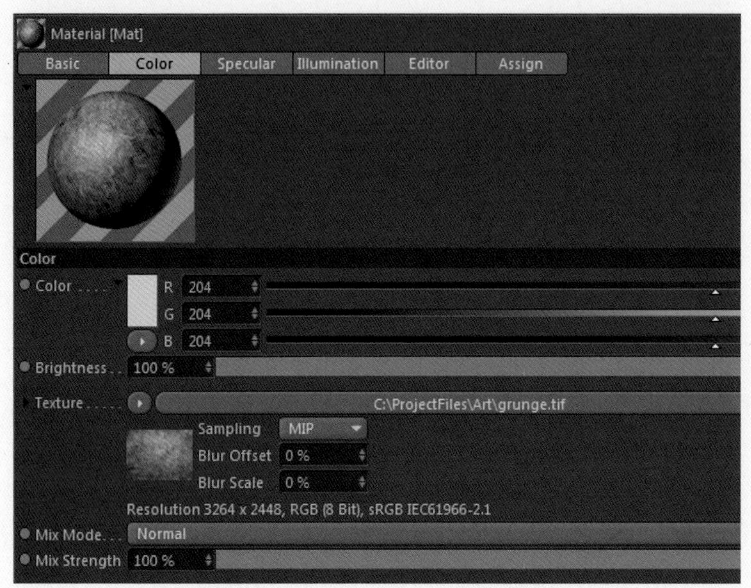

图5.25 属性控制中新的材料。颜色标签的材质属性映射为一个点阵图。

6. 要将一个物体动画化，选取它，将时间线移动到特定帧，将物体变形，再点击“记录激活物体”按钮（时间线右侧，红色圆圈内的一个主图标）。在不同帧中重复上述的动作。如果是将物体作为模型来编辑，那么在设定关键帧之前将其重新选取为物体。需点击命令调色板中的物体模式按钮并在视窗内点击物体。
7. 创建灯光，从主菜单中选择“创建>灯光”。要改变光的基本属性，选择灯光并进入属性管理中。例如，要改变亮度，调整亮度滑块。要激活阴影，选择阴影菜单中的阴影类型。可以使用标准变形工具在视窗内安排灯光的位置。
8. 保存Cinema 4D场景，选择“文件>保存”。当在After Effects中选择“文件>新建>Maxon Cinema 4D Lite”，可以看到文件的保存格式为.c4d，并带有名称和位置。要在After Effects中预览Cinema的场景，LMB-拖动该场景，自动添加到项目栏中的一个合成。可以回到Cinema 4D 中更新场景，如果重新保存，那么After Effects会自动检测到变化并更新相关图层。（或者，也可以导入更新的文件，只需选择“文件>导入”。）Cinema 4D 的文件包含软件设置的分辨率、时长以及帧率。当场景被添加到合成中，Cinema 4D 的摄像机透视角度出现在合成的视窗中（图5.26）。视窗中颜色暗，并且带有光线框和XZ轴线。导入的元素包括光线、动画曲线、材料和材质。可以在时间线中回放并观看动画。

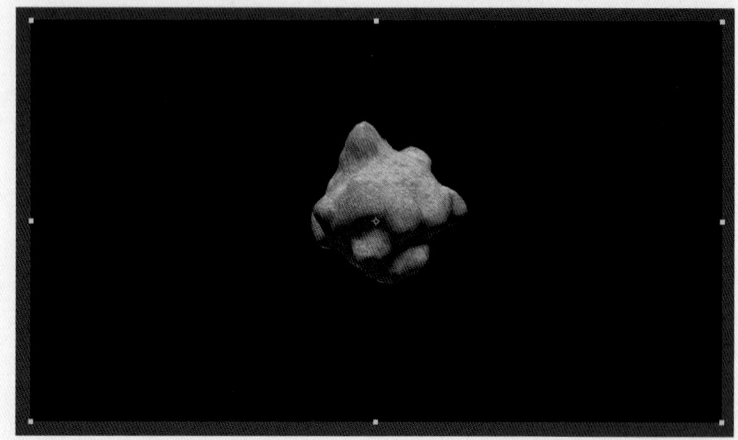

图5.26　一个Cinema 4D Lite场景加到合成中，并通过合成的视窗预览。此范例中，场景包含一个动画化的多边形陨石，带有点阵图的材质以及程序化的凹凸贴图。

9. 要预览最终的渲染效果，打开增加到Cinema 4D 图层的Cineware效果（图5.27）。将渲染器菜单选为标准（最终）并回放。渲染质量取决于Cinema 4D 中的渲染设定。可以在保存文件之前改变其设定。这一部分将在下一章介绍。
10. Cinema 4D 中的空白空间在After Effects中变成透明的。因此，可以将Cinema 4D 的影像和2D以及3D图层进行合成（图5.28）。注意Cinema 4D 场景在After Effects中不是3D图层，而是作为2D图层。

    完成的After Effects效果文件Cinema 4D.aep保存在\projectfiles\chapter5目录下。对应的Cinema 4D 文件meteor.c4d保存在\projectfiles\data目录下。

Cinema 4D 多通道的使用

当设定Cinema 4D 的渲染器，可以选择创建多个通道，也就是渲染通道。渲染通道将一帧分解成分离的阴影组成。例如，可以将一个平面的散射、镜面以及阴影部分作为不同的图像序列进行渲染。使用渲染路径，对于合成有更高的控制权，因为可以在每个阴影组成的图层中增加特殊的效果，例如模糊或者颜色矫正。在After Effects中导入Cinema 4D 文件时，可以选择读取每一个通道。

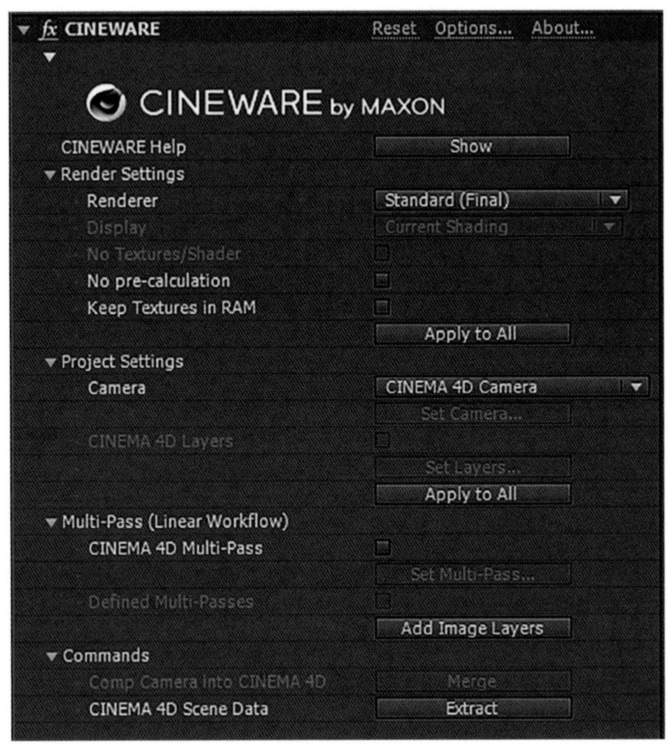

图5.27 Cineware效果属性。

图5.28 使用标准（最终）进行渲染。一个代表天空的图层放在Cinema 4D图层下方。当选择了最后渲染效果时，物体的网线就消失了。

想在Cinema 4D 中设定多通道，应遵循下述的基本步骤：

1. 在主菜单，选择“渲染>编辑渲染”设定。在渲染设定窗口的输入部分，设定常规的渲染属性，如分辨率、帧率及时长。注意Lite版本的软件，分辨率限制为800×600。
2. 要启用多通道，点击左侧的多通道选框（图5.29）。增加一个渲染通道，点击窗口左侧中心的多通道菜单按钮并选取通道。常规渲染通道包括散射、阴影、环境光遮蔽，以及深度。可以增加任意数量的通道。(渲染通道在第七章将详细介绍。)

3. 关闭窗口并保存Cinema 4D 场景。

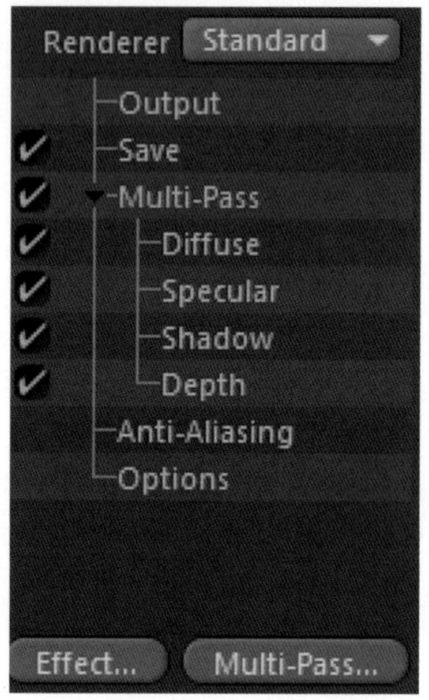

图5.29 Cinema 4D Lite渲染设定窗口，列出了4个渲染通道。多通道按钮在图表底部。

在After Effects中使用多通道，遵循下述步骤：

1. 遵循“Cinema 4D Lite新手指南”中的基本步骤，导入Cinema 4D场景到After Effects中。范例multi_c4d文件被保存在\projectfiles\data目录下。
2. 将导入的Cinema 4D 文件放置在新的合成里。在特效栏中打开Cineware效果，渲染菜单改成标准（最终)。选取确定的多个通道选框，点击增加图层按钮，一个新的图层被加到每个通道。每个图层的混合模式菜单设定为通道常规管理的模式。(通道附属的混合模式将在第七章详细介绍。）新的多通道图层将重新创建原本的3D渲染（图5.30)。
3. 在第11帧，出现一个3D的陨石，沿着轨迹下落。在合成视窗中可以单独查看每个图层。导入\projectfiles\art目录下的文件：sky.png，并将其放置在图层布局的底层。

在这个阶段，多通道遮挡的任意下方的2D图层甚至3D几何图形，仅占画面很小的一部分。作为变通方案，可以重新排列图层，并使用追踪

图5.30 输出的多通道图层和合成共享一个2D的天空图层。注意预设定的混合模式菜单。

遮罩工具，从多通道渲染的深度中借用阿尔法信息。只需遵循下述步骤：

1. LMB–拖动通道图层来重新排列。使用下述的顺序，从上至下为：阴影、镜面、深度、散射。
2. 点击视频眼的图标，隐藏深度和原始multipass.c4d文件（第5个）。阴影图层的混合模式设定为多个，也就是混合阴影通道无须阿尔法。镜面图层的混合模式设定为增加。将镜面混合模式改成屏幕（图5.31）。和增加选择类似，屏幕选项会将图层中的亮点向下层图层混合；但是，屏幕选项避免了过白的数值，并保证了镜面高光和原始渲染看起来类似。

图5.31 多通道图层被渲染。景深图层和原始的multipass.c4d图层已隐藏。镜面图层的混合模式改成屏幕。

3. 将散射图层的追踪遮罩菜单改成亮度遮罩。这将深度图层的亮度信息转化成阿尔法信息，提供给散射图层。天空图层出现在陨石的下方（图5.32）。

示例文件multi_pass.aep被保存在\projectfiles\aefiles\chapter5目录下。

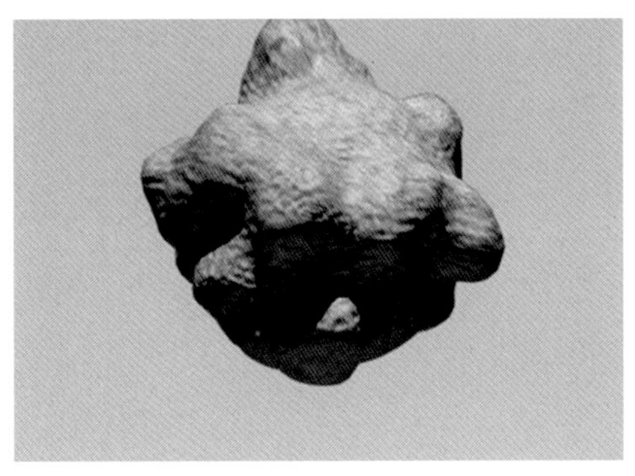

图5.32 散射图层获得了来自追踪遮罩工具的阿尔法信息，使得散射图层出现在天空图层上方。

导出Cinema 4D 场景元素

可以转化Cinema 4D 摄像机和光线，并在After Effects中使用。在Cineware效果属性栏中，点击Cinema 4D 场景数据输出按钮，每个光线被转化成一个同样的After Effects光线，带有标准的变形和灯光选项。同时创建了一个单一节点的摄像机，作为一个新的3D摄像机图层。可以自由地对摄像机或者光线进行变形，动画或者调整。

默认地，Cinema 4D 图层延续使用内部的Cineware Cinema 4D 摄像机。但是，可以将Cineware效果的摄像机菜单改成使用合成摄像机。这样设定之后，Cineware就会使用新转化的3D摄像机图层进行Cinema 4D 场景的渲染。但是，转化的光不在影像Cinema 4D 图层。

Cinema 4D 场景的动作模糊

动作模糊并不会从Cinema 4D 中导入到After Effects中。但是，可以通过添加像素模糊效果（特效>时间>像素动作模糊）到Cinema 4D图层来模拟模糊的效果。此特效包含如下属性：

快门控制 决定了快门角度是自动还是手动调试。

快门角度 设定了动作模糊的轨迹长度。值越高，轨迹越长。很多摄像机的匹配值为180度（图5.33）。

快门取样 设定了模糊的质量。值越高，轨迹越平滑。

矢量细节 决定了帧与帧之间，追踪像素的动作矢量的数量。100的值意味着每个像素一个矢量。值越高，模糊越准确而渲染时间越长。

像素动作模糊的效果或许不一定是完美的，特别是当物体交错，或者出离屏幕的时候。在这种情况下，有必要在Cinema 4D中渲染带有动作

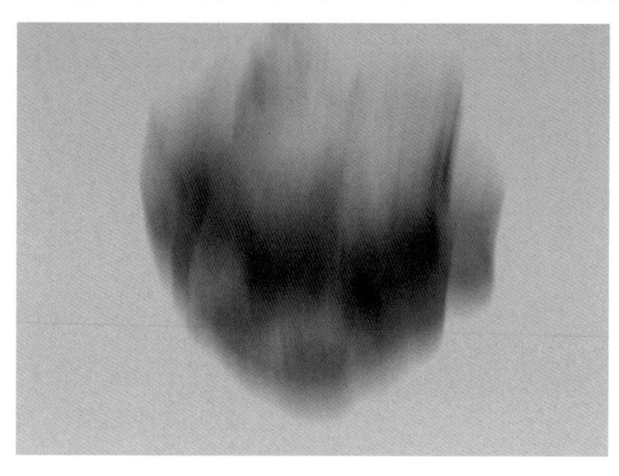

图5.33　一个带有像素模糊特效的Cinema 4D场景。快门控制设定为手动，角度为180，取样为64，矢量细节为50。范例pixel_motion.aep被保存在\projectfiles\aefiles\chapter5目录下。

模糊的图像序列，再导入到After Effects中。（这样就绕开了将Cinema 4D场景导入到After Effects中的步骤。）

调整至光线追踪3D

默认情况下，合成将使用After Effects经典3D渲染器进行渲染。但是也可以选择调整至光线追踪3D渲染器，只需在合成设定窗口的高级栏中改变渲染器菜单即可。

除了经典3D渲染器中包含的基本属性，光线追踪3D渲染器还支持反射、折射、环境材质以及半透明性。此渲染器还可以突出或者倾斜文字，以及调整图层形状。它为3D图层的材料选项增加了一系列额外的属性。同时还给每个图层增加了一个新的几何选项。材料选项中的新属性如下：

反射强度和反射清晰度　这两个属性产生3D图层的反射。值越高，反射的强度和清晰度越高。

透明度和折射率　设定了透明的程度，以及当光线穿过3D图层时，光线的变化。当折射率为1，相当于无光线变形的空气。当折射率为1.33时，模拟的是水。折射率1.4或者1.5，则为玻璃。

反射衰减和透明衰减　这些属性决定了3D图层的“菲涅耳质量”（Fresnel quality），指的是预览角度影像透明度或者反射强度。值越高，越不易看到反射，而越透明。

尽管有上述的扩展属性，但是光线追踪3D不支持混合模式以及追踪遮罩的功能。要使用光线追踪3D渲染器，应遵循下述的章节教程。

章节教程：使用光线追踪3D来渲染反射

1. 使用本章讲述的3D图层技术以及3D摄像机技术，将一个3D图层旋转并定位为一个平面或地面。将摄像机调整成从上往下观看地面。可以使用任何\projectfiles\art文件夹中的素材或者自己的作品。
2. 不选取任何图层，使用椭圆工具在视窗中绘制一个椭圆形。椭圆工具位于主工具栏中的形状菜单，在四边形工具的下方。当不选取图层时使用形状工具，则会产生一个新的形状图层。
3. 将形状图层转成3D图层。移动这个图层，使其位于地面图层上。再次调整摄像机，以使得形状处于中心（图5.34）。

4. 选择“合成>合成设定”。打开合成设定窗口里的高级栏。在渲染器菜单中选择光线追踪3D。当渲染器改变时，材料选项即显示新的光线追踪以及透明度属性（上一部分已讲述）。

图5.34 使用椭圆形遮罩切割而来的形状图层，转化成3D 图层，并旋转到向下指着另一个作为地板的3D图层。

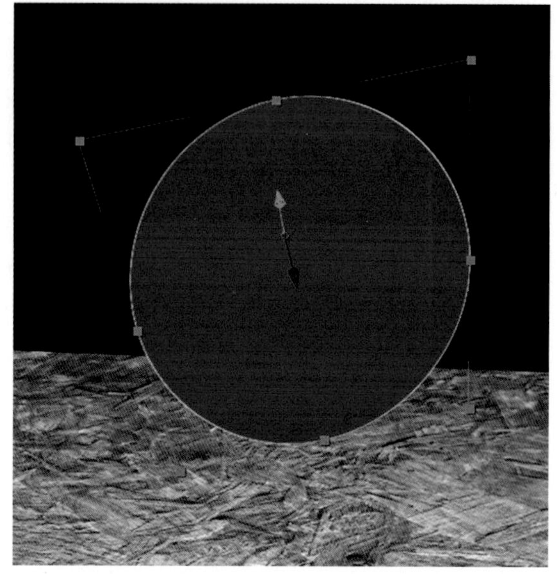

5. 打开形状图层的“内容>椭圆形>填充1”。将颜色改成白色。在形状图层中的材料选项中，将反射强度改成100%。此时需要一小段时间更新渲染。渲染完成时，物体是反射地面的。如果渲染时间过长，可以临时减低质量，只需在视窗栏弹出菜单的分辨率/向下取样中选择较低的质量，如1/4，即可。
6. 渲染器的改变，给形状图层同时增加了一个几何选项。要模拟一个3D的物体，可以将其做出突出或者倾斜。例如，将倾斜方式选为有角的，倾斜深度选择20。形状边缘就会出现倾斜的效果，并且反射地面（图5.35）。注意反射包含After Effects空白空间的黑色部分。
7. 将图层的反射清晰度降至75%，将反射模糊。将透明度降至90%。折射率加至1.5。反射强度降至15%。最终渲染的成品是一个半透明的，类似于玻璃的碟片。
8. 创建一个新的点光，并将其放置在摄像机和形状之间，画面的左侧。光线强度调成200%，半径1000，衰减距离5000，阴影扩散25，并开启投射阴影选项。确保每一个3D图层均开启了投射阴影，接受阴影，以及接受光线选项。碟片的一道半透明的阴影投

图5.35　带有边缘倾斜的形状，并将渲染器改成光线追踪3D。

射到地面上。将形状图层的镜面反射强度调成20%，镜面亮度调成50%，来制造一个更像玻璃的镜面高光。

9. 可以将一个图层转换成环境来填补3D空间中的黑色部分。只需导入一个静止图片，或者图片序列，或者视频，并将其放在图层缩略图上。例如，使用在\projectfiles\art目录下的文件：sky.png。选择这个新的图层，并选择“图层>环境”图层。这时环境图层会取代之前的黑色区域（见本章开始部分的图5.1）。如果环境图层看起来有颗粒，可以增加模糊效果，例如快速模糊，使其柔化。

10. 创建有最终质量，且不带光线网格图标的最终渲染品，将合成添加到渲染队列中。可以选择渲染单帧，只需点击队列中的最佳设定链接（渲染设定旁边），点击渲染设定窗口右下角的自定义按钮并输入一个新的帧数范围。在合成设定窗口中的高级栏：选项按钮，可以增加渲染质量。在光线追踪3D渲染器选项窗口中，缓慢地增加光线追踪质量。也可以选择更准确的抗锯齿效果，只需将抗锯齿滤镜菜单改成立方体。

除此以外，也可以将形状图层或者光线移动动画化，并渲染整个时间线，成为一个视频或者图像序列。可以增加额外的光线或者3D图层。尽管光线追踪3D渲染器及其相关的属性没有专门的3D软件中的工具那样稳健，但是它能够创造带有复杂的平面质量的单一平面。因此，它可以用于制造视效镜头中的小道具或者碎片。范例项目的最终成品reflection_finished.aep被保存在\projectfiles\chapter5目录下。

第六章

创建粒子模拟

粒子模拟是视觉特效工作中的重中之重。通过3D以及合成软件完成。粒子模拟可以重现多种多样的液体，半液体、雾状的、可燃烧的以及表面粉碎的物质和效果。例如，粒子模拟可以创建水、泥土、火光、火焰、烟雾、尘土、爆炸以及碎片（图6.1）。

本章包含下述重要信息

- 了解软件自带的粒子插件
- 用粒子特效创建尘土块、火光、烟雾以及水
- 了解第三方插件，以及简单介绍Trapcode Particular

图6.1　使用粒子，模糊特效，遮罩和3D图层，在镜头中增加了雨滴，水坑和涟漪的效果。

粒子工作流程概述

无论粒子模拟是在After Effects中还是3D软件，例如Autodesk Maya，其整体的工作流程是一致的：

1. 创建一个发射器并定位。发射器每秒发射出n个粒子。发射器可以是一个全方向的点，有一个几何的容积，也可以是一个几何体的一个平面。
2. 粒子在产生时，已经具有各种属性，例如大小（以半径衡量）、初始速度、初始方向，等等。
3. 可以选择增加外力，来模拟真实世界并改变粒子的移动。通常会应用引力，但是其他外力（也称为外界）也用来模拟自然事件，例如气流。如果不添加外力，则粒子模拟如同在真空中运动。
4. 可以选择让粒子在特定秒数、帧数，或者一定时间范围内随机地消失。有一些粒子软件可以进行粒子和边界或者几何体的撞击。撞击可能带来一部分粒子的消失，或者产生更多的小粒子。
5. 粒子的渲染带有选定的阴影质量和光线。粒子可以模拟多种材料，包括雾状烟、黏稠的液体、灰烬，等等。

很多3D软件，例如Autodesk Maya，Autodesk 3ds Max，以及Side Effects Houdini都可以创造复杂的粒子模拟。因此，粒子模拟呈现给视觉特效合成师的时候，往往是渲染完成的。但是，这些完成品通常需要额外的调整以供使用。实际上，在未能应用于After Effects或者其他类似软件之前，这些成品仍被认为是原始或者未完成的。例如，粒子的渲染成品可能需要额外的模糊特效或者颜色分级。

使用自带的粒子特效

After Effects包含几种粒子特效：粒子运动场、CC粒子世界，以及CC粒子系统。(CC代表其软件开发者，Cycore Effects。）尽管这些自带效果比不上某些第三方插件高级，但是自带效果常常应用于简单场景，例如土堆、烟雾、火光。之后的章节会介绍这些插件的使用方式。

额外的Cycore Effects插件，可用于需要类似粒子运动的特殊模拟。这些插件包括CC Drizzle、CCBubbles、CC Snowfall以及CC Rainfall。可以在“特效>模拟”菜单中找到。CC Drizzles和CC Rainfall将在本章结尾的指南中介绍。

使用粒子运动场创建土堆

小土堆是一个常见的视效元素。这样的小堆往往被用来显示物体和地面，墙壁或者其他平面之间的联系。这里的物体可以是下落的一片碎片，或者演员的脚。如果演员是以绿屏或者3D渲染品的形式出现，那么小堆可用来强化角色和地面之间的关系。在实景拍摄的素材中也可以添加土堆，来加强脚印的效果。例如，范例中使用粒子运动场特效，给一个演员的脚步近景增加土堆。主要的步骤如下：

1. 一个和合成同样大小的固态图层被定位在图层排列的顶部。图层的颜色不重要，因为最终粒子特效会将其取代。实景部分列于图层排列底部。
2. 固态图层增加了粒子运动场特效。(选择“特效>模拟>粒子运动场”。)
3. 特效的发射器位于脚下，脚和地面的交接处。在范例中，右脚在第19帧踩上地面。发射器的位置是由粒子发射图标位置属性确定的。大炮部分还控制了其他重要的质量，例如大小、速度、方向以及粒子数量（图6.2）。
4. 粒子根据粒子半径的属性按尺寸放大，以至重叠。要创造一个小坡，每秒粒子数的属性要在短时间内从关到开再到关。例如，属性规定为在6帧中从0到5000变化。
5. 随着粒子发射图标半径属性的增加，创造的粒子会覆盖脚步的宽度。速度值增加，会增加粒子的速度。反向随机散射属性和速度随机散射属性，可增加粒子运动的多样性。

6. 默认情况下，粒子向上飘动，这样是符合脚步运动的。也可以通过改变方向属性来改变粒子的方向。可以通过提高外力值中的重力属性来强化重力。默认情况下，自带的重力属性会将粒子向下吸引。

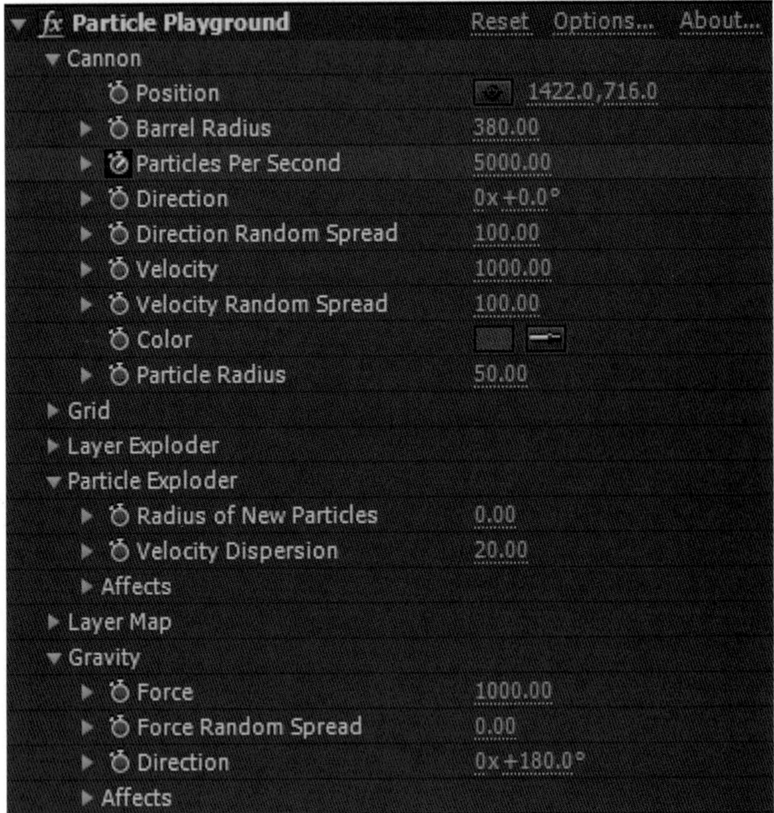

图6.2 粒子运动场部分经过调整的属性值。

7. 粒子颜色变成棕色（通过粒子发射图标部分的颜色属性选择）。默认情况下，粒子是四方的，且永恒存在。因此需要额外的特效和调整让粒子更像尘土。

8. 要去除粒子的四方属性，需添加一个模糊效果。例如，将快速模糊的模糊值调至100，可让粒子混合柔化（图6.3）。

9. 固态图层的不透明度设定为在0%-10%之间变化。设定之后一个关键帧回到0%，则粒子就会消失。不透明度越低，粒子越像轻薄起伏的灰尘。可以改变不透明度来创造轻薄或者厚重的尘土（图6.3）。

总体而言，土堆的效果可以保持得很精巧隐蔽。只要粒子的颜色和地面的材质或者整体场景灯光匹配，并且粒子带有合理的运动。(例如堆起，滴落，飘扬。）一个简单的粒子特效就足够了。要是模拟变得复杂，可以增加多个粒子特效的复制品，并给予每个复制品独有的发射器位置和属性值。

图6.3　粒子设定为棕色，带有快速模糊效果。实景暂时隐藏。

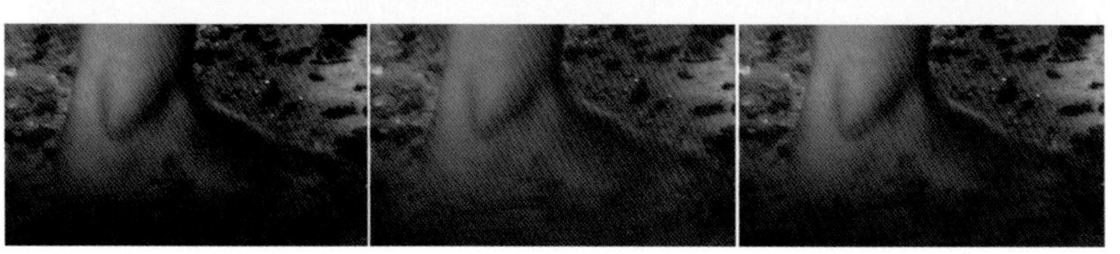

图6.4　从左至右：粒子特效覆盖在实景图层上，不透明度分别为0%，30%，10%。

范例文件：particle_playground.aep被保存在\projectfiles\aefiles\chapter6目录下。

使用CC粒子系统II制造火光

火光是视效中另一个常见的元素。火光可以用于爆炸、短电路、金属和其他表面的撞击，或者未来主义感觉的枪击。下面讲述如何使用CC粒子系统 II 制造通用的火光。

1. 一个和合成同样大小的固态图层被创建并放置在图层排列的顶部。图层的颜色不重要，因为最终粒子特效会将其取代。实景部分列于图层排列底部。

2. 固态图层增加了CC粒子系统Ⅱ。(选择“特效>模拟>CC粒子系统Ⅱ”。)
3. 默认的模拟会创建一阵粒子的喷射，粒子均为下降的。可以回放时间线观看。要减少粒子数量，减低初始率属性值（图6.5）。可以通过将关键帧值定位0，来关闭粒子发射器。在范例中，初始率是带有动画的，在4帧之内从0到1.0到0之间变化。初始率保持在1以下，创建小数量的粒子。

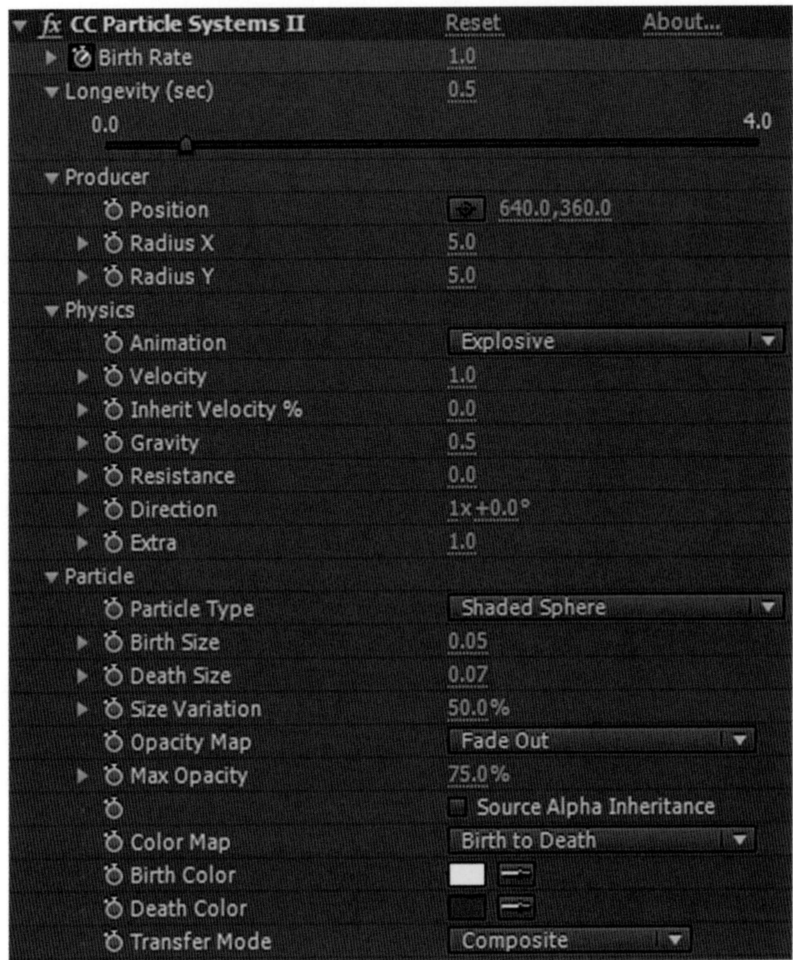

图6.5 调整过的CC粒子系统II的属性值。

4. 可以调整初始率的值来控制粒子喷射的时间，使其和实景拍摄中的特定时间配合。另一种方式是，在合成中创建粒子模拟，再将该合成嵌套到带有实景的合成上。这样做，可以在时间线上来回滑动嵌套的粒子，来将粒子发出和特定的事件匹配。

5. 在“创建者”部分中，可以改变位置XY的值，来改变发射器的位置。在范例中，发射器位于默认位置。要扩大发射粒子的范围，则增加半径XY值。
6. 默认情况下，粒子的喷射是全方向的。但是由于重力，粒子很快就会下落。可以在物理部分中改变基本外力。例如，将重力属性降至0.5。
7. 默认情况下，任何粒子都是永恒存在的。要使其在12帧之内消亡（24帧为1秒），则长度可以设定为0.5（秒）。
8. 粒子系统II支持不同的粒子类型。要创建更加3D效果的火光，将粒子类型菜单的粒子部分，设定为带阴影的球面。要缩小粒子的尺寸，初始尺寸设定为0.05，消亡尺寸设定为0.07。在此设定下，粒子会随着时间缩小。如果改变粒子类型，则需相应调整初始率的值。
9. 默认情况下，粒子初始颜色为黄色，而消亡颜色为红色。这对于火光而言是合适的。但是依然可以自由地改变粒子的颜色。
10. 要将粒子做得更像火光，添加一个光晕特效（特效>类型>光

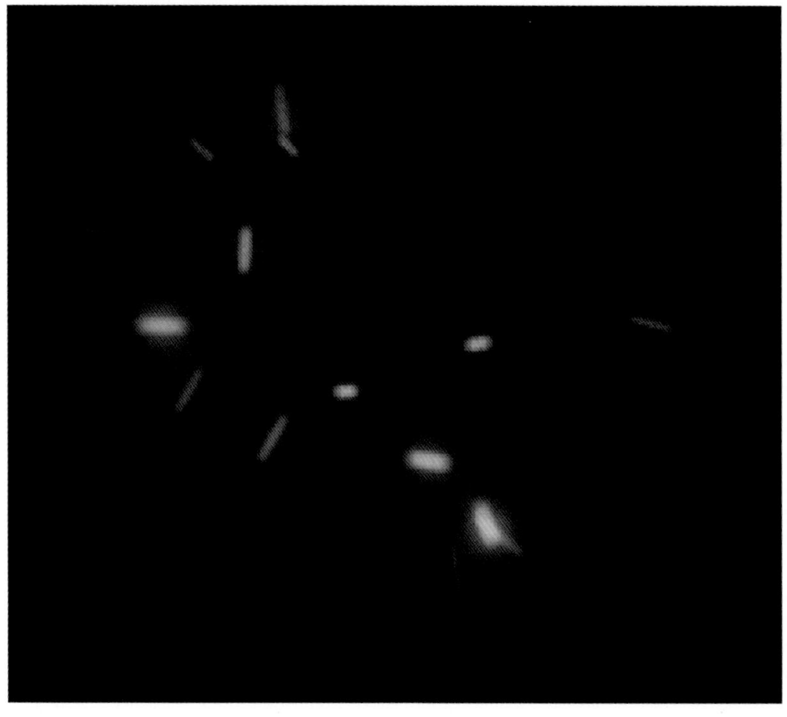

图6.6 最终的火光模拟。光晕效果和动作模糊增加了粒子的真实感。

晕）。光晕衰减设定为0%，光晕半径设定为15，而光晕强度设定为3。增长颜色菜单变成A&B颜色；A颜色设定为橘黄色，而B颜色设定为深红。这样制造了围绕着每个火光的光晕效果（图6.6）。

11. After Effects中可以给粒子模拟增加运动模糊。因为固态图层以及整个合成的动作模糊均为开启的。

当固态图层位于实景图层之上时，可以将固态图层的混合模式设定为屏幕。屏幕模式保证了粒子的光亮区域出现在其他下层图层之上。

使用CC粒子世界制作烟雾

在After Effects中可以使用粒子特效制造烟雾。只要烟雾不要求3D圆形的质感，那么简单的粒子特效就足够了。（如果需要更有容积的烟雾，那么3D软件或者更高级的插件，如Trapcode Particular，会带来更好的效果。）下面的新手指南会介绍如何制作简单烟雾。

CC粒子世界的新手指南

可以遵循下述步骤，使用CC粒子世界来制作上升的烟雾：

1. 创建新的文件。导入\projectfiles\plates\particles目录下的factory.##.png图像序列。RMB-点击序列名，选择“解释影片>主菜单”，将假定此帧率调整成30。
2. LMB-拖动图像序列到时间线，创建一个新的合成。此镜头中是空中拍摄的一个工厂。有几个烟囱发出棕色的烟雾。但是前景中的矮烟囱没有烟雾（指南末尾的图6.11）。我们将给这个烟囱加上烟雾特效。
3. 创建一个新的固态图层（图层>新建>固态图层）。设定图层大小和合成大小一致。固态图层的颜色不重要。它将自动排列到图层分部的最顶端。
4. 选取固态图层，选择“特效>模拟>CC粒子特效世界”。固态颜色被替换成一个球面发射器（称为“创建者”），一个粒子显示器，参考网格，和位于左上方的一个箭头操控方块。
5. 要更易看到发射器和箭头方块，可以暂时关闭粒子，只需设定特效中的初始值属性为0。在时间线的第一帧时，LMB-拖动箭头参照方块。这样做将使得特效自带的面对发射器的摄像机视角发生旋转。

大致调整发射器和网格位置，让摄像机从上往下观看发射器。可以在合成视窗中LMB-拖动发射器，来上下左右移动发射器。继续调整箭头方块和发射器位置，直到发射器的位置稍低于前景烟囱的顶部（图6.7）。

6. 展开特效控制中的粒子世界部分。设定初始率为25，长度为6。注意发射器的位置以XYZ的值保存在制造者部分中。设定半径XYZ值为0.025。半径决定了发射器的宽度。

图6.7 粒子被暂时隐藏，来显示发射器（“创建者”）球面，参考网格和箭头方块。箭头方块调整到特效摄像机是从上而下观看发射器和网格。

7. 在物理选项部分，将动画菜单改成圆锥箭头。这样做会产生比默认的发射方式更大量的粒子。将速度改成0.4，阻力改成5。这样可以将粒子速度和视频中现有的烟雾速度匹配。将重力改成0.1，这样粒子不会坠落到屏幕底端。回放时间线来观看模拟的效果。在中间的一帧停止。交互地调节重力XYZ值。这会将重力矢量指向不同方向，从而使粒子的方向产生倾斜。将重力XYZ值分别设定为-0.2，-1.0，-0.2，回放。这样做，粒子漂浮的方向呈现为轻微的从右向左，从下向上。

8. 在粒子选项部分，将粒子类型改成淡出球面。这将粒子的模拟变成了柔化边缘的团。将初始大小改成0.2，消亡大小改成0.6。不透明度最大值改成3%，这样粒子为半透明的效果，和视频中的烟雾匹配。不透明度最大值的微小调整，会给最终的粒子效果带来重大的影响。将初始颜色设定为黝黑，消亡颜色设定为棕色。可以使用滴管工具从视频中的烟雾取样。要更好地观看透明度低的粒子，可以暂时隐藏视频图层。

9. 在额外选项部分，将消亡选项改成淡出。这样做将影响摄像机视角中粒子的融合方式。淡出设定是根据距离淡出粒子的，所以粒子图案会更透明。

10. 恢复隐藏的视频并回放。此时，粒子烟雾的位置和烟囱的位置不匹配。

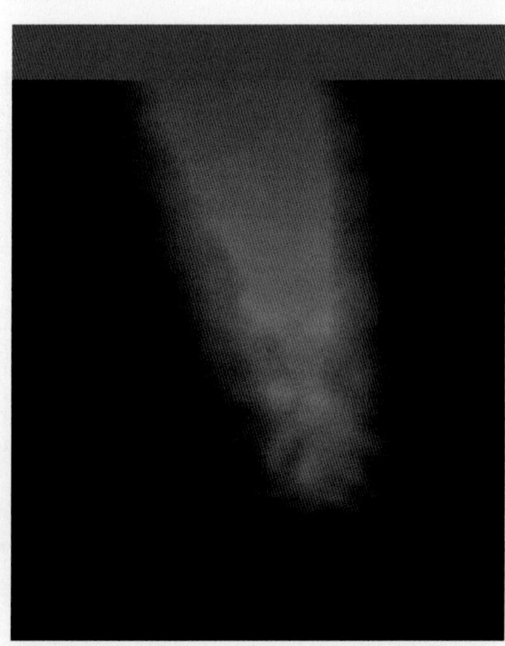

图6.8 第50帧，在隐藏视频图层的情况下观看的粒子团。

可以调整发生器XYZ位置值来匹配烟囱口。但是这样会带来烟雾的突然转弯。因此，最好对视频进行动作追踪，并将其数据应用到固态图层。选择工厂图层，选择“动画>动作追踪”。在图层缩略图中，将追踪点1定位在烟囱口的细节处。进行分析，以获得整个时间线上的动作轨迹。点击追踪栏上的编辑模板按钮，并选取固态图层。点击应用按钮。固态图层获得位置的动画。要将烟雾和烟囱更好地对齐，调整固态图层的定位点值。可以将粒子的不透明度最大值暂时提高，以更好地审阅粒子的产生位置（图6.9)。如需要，也可以调整固态图层尺寸缩放。例如，将尺寸缩放调整为100%，125%，垂直地拉伸粒子，防止固态图层的边缘出现在屏幕中。(更多有关动作追踪，请参见第四章。)

11. 尽管增加了动作追踪，粒子依然可能会覆盖烟囱。要避免这样的情况，可以增加一个遮罩来切割烟雾的底部，或者创建一个“补丁”来覆盖粒子的底部。

在本范例中，补丁的效果更佳。要创建补丁，复制视频图层，选择“编辑>复制”，并将复制品放置在图层队列的顶部。使用钢笔工具，在新的顶部图层绘制一个遮罩，来挡住低于烟囱的烟雾粒子（图6.10）。将粒子的不透明度最大值调至3%，以观看精确的结果。将遮罩在时间线内动画化以跟随烟囱的移动。

图6.9　带有粒子的固态图层被动作追踪。可以看到红色的动作追踪路径。粒子的不透明度最大值暂时调整为50%。

图6.10　绘制了一个遮罩补丁，覆盖了低于烟囱口的粒子。

尽管在单帧中，粒子是不明显的，但是当回放时会看出一团波动的粒子，好像上升的烟雾（图6.11）。完成版的范例mini_particle_world.aep保存在\projectfiles\aefiles\chapter6目录下。视频素材来自Prelinger Archives的产业影片*The Power to Serve*，授权来自Creative Commons Public Domain。更多信息，参见www.archive.org/details/prelinger。

图6.11　上图：没有粒子特效的视频。下图：带有最终粒子模拟的视频。

使用粒子插件

有很多第三方的插件可以在After Effects中创造粒子特效。下面是对目前市面上已有的部分软件的介绍。

Red Giant Trapcode Particular

此插件支持数百万粒子的模拟，并且可以在粒子模拟中移动摄像机，创建长时间曝光的粒子的轨迹，以及增加自然光和阴影以模拟大量自然现象。本插件将在后面“Trapcode Particle介绍 ”部分进一步讨论。

Video Copilot Element 3D

此插件支持粒子/几何光束，可以将3D几何体穿过粒子模拟。(详情见www.videocopilot.net。)

Wondertouch particlellusion

此插件提供了大量现成的粒子发射器用以模拟大量自然现象，包括水、火、烟雾、爆炸，等等。(详情见www.wondertouch.com。)

Rowbyte Plexus 2

此插件将粒子模拟和After Effects摄像机以及光线整合，并提供算法来创建以粒子为基础的有机结构。(详情见www.rowbyte.com。)

Digieffects Phenomena

此插件提供粒子模拟工具来创建特效，例如火、气泡、雨、雪、电弧、枪口闪光、火光，等等。(详情见www.digieffects.com。)

Motion Boutique Newton 2

此插件拥有各种各样的动态力量和物体类型，以支持复杂的、基于物理形状的模拟效果。插件将After Effects的2D图层转化为动态物体，而不是在3D环境中处理。(详情见motionboutique.com。)

Trapcode Particle介绍

此插件和After Effects中的自带插件共享一些基本功能。Trapcode可以生成带有发射器的粒子以及动态的模拟。可以选择不同的粒子类型并调整其大小、速度和阴影。但是，Trapcode提供了更多可以调整的属性。此外，Trapcode可以进行次粒子的生成，每个原始粒子在特定事件中生成额外的粒子。次粒子对于创造光线和烟雾痕迹是很理想的工具。Trapcode也提供自带的动作模糊和景深渲染属性。

当安装Trapcode软件时，已经包含了大量预设的动画。要应用其中的预设定动画，在当前合成上添加一个固态图层，在时间线的第一帧，选取新的固态图层，在特效&预设定栏（软件窗口的右侧），双击一个预设定的名称。例如，双击“动画预设>Trapcode Particulars Ffx>Trapcode>Trapcode HD preset>t2_explodeoutdark_hd”。此特效应用到图层并带来属性改变（图6.12）。可以自由改变任意的属性值，或者更改关键帧的动画。实际上，在设定负责模拟的时候，从自带的预设开始工作，将节约大量的时间。尽管大量预设是为影片设计的，也有很多是适合特效工作的。这里包括爆炸、烟火、烟雾轨迹、火焰、雪、星空以及焊接火光（预设定名称对应其效果）。

图6.12　在t2_explodeoutdark.hd预设定中部分Trapcode属性。

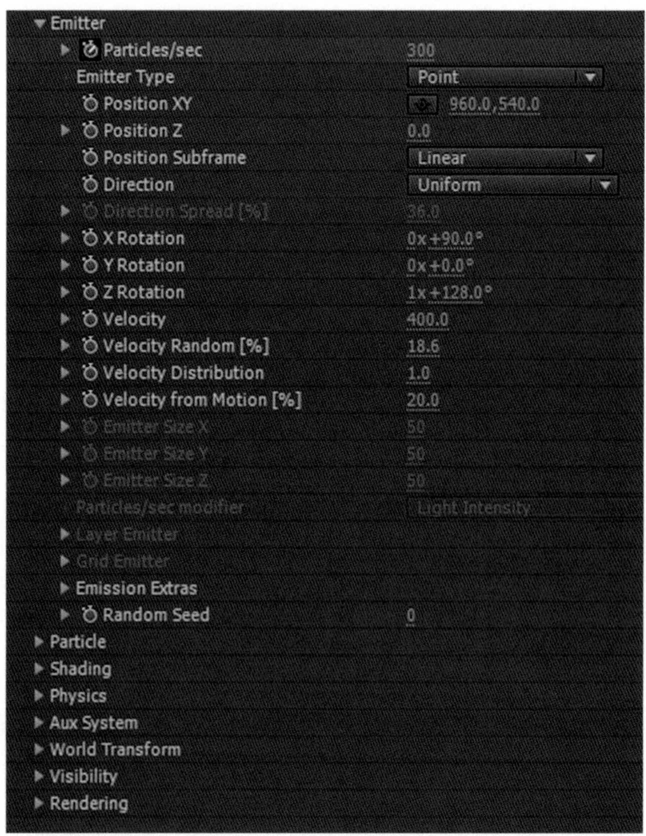

和其他粒子特效一样，Trapcode将粒子渲染为2D图层。但是Trapcode提供多种方式使粒子产生三维的效果。下面是简单的介绍。

3D摄像机识别

可以沿着粒子团来移动和旋转摄像机。透视会跟着变化。带有粒子的图层不一定是3D图层。（更多有关3D摄像机、光线和图层的内容，请见第五章。）默认情况下，根据其摄像机的设定，粒子是带有景深渲染的。

默认情况下，如果合成的动作模糊开启，则粒子带有模糊。

体积的发射器

可以在发射器部分设定发射器的类型：方盒或者球面。这样做会在一个体积内发射粒子。发射器的大小是有XYZ值设定的。无论哪种类型，均可以在方向属性中设定粒子初始方向。例如，将方向设定为默认的统一，则发射器发生的粒子是全方向的。如果设定方向属性为有方向的，则粒子沿着由旋转XYZ值确定的方向移动。和自带的粒子效果，如Particles Sysytem II相比，Trapcode创造的粒子向着Z轴方向退出的场景更为逼真，尽管合成中并没有3D摄像机。

柔化粒子

Trapcode提供的几种粒子类型均支持边缘羽化：球面、云片以及条痕。这些选项非常适合用于创造烟雾、爆炸以及其他边缘柔化的现象（图6.13）。

图6.13　云片状的粒子类型，带有阴影效果，创造了蓬松的烟雾轨迹。可以在类型粒子类型菜单设定类型。羽化是由属性中羽化角标设定的。

自身阴影

默认情况下，Trapcode中的粒子是平面阴影，其颜色是由粒子部分的颜色属性决定的。但是，可以开启自身阴影并创造一种三维的感觉，只需将粒子类型改成云片或者条痕，并将主菜单中的阴影设定开启。

光线感知

初始情况下，粒子是自带光的。但是可以使用After Effects对粒子打光。要这样做，须将阴影部分中的阴影菜单开启，并创建至少一个光线，选择“图层>新建>光”。其效果和对3D图层打光类似。默认情况下，自带阴影是无视光线位置的。但是如果将定位菜单改成物体，则自带阴影就会根据实际光线的位置或XYZ的方向生成。坐标轴方向属性在“阴影>阴影类型”设定中可以找到。光线图层名称必须加“shadow”前缀，物体选项才会有效。

颜色生命周期

可以让粒子随着时间变化变成特定的颜色，只需在设定颜色菜单中选择经过生命周期并调整经过生命周期的颜色斜坡图（图6.14）。（注意粒子消亡颜色在斜坡左侧，而粒子初始颜色在斜坡右侧。）默认情况下，粒子随着时间变得更加透明。但是可以通过调整生命周期的不透明度斜坡图来使粒子更加透明或者不透明。粒子的生命周期是由生命（秒）属性确定的。所有上述属性均在粒子选项部分中。

图6.14 使用经过不同生命周期的颜色的两个模拟效果。

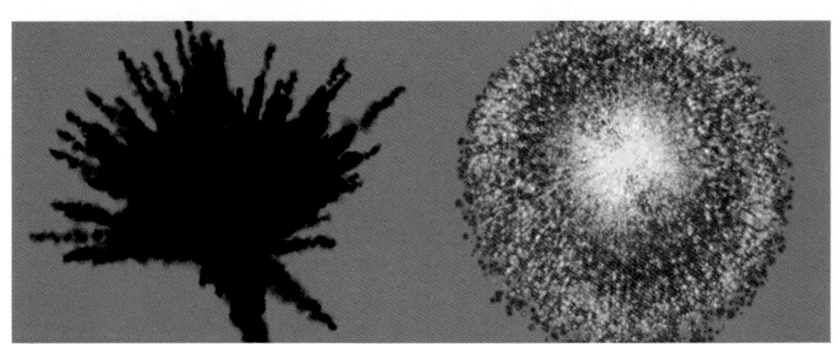

材质粒子

如果将粒子类型设定为带有子画面或者带材质的后缀，则可以映射一个图层到每个粒子。通过图层菜单，粒子选项中的材质子栏目，选取图层。子画面粒子是平面的四边形并且往往是面对摄像机的。子画面可以读取图层的不透明度。带有材质的粒子和子画面类似，但可以旋转。

次粒子

辅助系统Aux部分的功能，是当主要粒子穿过镜头时，创造次粒子。

如果发射器菜单选择为持续的，可以创建痕迹和轨道。可以在“生命周期>类型”中选择次粒子的类型。次粒子有自身的大小、颜色、不透明度以及羽化属性。

章节教程：创建粒子雨

在实拍中，雨不容易拍摄，而在后期处理中，将粒子雨加到某个场景相对比较简单。几乎可以使用任何After Effects的粒子系统来创造雨滴坠落。但是Cyroce Effects有两个针对这个功能的特效：CC Rainfall 以及CC Drizzle。尽管如此，单纯特效可能不够真实。因此，需要将特效和3D图层进行模糊处理并结合遮罩使用以创造出复杂的效果。在镜头中加入雨，采用下述步骤：

1. 创建一个新的项目。导入\projectfiles\plates\particles\chair目录下的文件：chair.##png。确定帧率为24fps。LMB-拖动图像到时间线以创建一个新的合成。回放。影片为一个高角度，近景拍摄的女演员。尽管之前项目中已经对这个镜头应用了After Effects效果。还是可以增加额外的雨的特效。
2. 创建一个新的固态图层。确保图层的分辨率和合成一致。设定图层颜色为黑色。图层自动位于图层排列的顶部。选取固态图层，选择“效果>模拟>CC Rainfall”。镜头中增加了垂直的灰色痕迹，每个代表一个雨滴，经镜头曝光而带有模糊。在特效控制栏，取消“与原始合成”的选框。雨滴被定位到向下的图层而黑色区域被忽视。回放。雨是预动画的。
3. 将固态图层的混合模式改成平面。这样做将雨滴稍稍提亮。将雨滴范围设置改成500，大小改成10，改变雨的密度和靠近摄像机的程度。将速度改成20000来加速雨滴坠落。将景深改成20000，来制造雨滴更广更深的效果，获得雨滴向着镜头远处延伸的感觉。
4. 将图层转换成3D图层。设定图层的X旋转为45。这样做将图层向摄像机旋转。将图层尺寸缩放改成400%，以制造雨滴靠近镜头的感觉（图6.15)。(更多有关3D图层和3D环境的信息，参见第五章。)
5. 要柔化雨滴，选取3D图层，并选择“特效>模糊&锐化>方向模糊”。将模糊长度设定为50。
6. 将3D图层重命名为FGRain。要重命名一个图层，LMB-点击图层

图6.15 CC rainfall制造了前景的雨滴痕迹。沿着X轴旋转3D图层，使得雨滴定位在摄像机。图层的尺寸缩放为400%。

布局中的图层名称，并选取菜单中的重命名。选取3D图层并选择“编辑>复制”。将新图层重命名为MidRain。在Z轴上交互地移动图层，使其成为雨滴的中景。在特效控制栏中打开MidRain的CC Rainfall特效（当选择“编辑>复制”的时候，所有特效均被复制）。设定雨滴范围为5000，大小为5，制造小雨密集的感觉。设定图层的X旋转为35。尺寸缩放改成200%。特效的不透明度降低到50%。

7. 选取MidRain图层并选取“编辑>复制”。新图层重命名为BGRain。在特效控制栏中打开BGRain的CC Rainfall特效。设定雨滴范围2500，大小2，制造更小的雨滴以形成半密的感觉。在Z轴上交互地移动图层，使其成为雨滴的背景（图6.16）。设定图层X旋转为25。尺寸缩放改成150%。设定图层的不透明度为25%。回放。

图6.16 创建了两个额外的雨滴图层的复制，并沿着Z轴后移。每个3D图层有自身的尺寸缩放，X旋转以及CC Rainfall值，共同创造了更加复杂的雨滴效果。

8. 尽管现在雨滴更复杂了，但是和地面并没有互动。可以创建一系列假的水坑，带有反射和遮罩。复制影片。将新图层重命名为Reflection。取消反射的尺寸缩放属性，并改成100，-100。这样做可以让图层在Y方向上实现上下镜面变化。将反射涂层向下移动（Y位置大约1060），用钢笔工具绘制一系列像水坑的遮罩（图6.17）。选取反射图层，选择“特效>模糊&锐化>方向模糊”。将模糊长度设定为25。这样做为水坑增加了垂直的条纹，制作了反射的感觉。（有关遮罩的更多信息，参加第三章。）

图6.17 通过遮罩复制的图像图层，创建了一系列的水坑。方向的模糊给水坑遮罩区域加上条纹。

9. 要创建水坑区域的动作，好像被雨滴击中，选择“特效>变形>湍动应移”（Turbulent Displace）。湍动应移选项通过移动像素使图层变形，移动的依据是自带的分形噪波的密度。设定特效的数量属性为50，大小为10。要让变形动画化，可以在时间线的第一帧点击演变旁边的时间图标，再到最后一帧将演变改成3。回放。此时水坑有了动态。

10. 要进一步加强雨滴和地面的互动，可以使用CC Drizzle特效，这

图6.18 CC Drizzle添加的圆形涟漪。将固态图层转为3D图层使得涟漪向后倾斜。在遮罩下，涟漪仅存在部分区域内。

将带来一系列圆形的涟漪图案。创建一个新的固态图层。设定分辨率4000×4000。设定图层为中灰色。命名为Ripples。选择“特效>模拟>CC Drizzle”。灰色图层上加入了白色圆形的涟漪（图6.18）。要去除灰色，在特效控制栏中，展开阴影部分，将环绕设定为0。将涟漪图层的混合模式选为平面。图层不透明度降至33%，涟漪变得隐约可见。

11. 设定CC Drizzle的滴落率为100，长度为0.5秒。这样做增加了涟漪的数量，同时使其更快地消失。将涟漪图层转为3D图层。将图层X旋转值改为-50。这样将图层向后倾斜以匹配影片中的地面。使用钢笔工具绘制一个或更多的遮罩来限制涟漪仅在地面区域上，并且保持涟漪不出现在垂直物体或者场景中干燥的部分内。回放。涟漪随机出现，辅助镜头中场景是看起来被雨打湿的（见本章开始的图6.1）。

完成文件particle_rain.aep被保存在\projectfiles\aefiles\chapter6目录下。

第七章

整合渲染通道

视觉特效合成工作中一个常见的项目就是整合3D渲染。尽管这些渲染品交付给合成师的时候，可能已经是完成的作品了，但是也可能交付的时候还是渲染通道。也就是，单镜头中的物体是分别渲染的。同时，独立物体可能会被进一步分散到多个阴影组成通道中去（图7.1）。因此，需要注意重新整合这些通道，保证最后的效果和在3D软件中看的原始渲染一致。这需要正确地使用After Effects中的混合模式、图层顺序、遮罩以及通道控制。

本章将包含下述重要信息：

- 常规渲染通道概述
- After Effects中整合通道的技巧
- 使用多频道OpenEXRs

图7.1　上图：镜头模糊和景深渲染通道使得3D渲染的背景是模糊的。下图：反向应用特效，于是前景是模糊的。

确定渲染通道和混合模式

渲染通道类型分为两种：物体和阴影。阴影渲染通道包含多种形式，代表不同表面的阴影质量。因此，阴影渲染通道往往需要After Effects中特别的混合模式。

使用物体渲染通道

这是一种简单的渲染通道类型的设定，将场景中的物体分离开。例如，角色A被增加到一个通道，角色B增加到另一个通道，而背景增加到第三个通道中。没有一个通道是包含所有物体的。将物体分开利于更有效的单独渲染。或者，可以使用一个物体作为一个静止帧。例如，一个单一的、静止的背景可以作为其他全部渲染的角色通道的节点。

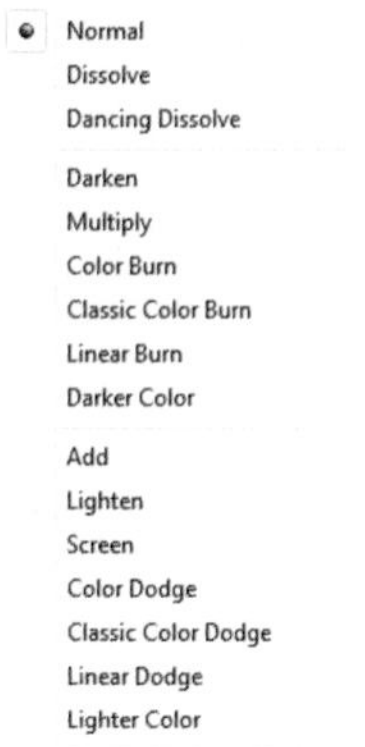

混合模式的回顾

After Effects中的每个图层都被赋予了一个混合模式菜单（图7.1）。默认被设定为常规，也就是上层图层遮挡下层图层，除非上层图层包含穿过阿尔法通道的透明度。(如果没有此菜单，点击图层缩略图下方的“切换开关/模式”按钮。)

混合模式有很多其他的选择。每个混合模式代表了一个数学公式，公式决定了上层图层的像素如何和下层图层的像素结合，或者其嵌套的结果。如果合成中包含多于两个图层，则图层从最底部开始往上，被两两配对。不用记住每个混合模式的数学公式，但是熟悉常用模式的结果是十分有用的。例如，平面、光亮、多个以及昏暗模式都是经常使用的。实际上，这些模式通常有着特定对应的渲染通道。渲染通道与其匹配的混合模式将在下一部分介绍。改变混合模式，可以看到其他的类型——其结果会即刻显示在合成预览中。

Normal
Dissolve
Dancing Dissolve
Darken
Multiply
Color Burn
Classic Color Burn
Linear Burn
Darker Color
Add
Lighten
Screen
Color Dodge
Classic Color Dodge
Linear Dodge
Lighter Color

图7.2　一小部分混合模式。

常见阴影通道概述

阴影渲染通道将渲染分解成独立的阴影组成部分。阴影组成部分和特定的表面阴影质量相关联，例如散射、镜面、阴影，等等。在3D软件中，这些阴影组成部分是由材料或者阴影属性决定的。

下面介绍的是在视觉特效领域中常用的阴影渲染通道。此外，每个通道合适的After Effects混合模式也一一列出。

基础参考通道（Beauty）

基础参考通道是包含了所有阴影组成的一种通道。它通常是在没有任何渲染通道时，由渲染器生成的。例如，在Autodesk Maya中用渲染预览窗口测试某个渲染时，其结果就是基础参考通道。但是，一些批量渲染器，例如mental ray，包含基础参考通道以及任何需要的渲染通道。使用渲染通道时，并不是必须使用基础参考通道。取决于渲染设定，基础参考通道可能带有动作模糊也可能没有（图7.3）。

散射

散射代表不具有镜面或阴影的表面颜色。有一些镜面通道的变形会包含基础的阴影，其中部分表面区域在昏暗光线下加深（图7.4）。有一些

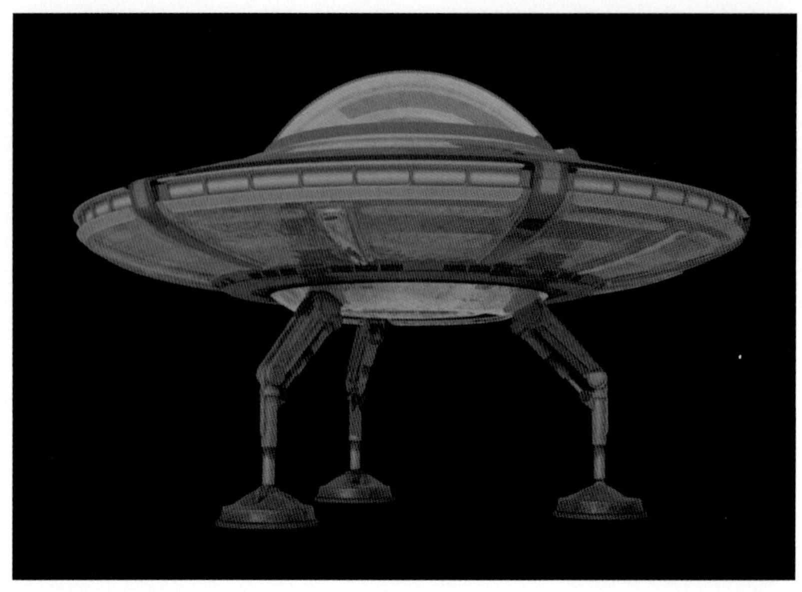

图7.3　一个飞行器的基础参考通道，不带动作模糊。

散射通道不包含变形——因此，表面看起来是自带光的，或者卡通渲染的。总体而言，散射通道不需要特定的混合模式。

图7.4　一个散射通道。包含基础阴影，但是无视投射阴影。镜面高光以及反射。因为没有镜面和反射，所以表面看起来加深。玻璃圆顶由于其高透明度不可见。

镜面

此通道捕捉镜面组成部分。在真实世界中，镜面高光是光线离开表面的强烈连接反射。镜面高光出现在发光平面的"热点位置"。镜面通道将热点和黑色渲染。

通常而言，阿尔法通道是不存在的。因此，可以选择平面或者光亮的混合模式，将镜面通道放置在其他通道之上，例如散射通道（图7.5）。平面和发光的模式的区别在于其抓紧一些高值，而避免了过白值（过白值指的是任何超过了颜色深度的值，例如8位的0–255）。镜面通道并不包含反射，可能考虑投射阴影，也可能不考虑。

图7.5　左图：镜面渲染通道。右图：镜面渲染通道放置在散射通道之上，采用平面混合模式。

景深

景深通道以灰阶值来编码了物体到摄像机的距离（图7.6）。景深通道也叫作Z景深或者Z缓冲通道。不同的渲染器以不同方式记录这些值。

因此，调整景深值会让通道更有用。景深通道通常用于在虚拟景深

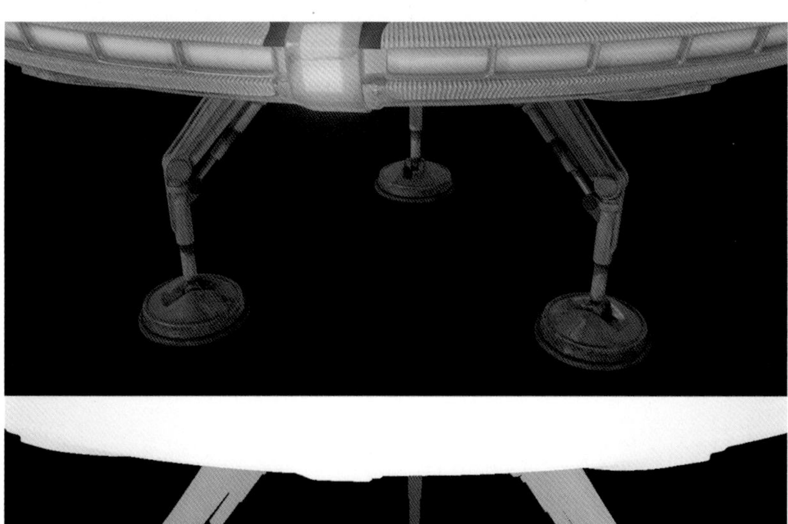

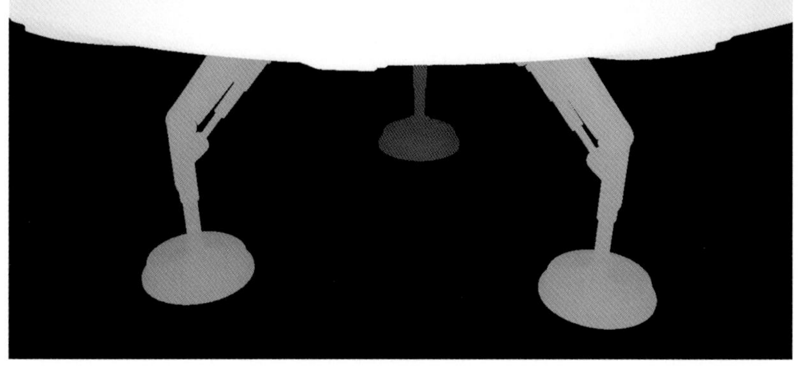

图7.6　上图：基础参考通道渲染的飞船起落架。下图：同一个摄像机的景深通道。

中合成一个元素。例如，可以用景深通道给一个镜头增加人工的景深，也可以使用类似的技术合成虚拟的雾或者气氛。

蒙版

此类通道，也称为holdout，是指将白像素放在不透明物体上，而黑像素放到空白区域上（图7.7）。尽管蒙版通道看起来和阿尔法通道类似，但是蒙版通道以RGB形式存储信息。蒙版通道可将透明信息应用到缺少阿尔法的图层。例如，可以使用追踪蒙版工具来从蒙版图层中借用阿尔法信息。这将在本章之后的“应用阿尔法到非阿尔法通道”部分中阐述。

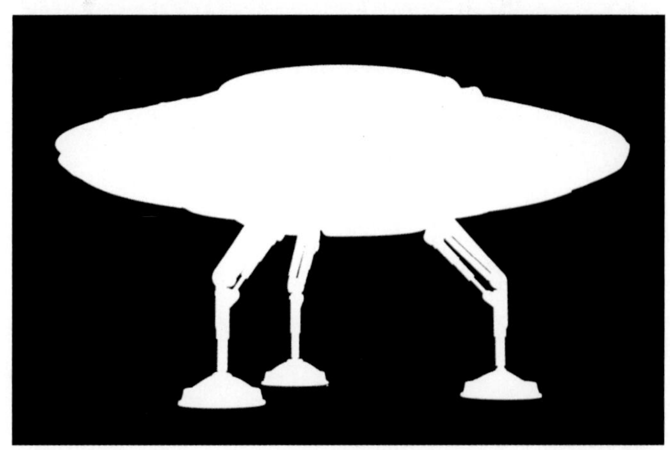

图7.7　蒙版通道。

反射

反射通道分离反射（图7.8）。反射可能包含附近的3D物体或者环境的材质。因为缺少阿尔法，此类通道需要使用平面或者光亮的混合模式、额外的动态遮罩，或者使用一个蒙版通道。

全方向遮挡

全方向遮挡通道，也叫作AO通道，用来捕捉阴影信息（图7.9）。特别是出现在几个临近平面，或者一个带有复杂卷曲的平面上的柔化阴影，这类平面往往阻止了光线反射回观众。AO通道看起来是白色或者灰色，带有柔化的灰黑阴影。可以将AO通道放置在底层通道之上，采取乘以或者加暗的混合模式。可能需要调整通道的亮度以及对比度，使非阴影区域为白色。

图7.8 反射通道。

图7.9 环境光散射通道的局部细节，显示柔化阴影在相邻的几个平面或者带有小槽、脊的平面上。

白炽和光晕

很多3D材料可以创建白炽光，也就是创造平面是一个光源的幻觉。白炽通道分离了阴影信息。以类似的方式，光晕通道分离了渲染中创造的发光的模糊光晕。可以使用发光或者平面混合模式来整合白炽和光晕通道。白炽通道的范例，请参考本章后面的“常见渲染通道整合的新手指南”。

阴影

阴影通道用以分离阴影。阴影通道捕捉一个阿尔法通道中的不透明影子。可以使用特别的混合模式将此类通道放置到其他通道之上。如果最终的阴影太暗，可以降低阴影图层的不透明度。阴影通道的其他变形可以在RGB频道中捕捉阴影形状（图7.10）。此类通道的应用参考之后的新手指南。

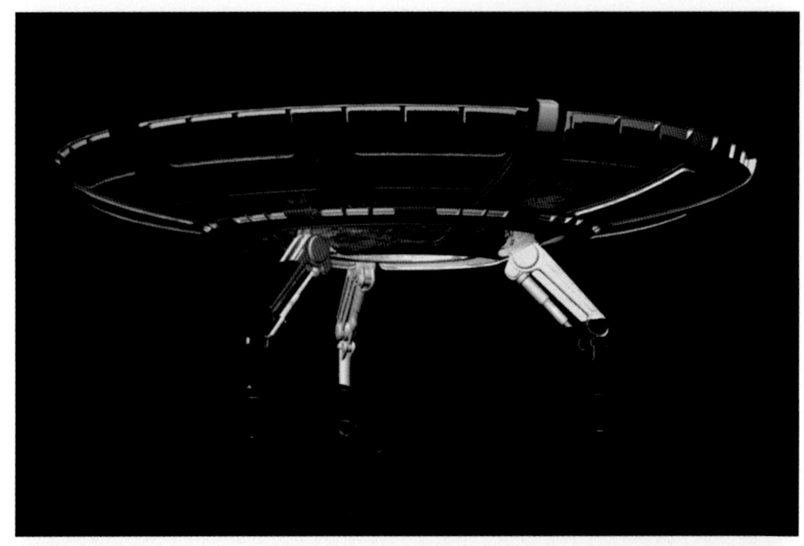

图7.10 阴影通道以RGB捕捉阴影形状。像素最亮的区域，在相关的基础参考通道阴影最暗。

常见渲染通道整合的新手指南

本指南中，将重新整合常见的渲染通道以创建一个类似于相关基础参考通道的最终效果。遵从下述步骤：

1. 创建一个新项目。导入下述的图像序列，全部保存于\projectfiles\renders目录下：

   Diffuse\diffuse.##.tif

   Specular\spec.##.tif

   Reflection\ref.##.tif

   Shadow\shadow.##.tif

   Incandesence\incan.##.tif

   任何带有阿尔法通道的序列都会使After Effects开启影片解析窗口。当窗口开启时，选取预乘按钮，这保证了阿尔法通道被正确解析。用于创建渲染的Autodesk Maya，在渲染中用RGB值预乘阿尔法值。如果阿尔法的解析设定为默认的直线型，那么阿尔法边角上出现灰色线。（当黑色背景位于半透明的蒙版边角上会出现这种情况。）

2. 创建一个新的合成，分辨率1280×720，帧率24fps，长度10帧。LMB-拖动散射的序列到合成中。LMB-拖动镜面序列到合成中，并防止其在最顶层。将镜面图层的混合模式改成平面。（如果菜单不可见，点击位于图层缩略图底部的“切换开关/模式”按钮。）镜面渲

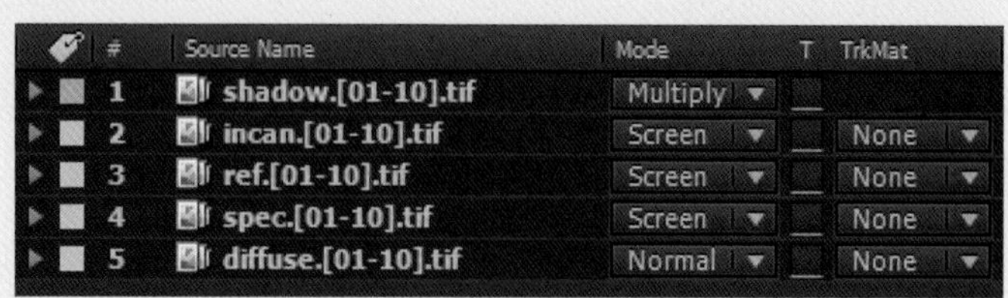

图7.11 最终的图层布局，用于重建带有渲染通道的飞船。

染出现在散射图层之上而不遮挡散射图层。

3. 将反射通道放置在图层分布顶部（参见图7.11中最终的图层布局）。将其混合模式改成平面。将白炽的序列放置到图层布局顶端。将其混合模式改成平面。
4. 将阴影通道放置在图层分布顶部。在黑色部分之上会出现白色阴影。当选取图层时，选择“特效>频道>插入”。当图层被插入，阴影变成黑色。将图层混合模式改成乘法。阴影图层的值乘以了下层图层的值。这使得阴影图层中阴影区域的飞船加暗。
5. 此时合成看起来和相关的基础参考通道渲染类似（图7.12）。（基础参考通道渲染保存在\projectfiles\renders目录下。）然而，可以自由调整任何图层来提高最终合成的质量。

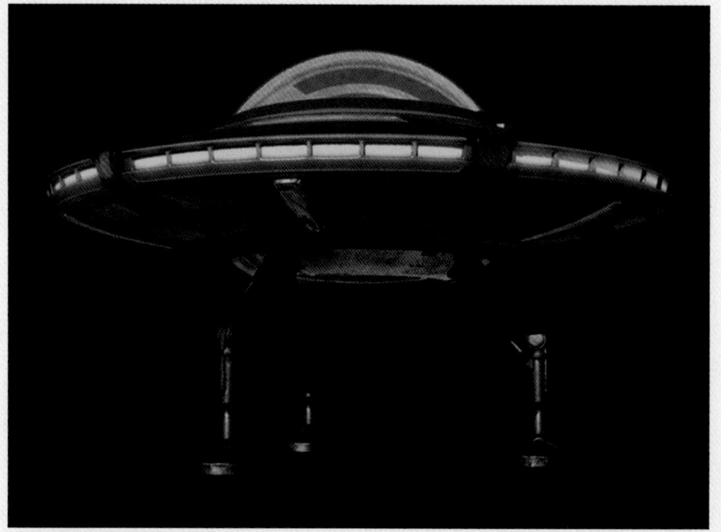

图7.12 重新组合的渲染通道。

例如，增加一个光晕效果（在“特效>风格”菜单）到白炽图层，让飞船的光线柔化且强烈。增加一个曲线或者亮度&对比度特效（在“特效>颜色矫正”菜单）到镜面图层中，来增加镜面反光的强度。

> 此时，合成的阿尔法通道是完全不透明的。这是因为固态的阿尔法被应用到某些渲染通道，例如镜面通道。有一些方式可以重建准确的阿尔法通道。这些方式在本章后面的“应用阿尔法到非阿尔法通道”讲述。范例的文件：mini_passes_combine.aep，被保存在\projectfiles\aefiles\chapter7\tutorial目录下。

应用高级阴影通道

一些额外的渲染通道需要After Effects中的特别操控。本章将讲述这些技术。

动作矢量

动作矢量通道对3D物体的XY运动在RGB中以红绿值进行编码（图7.13）。运动的大小在蓝色频道中编码。可以在合成中使用此类通道来创建运动模糊，这样做相对于将运动模糊作为基础参考通道的一部分来渲染更加节约时间。运动矢量的应用在本章后面的“运动矢量模糊的新手指南”部分阐述。

图7.13 运动矢量通道。

紫外线

紫外线通道将表面的紫外线材质的值在RGB中编码。紫外通道中出现红色及绿色的阴影，对应着UV方向的紫外线材质值。可以使用紫外线通道，在合成软件中给物体重建材质，尽管这是个复杂的过程。可以使用紫外线通道来将背景变形。例如，在图7.14中，飞船的紫外线通道将风景视频变形。风景图层应用了置换，其“置换图层”菜单设定到隐藏的紫外线通道图层上，紫外通道中的像素越亮，则其像素被推到风景更远处。变形被分解到垂直和水平方向。可以使用紫外通道中不同的频道来操控每个方向。例如，可以在使用水平替代菜单中设定红色频道，在使用垂直替代菜单中设定绿色频道。使用此技术的范例文件：uv_distort.aep，被保存在\projectfiles\aefiles\chapter7目录下。替代映射特效在“特效>变形”菜单。

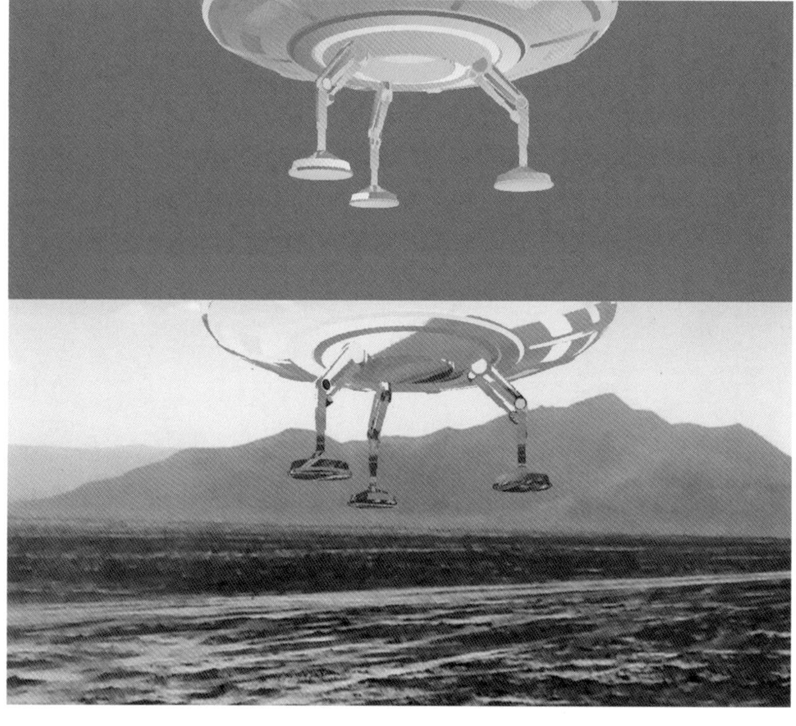

图7.14 上图：紫外通道。下图：使用紫外通道的替代映射特效进行风景变形。

常规

常规通道将几何图形表面的角的矢量在RGB通道中编码。这种编码可能出现在几种3D相关的空间中，例如物体、世界或者摄像机。可以基于表面的边角，使用常规通道来影响一个渲染的特定部分。

例如，在图7.15中，一个世界空间的常规通道和飞船进行渲染，使得多边形中面对右侧（在3D软件中向着正向X）的表面渲染为更加强烈的红色。多边形中向上（在3D软件中向着正向Y）的表面渲染为更加强烈的绿色。多边形中向着摄像机（在3D软件中向着正向Z）的表面渲染为更加强烈的蓝色。要获取箭头颜色信息，可以改变渲染通道中的颜色。例如，如果对常规通道应用变化通道特效，并从中提取红色、绿色、蓝色均设定为绿色，就创建了一个灰阶图，其中飞船顶部（面对正向Y轴）为最亮区域。可以在“特效>通道”菜单找到变化通道。

图7.15 左图：常规通道。右图：使用变化通道特效的常规通道，其中RGB来源均为绿色。

可以将变化通道的常规通道作为亮度蒙版操作的一种方式。或者，可以将调整过的常规通道放在下层基础参考通道上，应用乘以的混合模式，来使飞船的下部加暗（图7.16）。使用这一技术的范例文件：normal_vector.aep被保存在\projectfiles\aefiles\chapter7目录下。注意常规通道的空白空间是灰色的。可能需要提亮这个区域，或者使用追踪蒙版/亮度蒙版方式将其裁掉，保证这个区域不会和下层图层冲突。

图7.16 左图：基础参考通道和反射通道放置在背景之上。右图：常规通道放置在顶部，采用乘以的混合模式，加暗飞船的底部。

应用alpha到nonalpha通道

有些渲染通道是不包含阿尔法通道的。这种情况下，通道会遮挡下层通道，除非你用一个如屏幕（Screen）或相乘（Multiply）的混合模式。但是，After Effects中有几种方式可以从蒙版通道中、其他图层中或者另一个频道中，借用阿尔法信息。

例如，使用图层的追踪蒙版菜单从一个蒙版通道中提取阿尔法信息。将蒙版通道上移一个图层并设定蒙版菜单到亮度蒙版（图7.17）。蒙

图7.17　蒙版通道通过追踪蒙版菜单，切割出一个嵌套合成。嵌套的合成包含有重组的飞船。为重新保存透明且有反射的圆顶，将一个反射图层置于图层排列的顶部。

版图层的RGB信息就转移到追踪蒙版图层的阿尔法通道上，并获得透明度。可以在合成的底部增加一个新的背景。

注意蒙版图层识别透明度。因此，图7.17中的飞船的蒙版通道渲染品缺少圆形的顶部，因为圆顶的材料是100%透明的。为了重新存储圆顶，在图层排列的顶部放置一个反射图层并选取平面混合模式。

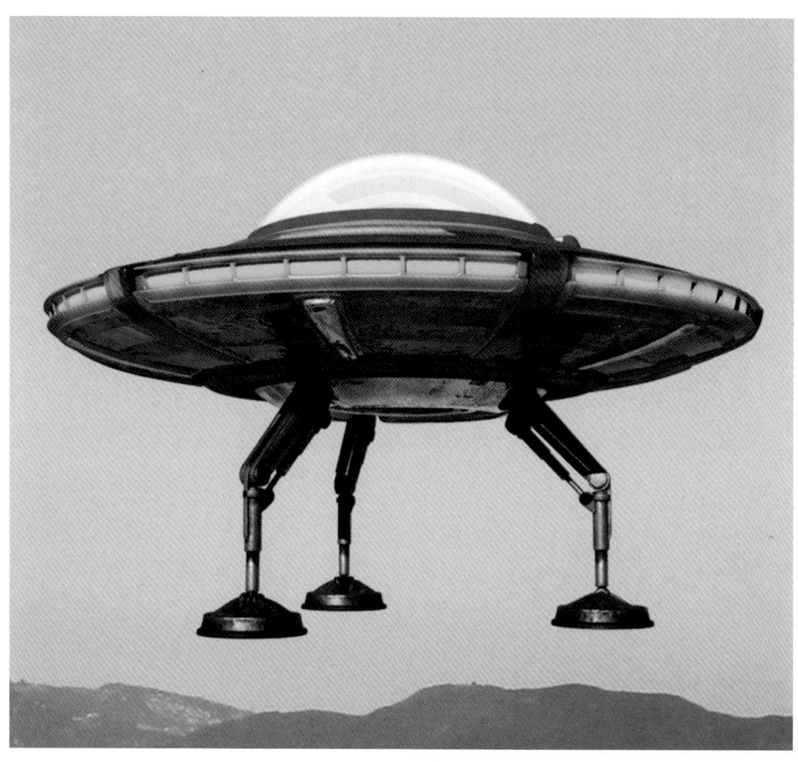

图7.18　阿尔法信息通过一个蒙版图层和追踪蒙版工具，被重新存储到飞船，使得飞船后部可见一个天空图层。

要避免整个飞船都出现反射，可以绘制一个遮罩来限制飞船上有反射的区域（图7.18）。范例文件：passes_matte.aep，被保存在\projectfiles\aefiles\chapter7目录下。

或者，可以使用设定蒙版特效功能，从不同的图层和/或一个特定频道中借用阿尔法信息。使用设定蒙版功能，遵从下述步骤：

1. 选取缺少阿尔法信息的图层，并选择“特效>频道>设定蒙版”。

2. 在特效控制栏中，将“从图层中选取蒙版”的选项选定为包含蒙版通道的图层。蒙版通道可能在上层或者下层图层。蒙版通道应为隐藏的。
3. 将特效的蒙版使用菜单设定为发光。这样做，将蒙版的功能设定类似于追踪蒙版工具。
4. 可以选择根据RGB频道的值生成阿尔法。例如，如果设定蒙版使用为红色频道，则红色值转化为阿尔法值。用来选取蒙版的图层不需要包含蒙版通道，可以是任何含有视频、静态图或者艺术画的图层。但是，除非图层包含固态颜色，否则不透明的阿尔法区域会变成半透明的。

要在非蒙版图层中生成阿尔法信息的一个更好的解决方式，是使用带有可用阿尔法的图层。例如，将选取蒙版菜单设定为从一个基础参考通道图层选取，并设定将蒙版应用到阿尔法通道（图7.19）。基础参考通道的RGB效果可能不理想，但是它生成了可用的阿尔法信息，这些信息可以转化到没有阿尔法信息的渲染通道图层上去。

图7.19 设定蒙版特效的功能从基础参考通道图层中借用了阿尔法信息。

注意，如果上层图层有阿尔法频道，也可以设定追踪蒙版菜单到阿尔法蒙版，来借用上层图层的阿尔法值。

使用多频道图像格式

有些图像格式，例如OpenEXR，PLA，MayaIFF，除了标准的RGB和阿尔法值，还可以携带自定义频道。实际上，一个简单的OpenEXR序列就可以包含镜头需要的所有渲染通道。要在After Effects中获取这些频道，必须使用EXtractoR插件将其转换为RGB。

例如，要取回OpenEXR序列中的蒙版通道，应遵循下述步骤：

1. 导入图像序列并放置在一个新的图层上。选取图层，选择“特效>3D频道>EXtractoR”。
2. 打开特效属性。点击其中一个频道名称，例如蓝色。开启一个对话框。点击蓝色菜单。列出了现有的通道以相关通道（图7.20）。渲染软件自动为通道分配了名称。例如，使用Maya金属光线渲染的蒙版通道命名为MATTE：matte.camera，RGB后缀代表蒙版通道的红绿蓝频道。遵照这个命名方式的范例图像序列：ship.##exr，被保存在\projectfiles\renders\exr目录下。

3. 可以跳过频道菜单，从图层菜单中选择频道名称，这样就自动选择了正确的红绿蓝通道名称。点击OK按钮。频道被转化，并且合成缩略图中可以见到灰阶的蒙版通道。注意在图像序列ship.##exr中飞船是上升的。

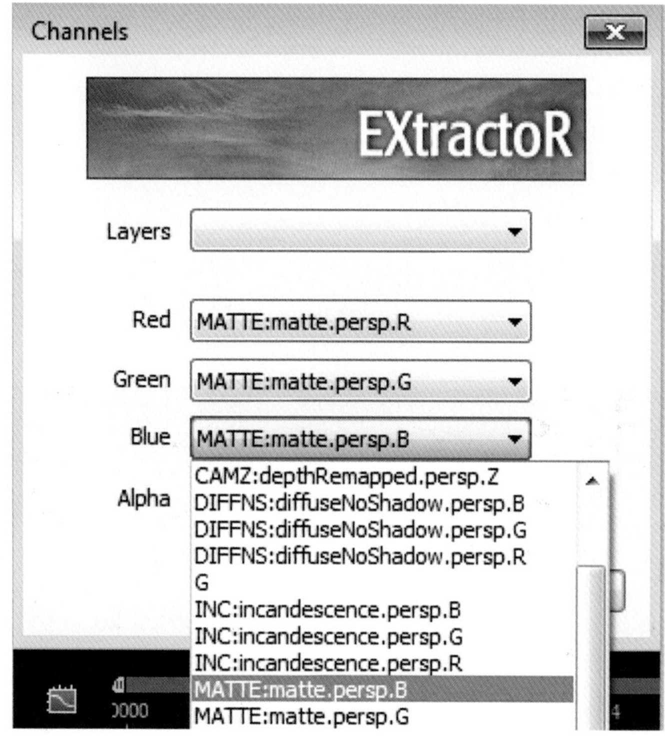

图7.20 EXtractoR插件窗口，列出了部分OpenEXR序列中包含的通道。

如果需要导出额外的通道，必须创建一个新的图层，增加新的EXtractoR特效到图层上，并设定图层菜单为需要的通道名称。有些渲染通道——例如景深通道，可能在OpenEXR中只有一个频道。这种情况下，可以设定红绿蓝菜单到同一个频道。取回蒙版通道的范例文件：exr_matte.aep，被保存在\projectfiles\chapter7目录下。

创建合成中的动作模糊

如有未加模糊的动画版本以及动作矢量渲染通道，那么可以在合成中增加运动模糊特效。但是，在After Effects中读取动作矢量，需要第三方插件。例如，可以使用RE：Vision Effects ReelSmart Motion Blur插件。下面的新手指南介绍使用方法：

运动矢量模糊的新手指南

要使用OpenEXR序列和Maya创建的常规的运动矢量通道来应用运动模糊，遵守下述步骤：

1. 创建一个新的文件。导入保存在\projectfiles\renders\lemons目录下的文件：lemon.##exr。LMB-拖动图像序列到时间线，生成一个新的合成。回放时间线。影片中是很多下落的3D柠檬。此时，是没有运动模糊的。
2. 选取图层，选择“特效>3D频道>EXtractoR”。在特效控制栏中，点击频道名称，例如红。EXtratoR窗口开启。将图层菜单设定为MV2N：mv2DNormRemap.persp。点击OK按钮关闭窗口。可以见到运动矢量通道。随着柠檬出现黄绿色（图7.21）。

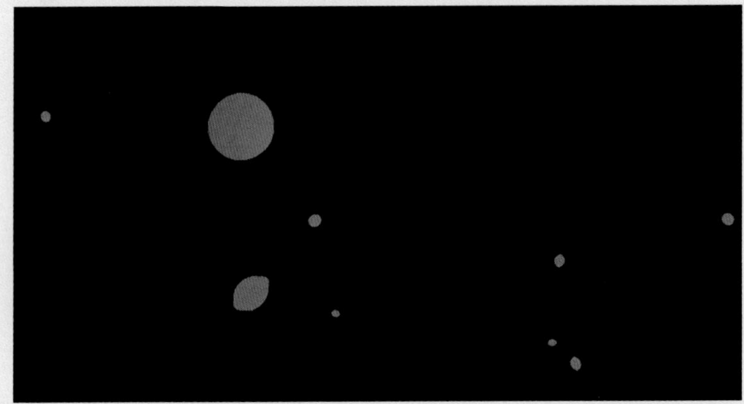

图7.21　运动矢量通道，因使用EXtratoR插件而可见，由追踪蒙版和蒙版通道切割而来。

3. 这些频道是由一个金属光线的常规运动矢量通道创建的。常规性保证了所含的值在一个可预计的范围之内（0-1.0）。在这类运动矢量通道中，X物体的运动存储在MX（红色）频道中，而Y物体运动存储在MY（绿色）频道中。蓝色频道是空白的，不被使用。注意，OpenEXR序列是32位的浮动点。高的位深对于存储准确的运动矢量而言至关重要。

4. 要使用运动矢量图层，必须使用蒙版通道将其切割。将现有图层向上复制，选择“编辑>复制”。打开顶部图层的EXtratoR窗口。将图层菜单改成MATTE：matte.persp。点击图层的眼睛图标，将其隐藏。将下层运动矢量图层的追踪蒙版菜单改成光亮蒙版。此时运动矢量通道就被蒙版通道切割。这样做避免了空白的3D空间内的值（也就是无RGB的值）干扰运动矢量的解析。
5. 创建一个新的合成。LMB-拖动第一个合成到新的合成。隐藏嵌套图层。LMB-拖动一个lemon.##exr序列的新的复制品到新的合成，并防止在图层排列的顶部。默认情况下，如果OpenEXR文件中没有选定的频道，会使用默认的RGB频道。要保证使用正确的RGB频道，对下层图层添加一个EXtratoR特效。设定EXtratoR图层菜单为BEAUTY.beauty.persp。

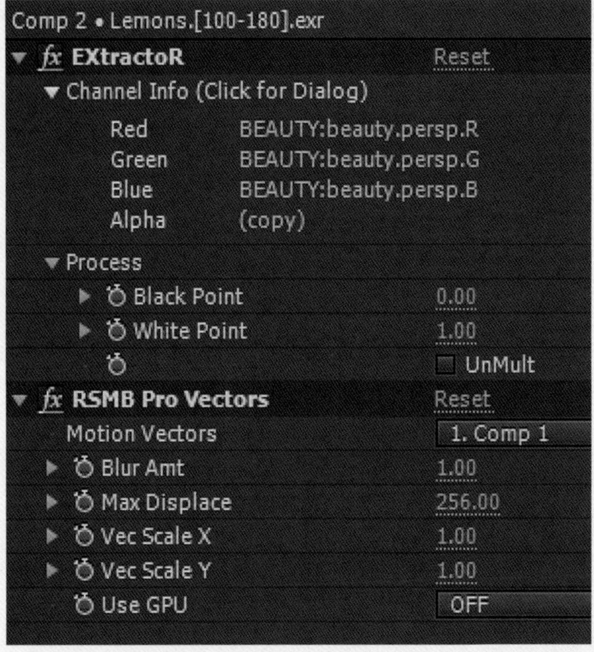

图7.22 EXtratoR以及RSMB Pro特效设定应用于运动模糊图层。

6. 当选取下层图层时，选择“特效>RE：Vision插件>RSMB Pro Vector”。这是ReelSmart Motion Blur的矢量工具。打开特效控制栏。将运动矢量菜单改成嵌套的合成图层（1.comp1）。将最大替代改成256（图7.22）。256匹配了常规化的运动矢量在金属光晕渲染通道所带有的最大值。此时出现了运动模糊。回放时间线。注意模糊也考虑到了旋转，并且前景和背景的运动模糊的轨迹长度也有不同（图7.23）。

7. 调整环绕模糊值，可以改变模糊的轨迹长。0.5相当于常规的摄像机曝光。环绕模糊值越高，轨迹越长。

完成版本的范例文件：mini_motion_vector.aep，被保存在\projectfiles\aefiles\chpater7目录下。ReelSmart Motion Blur的更多信息，参考www.revisioneffects.com。

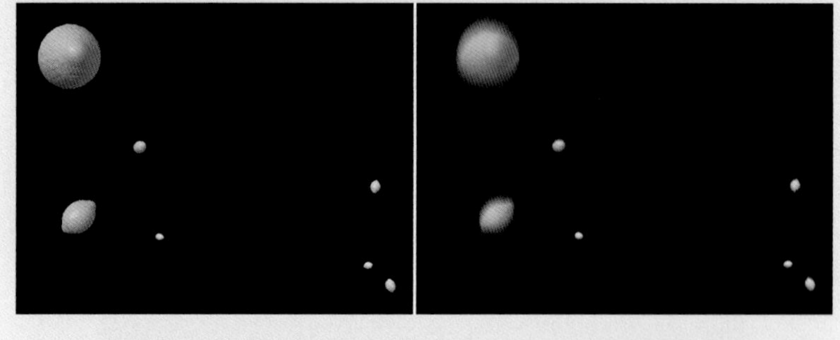

图7.23 左图：没有运动模糊的柠檬。右图：RSMB Pro Vector创造的运动模糊。环绕模糊设定为1.0。

章节教程：使用OpenEXR景深频道创建景深

可以给渲染添加窄的景深，也就是场景中的部分区域不在焦点，作为合成过程的一部分。这样做需要使用景深通道以及镜头模糊特效。给OpenEXR图像增加景深，应遵循下述步骤：

1. 创建一个新的项目。导入\projectfiles\renders\exr目录下的fly.exr渲染。这是一个单帧。
2. 创建一个新的合成，分辨率1280×720，帧率24fps，时长24帧。LMB-拖动文件fly.exr到新的合成。尽管是一个单帧，但是在整个时间线上重复。渲染品是一个停在某个表面的苍蝇。
3. 选取新的图层，选择“特效>3D频道>EXtractoR”。打开特效控制栏，并点击其中一个频道名称，例如红。

EXtractoR窗口开启。设定红绿蓝菜单到CAMZ：depthremapped.persp.z。景深频道以一个灰阶图出现在合成缩略图中（图7.24）。

4. 在景深通道中，远处的墙壁是浅灰色，而苍蝇部分是深色的。整体而言，对比度是低的。要增加对比度，可以用黑色点和白色点属性重新映射数值的范围。在软件右上角的信息栏，点击右上角的箭头。将菜单的8-bpc（0-255）改成十进位（0.0-1.0）。这样做，信息栏会以十进制的形式显示RGBA值（图7.25）。这是景深

图7.24　通过EXtractoR插件导入的景深通道。

通道所包含的0-1.0的值对应。这一景深通道的常规化设定，将数值控制在0-1.0（景深通道的其他变形会带来极大的数值）。将鼠标放在苍蝇头部位置，注意红频道的值（RGB频道是一致的），此处的值大约为0.01。将鼠标放在背景上注意此处的值，大约是0.04。

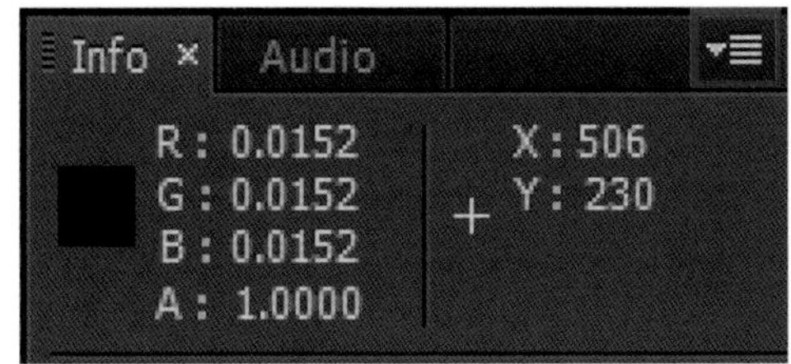

图7.25　当鼠标在苍蝇头部时，信息栏读取的数值。数值读取设定为十进制。菜单的读取设定显示在红色方框中。

5. 在EXtractoR特效的黑色点区域输入0.02。这样做就强制所有0-0.02的值重新映射到0。此时对比度稍稍增强了。在白色点区域输入0.04。于是0.4-1.0的值就强制映射到1。景深图像获得了对比度（图7.26）。

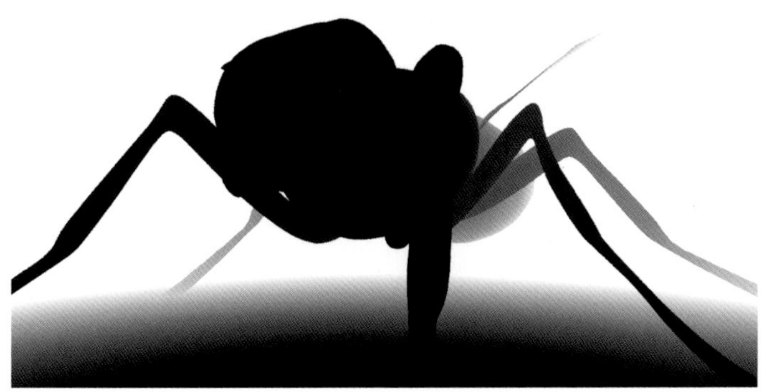

图7.26　通过调整黑色点和白色点值，景深获得了对比度。

6. 创建一个新的合成，保持一样的分辨率、帧率和时长。LMB-拖动第一个合成到新合成中。点击图层的眼睛图标，将嵌套合成隐藏。
7. LMB-拖动文件：fly.exr到新合成中并放置在图层排列的底部。当选取新的苍蝇图层时，选择“特效>3D频道>EXtractoR”。打开特效控制栏，并点击其中一个频道名称，例如红。EXtractoR窗口开启。图层菜单设定为BEAUTY.beauty.persp。通过OpenEXR渲染，除了默认的RGB渲染之外，又增加了一个单独的基础参考通道。点击窗口底部的OK按钮。
8. 选择苍蝇图层，并选择“特效>模糊&锐化>镜头模糊”。在特效控制栏，展开模糊特效的模糊映射部分。将图层菜单改成嵌套的合成图层（1.Comp1）。将模糊半径增加到10。此时，背景墙、地面平面的后面，以及苍蝇的背后，都在角点之外（见本章开始的图7.1）。可以通过改变模糊半径的值，来调整失焦的强度。如要掉转景深，使得前景失焦，选择模糊映射部分，插入模糊映射按钮。
9. 想要焦点内的范围更窄，需回到第一个合成中，并降低白色点值。要增加焦点内的范围，提高白色点值。景深通道中白色的部分获得最大程度的模糊。黑色的部分没有模糊。

本项目的完成版本文件：depth_blur.aep，被保存在\projectfiles\aefiles\chapter7目录下。

第八章

色彩分级、色彩效果和高动态范围影像

数码合成自动依赖红色、绿色和蓝色这三个色彩通道。因此色彩分级和色彩效果的使用，是合成过程中十分重要的一部分。色彩效果使得你注意颜色的平衡。你可以转换颜色，减少某个颜色，用一种颜色代替另一种颜色，在色彩通道之间增加对比度，重新打光等（图8.1）。虽然After Effects支持非常多的色彩效果，但也支持不同方法取得的近似效果。如果你了解了这些效果的基本功能，就能在使用上做出训练有素的决定。另一方面，色彩分级是在特别操作中改变颜色的一个过程。例如，色彩分级帮助确保连续拍摄与场景吻合，或者某个特定拍摄可以根据颜色的调整来拍出不同的气氛。除此之外，After Effects支持8位标准影像，或32位高动态范围影像。

本章包含以下主要信息：

- 概览色彩分级的目的和方法
- 有效色彩效果的作用
- 概览高动态范围影像的支持

图8.1 上图：一个未分级的镜头。下图：女演员左侧限制了色彩分级，制造了新的人工阴影。

色彩分级

色彩分级运用在电影、视频、动画和视觉效果当中，起着多个主要作用，这些将在此章节论述。（注意：色彩分级和色彩校正两个词经常互换使用。）

审美校正

为得到满意效果，需要校正颜色。这就要转换主色调来更改气氛。

例如，你可以降低原来的亮度，调高饱和度来使画面更昏暗（图8.2）。

一天当中的时间变化

色彩会根据一天当中的不同时刻而变化。例如，你可以通过色彩分级把下午的画面转换成黄昏。

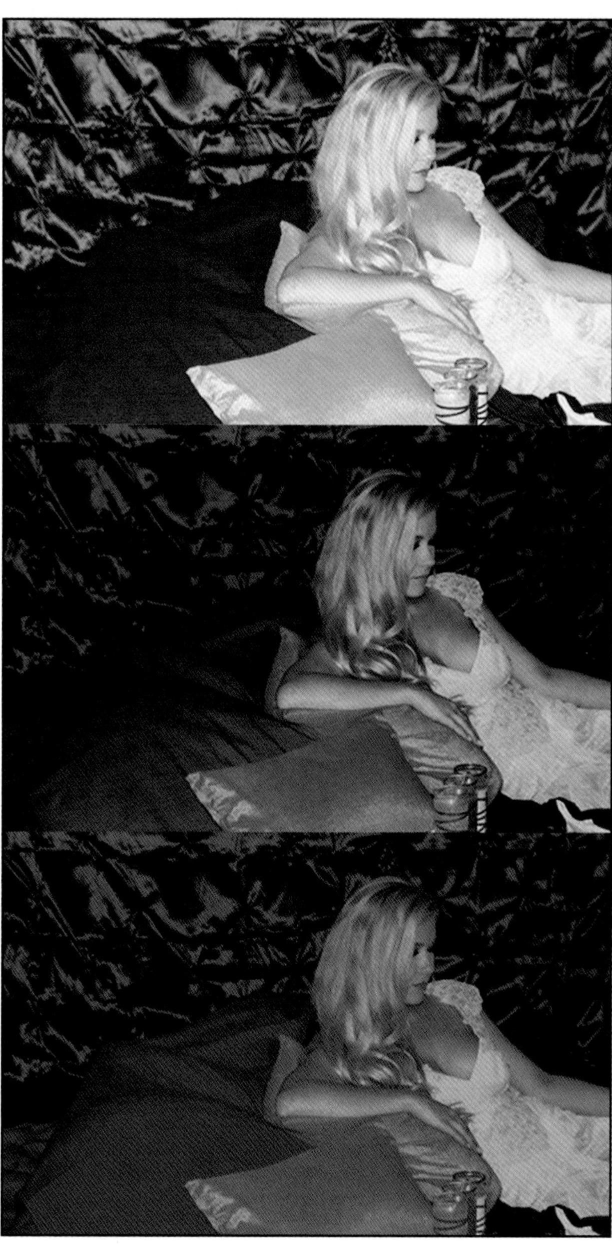

图8.2　上图：未色彩分级的画面。中图：色彩分级，使画面昏暗。下图：色彩分级，模拟黄昏。此图片文件：ungraded.png，被保存在\Project Files\Art\directory目录下。

连续拍摄

拍摄需要通过分级来达到统一和连续。在色彩分级之前，每个拍摄因光源设置或与自然光的转换而产生些许不同。

元素集成

使用3D技术渲染数码绘景，其他2D作品用实景拍摄脚本来集成，因此二者必须通过分级才能统一。比如使用3D渲染，画面最暗的那部分，总是跟用摄像机拍出的差别很大。

风格调整

调整颜色，用来制造一种迷幻、华丽、或非自然的效果。而这种调整适合拍摄同样效果的场景，例如梦境、科幻或恐怖情节等。

色彩分级中，你可以使用任何效果或工具来调整画面颜色。通过遮罩或动态遮罩，在整个画面或部分画面中调整红、绿、蓝的比例。

黑色、白色和颜色校正

只有颜色正确地校准，分级才能成功。除了查看效果画面，你可以测量每个通道色彩值。在After Effects信息栏的右上角，可以找到此项应用。任何视频栏，红色、绿色、蓝色通道以及阿尔法通道，鼠标划过时显示数值，数值显示当前色彩空间的色彩深度。8-bit显示从0到255的数值，255为最大白度值。16-bit设置显示的是0到32768的数值。（注意，After Effects“16-bit”色彩空间实际为15位或2^{15}，额外多一个色彩层次。更多信息见第一章。）32-bit的设置，根据浮点结构的不同，数值显示为0到1.0。32-bit最大值为1.0，8-bit可以显示，但32-bit常带有1.0以上的超白度值。除空间中心显示的以外，你可以在显示栏右上箭头的指示菜单（CC2014）中选择不同的数值范围，或显示栏的选项卡菜单（CC2015）中选择。例如，调到10位，数值为0到1023。10位是对数格式的常用色彩深度，原为电影扫描设计，比如Cineon和DPX。

查看色度值时，色彩分级的一个常见任务是匹配黑色和白色。这里黑色指画面的最黑度值，可以是阴影部分、物体的深色表面、演员头发或眼睛的深色部分。白色是指画面最亮的那一部分，可以是反射高光、明亮的天空等。例如，前文图8.2，黑色出现在皱褶当中，而白色在裙子中。After Effects当中黑色与白色的匹配，需要在两个不同图层当中对色度值进行匹配。例如，图层A中阴影值在35，20，15RGB左右，那么就要把图层B的阴影值调整到这个近似数值。

类似的另外一个常见色彩分级是偏色匹配。偏色是指画面的整体色调，即画面偏向的特别色调。一些画面是偏红色，一些画面可能偏蓝色等。偏色有可能是自然光下的拍摄造成（比如蓝色日光），或由于摄像机的滤镜造成（比如转换荧光中绿颜色的滤镜）。由此，如拍摄的画面必须匹配一致的话，那么在拍摄进行中给连续的偏色进行色彩分级就很重要。

色彩效果的选择

After Effects的色彩效果在“效果 > 色彩校正”中。

记住色彩效果依赖目前的颜色空间很重要。如第一章讨论过的，After Effects支持三种颜色空间：8-bit，16-bit，32-bit浮点。色深越高，颜色计算越精确。尽管如此，高精确性可能在屏幕上不能分辨。这样，反而使用低色深的工作效率更高一些，除非有明显的“降级”。这也就是说，并不是所有的效果都必须使用高色深。如果一种效果更接近于8位颜色空间，但是却处于16位或者32位颜色空间的时候，警告的图像就会出现（图8.3）。

图8.3　色深警告呈现的是黄色三角形。通过此例子，广播色彩效果的使用可以限制用于视频播放的素材色彩的颜色范围，如果这些视频无法在16位或者32位空间正常工作。

色彩理论术语

在你熟悉色彩效果的功能之前，了解基本的色彩理论术语会有很大帮助。以下是一些重要的定义。

色相/色彩

作为通用术语，色相是指能够明确表示纯粹光谱颜色的名称，例如红色、蓝色和黄色，等等。在数码颜色系统中，色相是区分哪种颜色与纯粹光谱颜色接近或者不接近的程度。尽管色相和色彩经常交换使用，你仍然可以把色相作为所有潜在色彩中的更加特定的子集来使用。

饱和度

饱和度本质上是与色彩和浓度联系在一起的。色度是颜色和灰色的区别。浓度是色彩和被认为是白色的颜色之间的区别。饱和度是一种与白色相对比的颜色的色彩。你可以将饱和度等同于一种色相和白色的混合。高饱和度将产生一种更加强烈的颜色（多色相少白色），而低色相会产生暗色（少色相多白色）。在After Effects中，饱和度是通过改变颜色通道之间的对比调节的。

对比度

对比度是指影像中明色和暗色的比率。高对比度的影像包括少量中等范围值的暗色区域和明色区域。低对比度的影像包括均匀地分布在整个颜色范围内的数值。低对比度的影像看上去就像“被洗过一样”。

明亮度/强度/明度/亮度

在数码颜色系统内，明亮度是在颜色通道内的像素的数值。明亮值接近目前比例的最高点。例如，红色值是200的像素，在0-255比例下特别明亮，而像素值是20就相当暗。如果像素有同等的红色、绿色和蓝色值，它看上去就不饱和，也就是像素看上去呈现灰色。如果通道共享同样的最大值，它们看上去就是白色。(白色携带着颜色投射基于调控器的颜色温度。更多信息参考第一章。) 明亮度还指强度、明亮和亮度。尽管这些术语带有特定科学或者数学含义。它们经常被艺术家没有区分地使用。有些颜色模型把术语和其通道合并。例如HSV代表色相饱和度值。HSL代表色相饱和明亮度。(HSL有时候又被称为HLS。) 你可以用图形来代表HSV和HSL。例如圆锥形，圆周绘制色调，沿着高度绘制亮度，从中心到外部绘制饱和度。亮度/数值沿着高度画出，饱和度从核心到外部表层画出（图8.4）。

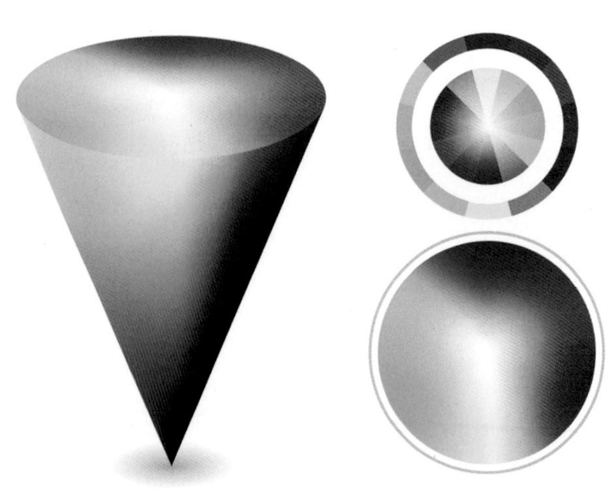

图8.4　左图：HSV/HSL 圆锥体代表颜色空间。右图：同样的空间用2D颜色轮代表。注意红色、绿色和蓝色如何以120度排列。第二级颜色可见，例如青色、洋红色和黄色。Graphic © 2014 Mikrobius/Dollar Photo Club.

黑点，白点和中间色调

黑点被认为是黑色数值，或者最低可能数值。尽管通常是0，为了取得一定效果，你也可以选择不同黑点。白点被认为是白色的点。尽管这通常是颜色空间的最大值，但是你可以选择新的白色值。这样有时候对特定的输出媒体色彩分级有必要。例如，“广播安全”视频需要低于现有的最大值的白点。中间色调点是颜色空间可提供的范围的中心值。例如，在0–1.0的32位浮点空间，0.5是中间色调。注意白点是通过显示器屏幕校正为操作体系而建立——与合成过程分开。获得更多相关显示器屏幕校正的信息，请参考第一章。

数码影像软件采用的RGB颜色模型是添加的。也就是说，同样数量的红色、绿色、蓝色增加生成灰色。最大数量的红色、绿色和蓝色增加生成白色。这与减色法的颜色模型相反，它是色彩缺少会产生白色（例如CMYK印刷中，未印刷页的白色）。

使用色相，饱和度，染色和颜色平衡

色相/饱和度效果允许你移动色相、改变饱和度和明亮度（图8.5）。通过这种效果，你可以完成下列任务：

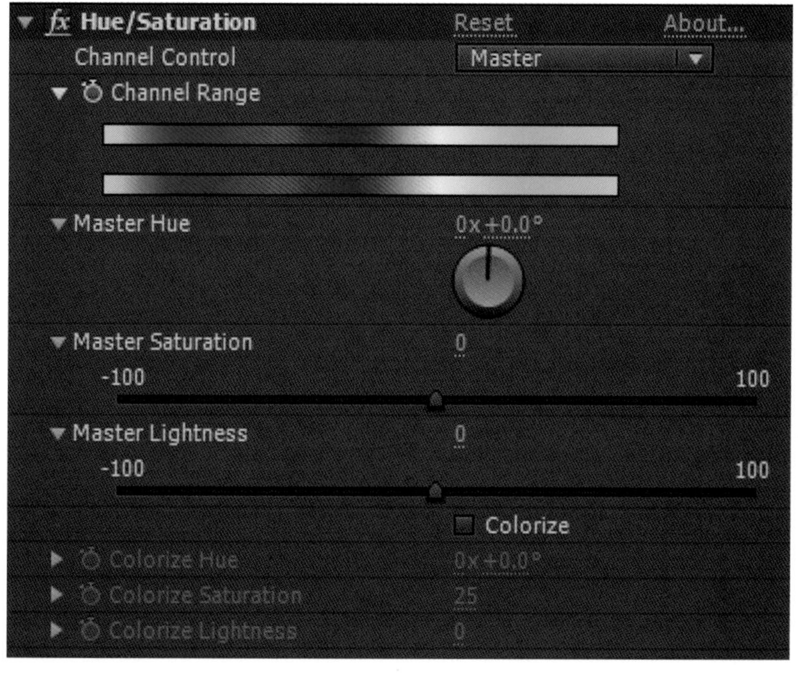

图8.5 色相/饱和度效果默认值及其属性。

- 通过改变主色相颜色轮，你可以移动包含在层内的色相。从根本上，色相/饱和度将颜色空间转换为HSL，在这里色相和饱和度与明度分开。从数学颜色模型的角度来说，通过在圆锥或者圆柱体代表模型上所有的色相的位置，可以辨别出色相。这样，你就可以“旋转”圆锥体或者圆柱体，从而改变层内的色相。例如，设置主色相为-50，将层内橙色改变为紫罗兰色，蓝色改变为蓝绿色（图8.6）。注意，你可以向着任何一个方向旋转颜色。0设置和360设置等同，-50和310等同。

图8.6 左图：未分级层。中图：和主颜色轮同层，设置到-50。右图：和主颜色同层，设 置 到30。Photo© 2014 kevron 2001/ Dollar Photo Club.

- 主饱和度和主明度滑动条控制其常用名称。增加饱和度产生下面实际的效果：增加颜色通道之间的对比度，有利于明亮度通道。例如，如果红色通道比绿色和蓝色通道数值微高，增加饱和度夸大红色、绿色和蓝色之间的数值差距。红色接受到更高的数值，而绿色和蓝色接受到减少的数值。另一方面，增强明度推动着所有三个通道的数值，作为一个单位，达到范围极限。举例说明，增强明度将会推动着数值以8-bit的比例接近255。这使得层看上去缺少饱和度，呈现出更多的白色。阴影看上去更亮，这是因为之前明亮区域被定在了最大比例值，例如255。
- 你也可以通过选择上色复选框给层着色。着色刷给层去色这样它就是灰色级；然后通过层的着色色相轮给层还原色相。这和染色过程很相似，有助于给层强烈的色偏。通过控制着色饱和度和亮度滑动条，你可以控制着色结果的饱和度和亮度。

染色效果产生和色相/饱和效果的着色特点相似的结果。然而，其运行原理是使用吸管工具，将黑、白两色分别替换为自选的两个颜色（图8.7）。通过设置染色深度值应用程度，你可以将原有值和染色结果混合。

颜色链接效果也可以着色。然而，着色颜色由目标层内的平均像素决定，这些你可以通过源层菜单选择。此外，CC Toner效果基于阴影、中间色调和突显目标颜色基础上给层着色。

颜色平衡效果允许你手动调节红色、绿色和蓝色通道之间的平衡。

图8.7 染色效果适用于映射黑色设置到暗红色和映射白色设置到橙色的层。

效果将颜色平衡分解成明亮区域，并且伴有阴影，中间区域和强调滑动条合成（图8.8）。如果你将滑动条提到0以上，相关的颜色通道接收到更高值。剩余的两个通道不受影响。但是，因为红色、绿色和蓝色总体混合，层变化的色相结果已更新。以相似的方式，如果你将滑动条降低到0以下，相应的颜色通道将会接收到降低值。此外，效果提供了保持明度复选框，随着颜色的变化，保持明度（复选框）维持影像的平均明亮度；如果滑动条提高到0以上，这将有助于防止过度曝光。颜色平衡效果提供了有效的方法，通过改变通道平衡，匹配黑色和白色，改变色偏。

颜色平衡（HLS）效果和色相/饱和度效果的操作方式相似。很多After Effects效果的功能相同。尽管在调整层的时候，这给了你非常有竞争力的选择，但是这也给了你选择效果的灵活性，这些效果的特性给你提供了最有效的设置和用户界面。

fx Color Balance	Reset	About...
Shadow Red Balance	0.0	
Shadow Green Balance	0.0	
Shadow Blue Balance	0.0	
Midtone Red Balance	0.0	
Midtone Green Balance	0.0	
Midtone Blue Balance	0.0	
Highlight Red Balance	0.0	
Highlight Green Balance	0.0	
Highlight Blue Balance	0.0	
	Preserve Luminosity	

图8.8 颜色平衡效果的默认值及其特点。

使用明亮度和对比度

After Effects中很多效果是为了改变影像的整体明亮度/暗度而设计的。此外，After Effects效果也会改变层内部对比度。研究这些效果的分布图，是理解这些效果所起到的作用的最佳方式。直方图，从数码影像处理方式来看，是体现数值分布的图表。通过直方图，你可以判断影像是高对比度还是低对比度，或者影像无法包含在特定范围内的像素值。例如，“水平特效”中包含一个自带的直方图。从左到右运行数值范围，暗数值的地方和图表左侧对应，明亮数值和图表右侧对应。每一条垂直线代表画面像素的数量，画面有特定的数值（图8.9）。全部像素均有体现，尽管小尺寸的直方图意味着其分布是以简化的方式画出来的。默认情况下，红色、绿色和蓝色线条相互交错，展示了所有的三种颜色通道的分布。此外，白色线条叠加在颜色线条上。为了更加清晰地看到单独的颜色通道，你可以将通道右上方菜单改为红色、绿色或者蓝色，这将会把选择的通道的线条放置于其他线条前面。

当你应用某种效果，改变明亮度和/或对比度，层内的数值分布改变。你可以把这种分布看作为一种推动、一种延伸或者一种压缩。例如，如果你使用明亮和对比效果，你可以通过下列方法改变直方图和层：

向白色推动 推动数值至直方图右侧（图8.10）。当延伸左侧的分布时，数值分布压缩出现在右侧。随着有些数值达到颜色空间的最大值，影像的结果更加明亮，例如255（图8.11）。

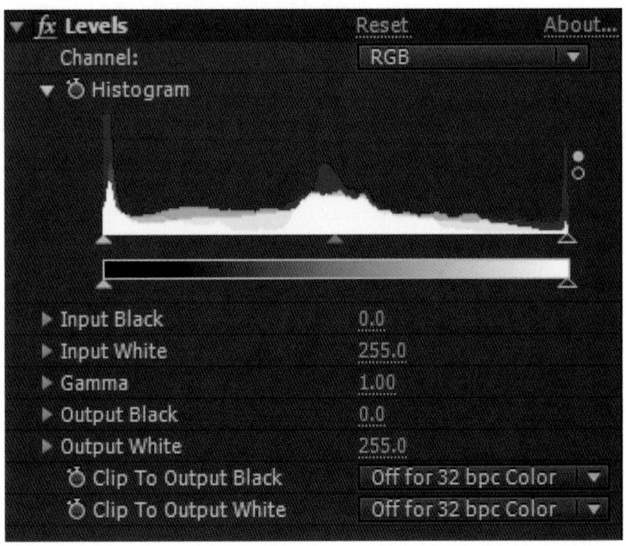

图8.9 水平效果直方图，适用于图8.6中的未分级影像。

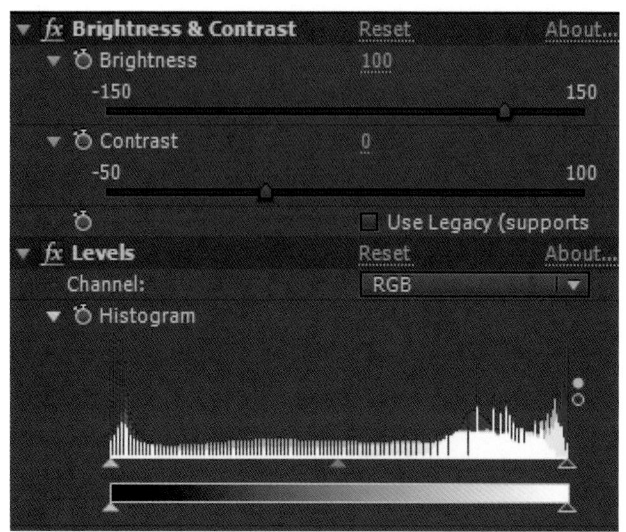

图8.10 应用明亮与对比和水平效果。明亮度设置为150。直方图反应变化。

图8.11 明亮和对比效果的结果。

向黑色推动 数值向直方图左侧推动。当右侧分布延伸，数值分布压缩出现在左侧。随着某些数值达到颜色空间的最小值——通常为0，结果影像看上去更暗。你可以通过将明亮和对比效果数值降低到0，来实现这样的效果。

向黑色和白色延伸 向左侧和右侧推动数值。在左侧和右侧压缩数值分布，从中间向两侧延伸。这将使得中间的分布逐渐变平，但是最暗部分和明亮区域的高峰增加（图8.12）。从而导致图片有明显的整体对比度。

向中间色调压缩 向中间色调推动数值。数值分布压缩在中间部分。从左侧和右侧向中间色调延伸。这样做直方图中两端的分布将会平滑。但是增加中间色调的高峰，这将导致图片整体对比度更小。明亮和对比效果的对比值降低到0，可以实现这一目标。

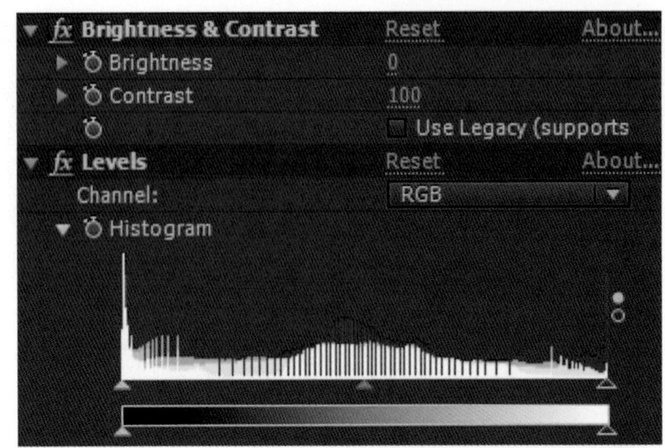

图8.12　明亮&对比和水平效果被应用。对比度设置到100。直方图反应变化。

图8.13　使用明亮和对比效果的结果。

你可以在层上使用任意颜色效果合成。事实上，你可以使用默认设置的水平效果，简单查看其直方图。然后，你使用效果的顺序很重要。After Effects首先应用最重要的效果，然后逐一按照其方式进行工作。通过LMB-上下拖动效果面板的效果名称，你可以在任何时间内自由重新排序。

当你用高或者低的特性值，过度使用颜色效果的时候，存在直方图合成的潜力。合成是数值分布的伸缩，通过这种方式，有些数值没有携带像素，直方图中出现的空隙很像梳齿。严重的梳理会导致降级，这样，颜色（也称为颜色偏差或者色调分离）之间的过渡也不再流畅。例如，在图8.14中，过度变暗导致天空颜色偏差。你可以参考本章前面的图8.10和图8.12中的直方图的梳理。

通过加入曲线效果，你可以更精确地控制明亮度和对比度。利用曲线效果，在图表中，你可以交互插入和移动曲线控制（有时候称为反应曲线）的曲线点。图表底部代表最暗的现有值（0），图表上部代表最明

图8.14　天空出现颜色偏差。

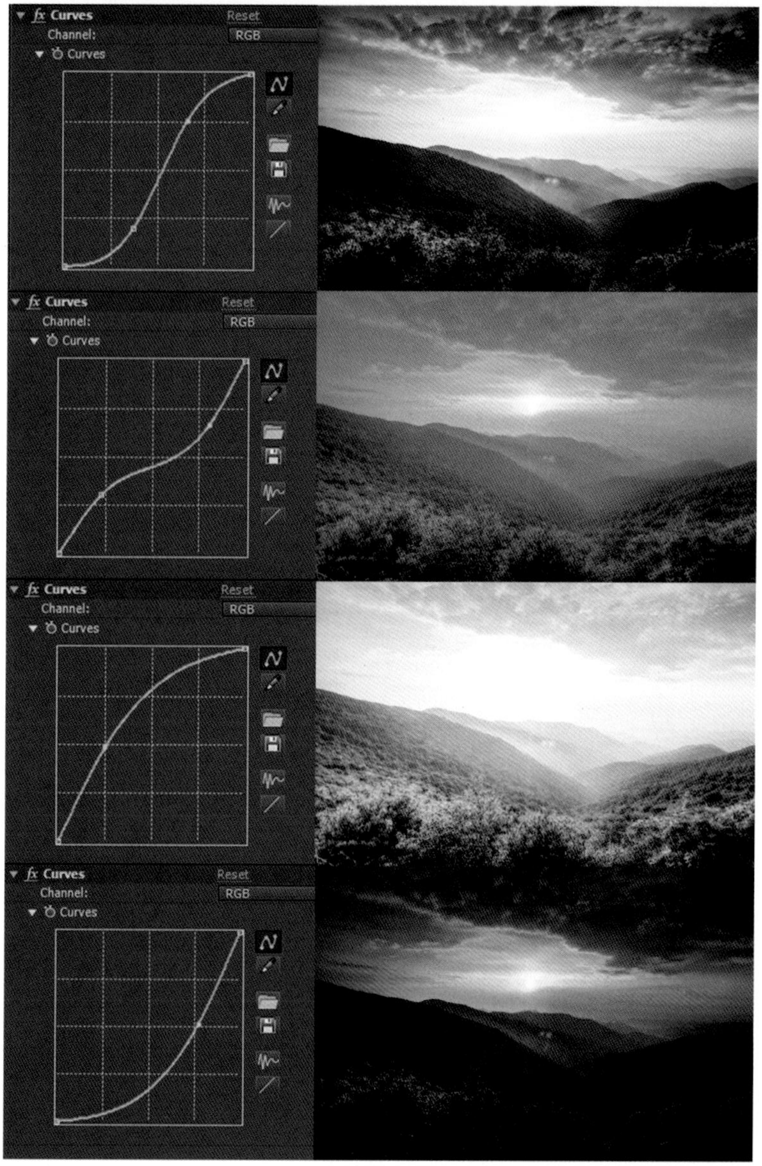

图8.15　从上到下：增加的对比度、减小的对比度、增加的明亮度和增加的暗度，和曲线效果产生的自定义曲线，如同在After Effects CC 2013版本中见到的一样。

亮现有值（例如8-bit比例中的255）。基于曲线的形状，特效将图层的输入值映射为新的输出值。这样，在8-bit空间内，默认曲线重新映射0到0，128到128，255到255，不会发生变化。然而，非默认曲线形状会产生可以预测的变化，如图8.15所演示，在这幅图片中，S形状的曲线增加了对比度。内置S形状的曲线减小了对比度。上弓形的曲线增加了整体明亮度，下弓形曲线增加了整体暗度。

为了插入新点，利用LMB-点击曲线。为了降低某个点，利用LMB-拖动它。通过点击图形右下角的重置按钮，你可以重置曲线。默认情况下，在RGB上进行操作可以获得同样的效果。然而，通过改变图形右上方通道菜单，你可以将单一通道变为红色、绿色、蓝色或阿尔法。效果保存每个通道独特的曲线。

注意如果通道以互不重叠的方式进行改变，CC 2014和CC 2015曲线效果同时展示了其他通道曲线。通道曲线图上的颜色和通道名称相匹配。主RGB曲线保持白色，透明度曲线是深灰色。一旦曲线可见，你可以改变任何曲线。如果看不见曲线，将通道菜单改成适合的通道。CC 2014和CC 2015曲线效果也包括左上方的图形尺寸按钮。

除了展示直方图，你也可以通过水平效果改变明亮度和对比度。直方图有三个控键，对应一个黑色点，一个白色点，和一个伽马值（图

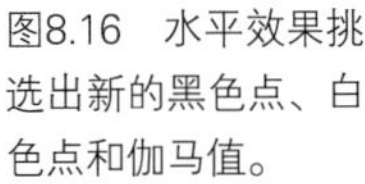

图8.16　水平效果挑选出新的黑色点、白色点和伽马值。

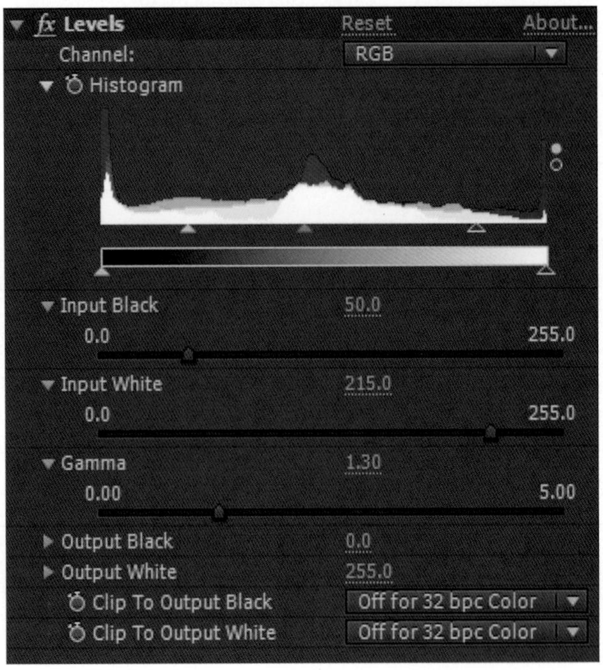

8.16)。控键是小三角形，位于直方图颜色线的正下方。例如，如果你移动左控键，黑色点再次出现。控键左侧值本质上被抛到一边，被0黑色取代。黑色点控键实际上推动输入黑色属性滑动条，输入黑色显示了新的黑色点数值。

右侧直方图控键重设白色点，并且推动输入白色滑动条。你如果将控键拉到左侧，控键右边的数值被抛开，由现有的颜色空间最大值取代。这将导致影像的大部分呈现纯白色。当你移动黑色点控键或者白色点控键，伽马值控键也会移动，并且停留在新的范围（数值总范围通常指的是色调范围）的中心。

如果你手动移动中间控键到右侧，影像将会变暗；如果你手动将中间控键移动到左侧，影像将会变亮。中间控键远程推动伽马值滑动条。伽马值代表动力曲线指数，这种动力曲线用来调整影像的总体明亮度和对比度。

大致而言，图形的黑色点看上去是最暗的像素（纯黑色），白色点看上去是最明亮的像素（纯白色）。然而你拥有选择权，通过改变水平效果的输出黑色和输出白色属性值，选择最暗值和最亮值。例如，如果你将输出黑色设置到25，输出白色为200，层内的最低像素值是25，最高像素值是200。这使得层产生逐渐消失的效果（图8.17）。

就像After Effects的很多效果，水平效果会自我调整到适合目前项目的位深。例如，如果你目前运行16位，滑动范围升级到能够展示正确的16位值（再次提醒，After Effects 16位空间实际上是15位）。如果你目前运行32位，水平效果可以产生超级白色或者超级黑色值（0以下）。通过改变剪辑到输出黑色和改变剪辑到输出白色菜单开启，你可以迫使效果将数值从0剪辑到1。

图8.17　高输出黑色值和低输出白色值，层看上去逐渐消失。

After Effects也包含水平（Levels）效果（个体控制）。这和使用水平工作的方式相同，但是将属性分为红色滑动条、绿色滑动条和蓝色滑动条。

使用基数（Pedestal），增益（Gain），伽马和照片滤镜

After Effects中的一些颜色效果术语是从电影和摄影行业中借用。例如，你可以调整带有“伽马/基数/增益”效果的明亮度、对比度、黑色点、白色点。

通过这种效果，基数滑动条控制每个通道的黑色点。负值相当于提高水平效果的输入黑色值的数值。例如，红色的基数 a-1.0数值会导致大部分红色通道携带0-黑色值。这会使得层的红色减少，蓝色和绿色增加（图8.18）。如果你将基数滑动条提高到0以上，大量的通道颜色会插入到层内。在特定的通道中，把合成预览窗口中的“显示通道和色彩管理”钮改为通道名称，例如红色，你可以看到效果的结果。每个通道看上去是灰度级的图片，这代表每个通道像素的明亮度/强度。

图8.18　左图：未升级红色通道。中图：红色通道，红色基数设置为-1.0。右图：RGB视野的结果。

伽马/基数/增益效果也提供了增益滑动条。每条颜色通道因此变亮或者变暗。伽马滑动条和增益滑动条结果相似。然而，伽马滑动条会产生更加微妙的结果，因此，数值很可能被向下推到0黑色或者向上推到最大值白色。

另一方面，照片效果筛选器模仿放置在真实的照相机镜头前的物理筛选器。因为阻碍了一些颜色波长和扩大其他的颜色波长，筛选器影响视频场景或者照片的整体颜色平衡。过滤器虚拟厚度和效果强度由密度属性设定。例如，将筛选器设置为制冷筛选器（82），密度为75%，将白色亮度转换为青色（图8.19）。

将筛选菜单设置到客户，通过颜色属性选择一种颜色，你可以创建自己的客户筛选器。尽管结果与染色效果的结果相似，染色的饱和度与照片筛选器效果更加微妙。

使用有风格的颜色效果

大量的颜色效果设计的目的是为了创建超现实或者虚幻的效果。尽

图8.19 照片筛选器效果“制冷”层。

管这些对传统的颜色分级没有帮助，但是你可以将一小部分用于更加复杂的合成。例如，在创造激光束、平视显示器、外星现象或者科幻主题镜头中的大门的效果的时候，它们可能非常有用。

彩光效果允许你重新启用特定的颜色范围或者用新的颜色代替特定的颜色。这是通过交互地调整“输入”和“输出循环”而实现的。(图8.20)，实现这些效果。以相似的方式，“变化颜色特效”可以通过使用“从……到……属性”将某个颜色替换成另一个颜色。

看到风格效果潜力的最有效方式是使用这些效果，并且实际应用属性值。其他的风格效果包括黑色和白色（将层转换为灰色级）、CC颜色偏移（允许你通过调整单个色相轮，偏移每种颜色通道）、通道混合器（混合目前通道，改变颜色通道）和离开颜色（去除层饱和度，除了已经选择颜色的层）。

图8.20 左图：彩光效果转变了层的所有色相。右图：颜色效果变化使用一种颜色代替了另一种颜色。

校色插件Color Finesse 3介绍

Synthetic Aperture Color Finess 3LE 插件提供了大量的颜色分级工具。你可以“效果>Synthetic Aperture”菜单而进入此插件。

当你使用这种效果时，你可以选择使用简化界面，位于效果控制面板。扩大简化分界面部分，进行选择。你也可以通过点击同名按钮选择全分界面。完整分界面发布在不同的窗口（图8.21）。窗口有几个独特的特点，在这部分进行简单讨论。

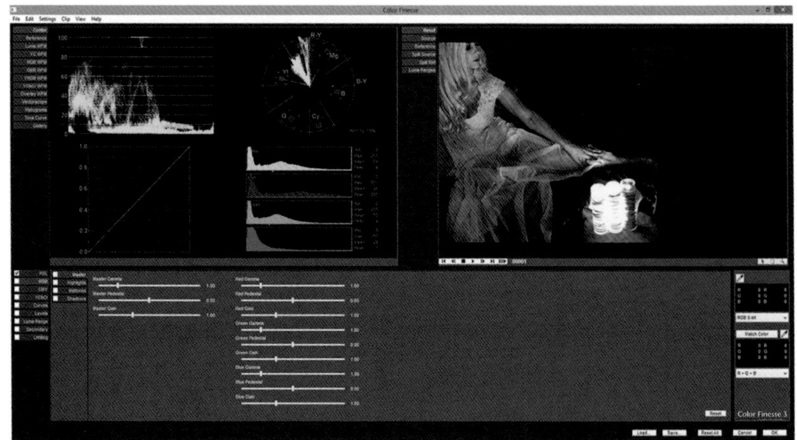

图8.21 校色插件the Color Finesse 3 LE全界面窗口。图形读数展示在左上方，带有亮光的波浪形状和位于这个区域上方的向量示波图。

Color Finesse 包括一系列图形读数（readout），在它们用在广播电视和视频制作行业后，组成一定模型图案。你可以通过点击位于左上方栏目的读数名称，获得它们。例如，向量示波图显示出分布或颜色空间的颜色光谱的颜色值。向量示波图将光谱分成颜色轴，包括红色、洋红、蓝色、青色、绿色和黄色。这些颜色用R、Mg、B、Cy、G和YI代表。当色相由环绕着圆柱读数的周长表示的时候，色度（关于颜色和白色之间的区别的饱和度）是由中心点到外边部表示。例如，在图8.22中，绿色屏

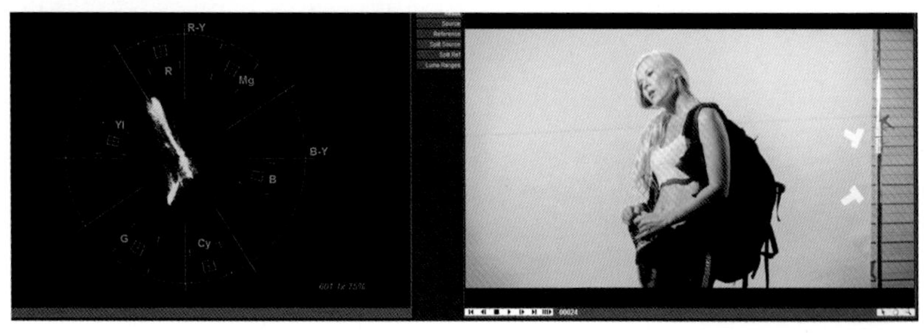

图8.22 绿色屏板的矢量示波图视图。

板沿着绿色轴（为了绿色屏）和红色轴（为了皮肤和头发的基调）将点生成串。

插件也提供了几种波形显示器。它们列表为WFM，是为几种不同颜色通道和颜色空间设计，包括标准RGB，亮度（仅仅是亮度）和YcbCr（颜色空间，亮度和色度分开）。伴随这些波形图，展示了像素密度分布。垂直刻度从0到1.0，标志着0-黑色和最大值-白色的范围。左右方向和影像的左右部分互相关联。例如，在图8.23中，左侧和右侧的“翅膀”和图8.22中看到的显示板的绿色屏幕区域的左侧和右侧相对应；中间一串点和画面中间的女演员相对应。波形提供了一种方式，估测影像大概的明亮度和对比度以及画面（从左向右读）的不同区域如何互相关联。如果你选择了一种波形，这种波形有多种通道，像RGB，不同的波形互相展示。并排比较通道允许你评估颜色饱和度（颜色通道之间的对比）和任何色偏。注意插件也提供直方图读数。

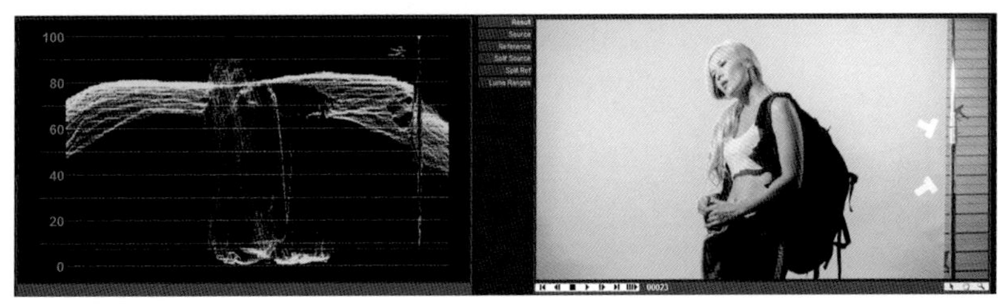

图8.23　同样的绿色屏板上的亮度波形图视图。

Color Finesse窗口稍向下方的左部分包括一组滑动条，可以调整普通颜色合成包括亮度、对比度、伽马值、基座（pedestal）、色相和饱和度。滑动条分为主要部分、突出部分、中间部分和阴影部分。此外，你也可以选择颜色空间，在这个颜色空间里，沿着项目底部左栏，选择一个空间来应用滑动条。

你可以点击OK按钮，进行任何调整，然后关闭窗口。你可以把Color Finesse和其他颜色效果结合使用。

HDRI工作流程概述

After Effects通过“文件>项目”设置窗口里的“深度菜单”（Depth menu），提供32位浮点颜色空间，从而支持HDR影像。（如果想要获得更多有关颜色空间选择的信息，请参考第一章。）HDR静止影像或者影像场景由几种方式产生：

- 3D项目，例如Autodesk Maya设定为32位浮点缓冲渲染。

- 一个物体的多样化的照片与特殊的HDR软件相结合，例如HDR Shop。多样化照片用来正确曝光地点或者场景的每一部分。

HDR影像格式由After Effects支持，包括Radiance文件（通常以.hdr结尾），OpenEX（有32位浮点变化）和TIFF（也支持32位浮点变化）。32位颜色空间不同于After Effects的16位，在After Effects中只有32位带有浮点建构。浮点建构允许任意十进位精度，在这里存储的数值可能令人难以置信的小，像0.0000000001，或者难以置信的大，像1.5×10^{12}。这会带来两方面主要的好处：高水平的精确性和比8位或者16位能够支持的更大的颜色范围。32位影像的短处是无法看到所有存储在8位和10位监测器（普遍通用的）上的数值。当你用After Effects观看32位影像时，你看不到视图面板中的超级白（1.0以上）数值或者超级黑（0以下）数值。你仅仅能够看到信息板上的数字打印值。当渲染出一部作品时，仅有有限数量的格式支持32位颜色空间。此外，几乎所有的媒体目标（广播视频和电影胶片等）仅仅运行8位或者10位。然而，After Effects提供了几种效果，管理和改变HDR影像。我们将会在这里描述这些效果。

HDR压缩扩展器（效果>应用）

此特效将高位深图像中的值压缩或扩展至可以匹配一个较低位深的范围中。因此，你可以压缩HDR影像序列发现的数值，以便于这些数值可以降低到0–1.0，这样可以在8位监测器上显示。例如，在图8.24中，OpenEXR影像序列携带的数值在0–1.7。1.0–1.7的数值看上去呈现纯白色，没有变化。通过增加的HDR压缩效果，数值回到0–1.0范围。尽管层整体看上去更暗，但是更加柔和的颜色变化出现在围绕着蜡烛的最明亮的区域。增益属性控制压缩。增益携带的数值代表最高的HDR值，已经被压缩到新的0–1.0的数值范围。1.0以下的增益值扩展范围，因此更多值

图8.24 左图：未分级OpenEXR序列数值范围从0–1.7。右图：HDR压缩扩展器结果，增益设置到2.0，伽马值设置到1.75。此项目文件：compander.aep，被保存在\Project Files\ae Files\Chapter 8\目录下。

被推到了超级白，这可能对8位值扩展到32位空间有所帮助。除此之外，为获得满意的结果，提供了伽马值滑动条。例如，如果你增加伽马值，无须将数值推到1.0以上，阴影部分就可以变得更加明亮。

HDR高亮压缩（效果>应用）

与HDR压缩扩展器很相似，HDR高亮压缩器压缩超级白色值到0-10范围内。然而，它仅仅压缩亮点，不会影响中间值或者阴影区域。它的唯一的属性“程度”，决定了压缩的严重程度。如果总数设置为百分之百，影像的数值不超过1.0。

曝光（效果>颜色纠正）

曝光效果设计的目的是用来调整HDR影像色调范围。曝光特性仿效真实的照相机的光圈范围。一个光圈范围是一个数字，这个数字来自由直径小孔分开的镜头焦距。随着光圈范围的每次增加，进入电影或者视频的光线数量分成两半，因为小孔的尺寸减小。正面曝光值比目前像素值成倍增加，赋予其更高值，看起来更明亮。反面曝光值减少像素值，使得看起来更加暗。偏移特性使得阴影值和中间值变亮或者变暗，不会影响亮点。

章节教程：颜色分级效果

通过此教程，我们将会回到早期项目，增加颜色分级内容，完善这些项目。我们将从第四章的动作追踪项目开始：

1. 打开第四章教程目录的教程_4_ finished aep，它以墙上的边角定位跟踪标识为主要特点。标识的颜色明显与视频影像序列（图8.25）不同。
2. 在合成视图上拖动鼠标。注意项目窗口右上方信息板上的数值读数。数值的范围应该是0-255。如果数值范围不是，点击控制板按钮，选择自动颜色显示或者8Bpc(0-255)。(基于目前项目的位深，自动颜色显示会改变读数。)
3. 将鼠标放在合成部分，最靠近纯白色的部分。例如，将你的鼠标放在墙上的一个圆钉补丁上或者女人前臂的绷带上。注意读数。圆钉补丁的读数粗略是RGB70，135，170。这表明蓝色通道最大值是60%（170/255），而绿色是53%，红色是27%。与红色相比，

图8.25 动作跟踪但是未分级的标识艺术。

这几乎是蓝色在白色区域的三倍。研究一个图层的“白点”有助于我们判断如何进行颜色分级标识艺术，以便它更好地适合场景。

4. 为了正确分级标识，我们需要研究标识的数值。因为标识不包含我们认为是白色的部分，我们的注意力集中于红色和黄色区域。把鼠标放在标识的黄色部分。在这里，绿色和蓝色几乎等同于30，而红色大概是155。尽管，镜头的白色点特别蓝，但是标识包含一点点蓝色。

5. 选择标识层，选择“效果>颜色纠正>颜色平衡”。颜色平衡效果出现在边角定位效果之后。将阴影蓝色平衡、中间蓝色平衡和亮点蓝色平衡改变到100。读标识上的红色区域和蓝色区域的数值。蓝色成分的黄色增加，但是在红色区域，本质上相同。这表明通道本质上连接。

为了增加蓝色的数量，你也必须调整红色滑动条和绿色滑动条。减少红色滑动条和绿色滑动条数值，进行试验。判断标识的黄色值是否正确，你可以将它和在女人头发中找到的黄色相比较。数值粗略是RBG65，85和85。为了判断红色值是否正确，你可以将红色值和在女人指甲中发现的红色相比较。数值粗略为RGB50，20和40。通过这种方式，你可以比较其他颜色的点。例如，图8.26使用下列滑动条数值：

阴影红色平衡 -40

阴影绿色平衡 -25

阴影蓝色平衡 100

中间红色平衡 -75

中间绿色平衡 -60

中间蓝色平衡 100
亮点红色平衡 -100
亮点绿色平衡 -25
亮点蓝色平衡 100

图8.26　颜色分级结果，使用颜色平衡/色相/饱和度和快速模糊效果。

6. 当你调整的时候，尽管读画面上的红色、绿色和蓝色值非常重要，但是做出美学上的判断，判断哪种设置看上去是最佳的也同样重要。甚至在颜色平衡效果调整后，强烈的红色区域使得标识看上去饱和。通过添加颜色效果，能够改变这一点。例如，添加色相/饱和效果，将主饱和值减小到-50。
7. 作为最终的一笔，你可以使得标识艺术画变得柔化，更好地符合影像序列。对于已经选择的标识层，选择“效果>模糊和锐化>快速模糊”并设置模糊值到2。回放时间轴。颜色分级完成。项目存储在\ProjectFiles\aeFiles\Chapter8\directory\目录下，文件名称为：project_ 4_graded.aep。

你可以将相似的颜色分级技术应用到\ProjectFiles\aeFiles\Chapter8\directory\目录下的文件：the color_pin_offset.aep。然而，这个项目中，主导颜色是紫色（强烈的红色和蓝色）。因为镜头的紫色色偏非常强烈，你也可以使用染色效果更好地和标识融合。如果想要达到这样的目的，可以根据下列的步骤进行：

1. 打开文件：the color_pin_offset.aep。选取标识层，并且选择“效果>颜色矫正>染色”。到效果控制面板。
2. 使用吸管工具将黑色替为图中一个深色。使用吸管工具，将白色替换为图像中一个亮色。标识调成紫色（图8.27）。

图8.27　左图：关闭未分级标识。右图：使用染色效果的标识分级，给予强烈的透明度。

3. 如果标识不容易看到，提高标识层的透明度（例如，设回到100%）。你也可以调整选定的染色，通过直接点击颜色转换键，在颜色选择窗口选择新的颜色。颜色分级完成。示例项目保存为：corner_pin_offset_graded.aep，保存在\ProjectFiles\aeFiles\Chapter8\directory\目录下。

曲线效果有简单的分级方法，通过调整层的整体亮度和对比度。例如，你可以结合第七章演示的太空飞船渲染。需要遵循下列步骤：

1. 打开\ProjectFiles\aeFiles\Chapter7\directory\目录下的文件：passes_matte.aep，找到Comp 2。注意太空飞船是由多种类型的层组成。反射部分和主渲染部分分开。
2. 选择Comp 1嵌入层，选择"效果>颜色纠正>曲线"。在原有的曲线效果上，加入新的曲线效果。可以给一个图层多次叠加某种特效。增加向上的新曲线效果最左边的点（图8.28）。这增加了太空飞船的阴影部分值。这将创造一种大气层烟雾弥漫的感觉，因为太空飞船的任何部分不能达到0-黑色。这更好地与烟雾弥漫的背景层相匹配。
3. 曲线效果默认影响所有的三个颜色通道。然而，你也可以改变上方右侧通道菜单，调整单个通道。例如，把菜单改变为蓝色，曲线中心稍微向上弓。把菜单变成绿色，曲线中心稍微向下弓。移动中间色调平衡接近蓝色，这和图片中看到的山峰的颜色更加匹配（图8.29）。颜色分级完成。示例项目文件：passes_matte.aep，保存在\ProjectFiles\aeFiles\Chapter8\directory\目录下。

没有必要对整个层平均使用颜色分级。例如，你可以使用遮罩，将颜色分级局限在特定区域。举例说明，我们可以利用这种技术在绿色屏幕镜

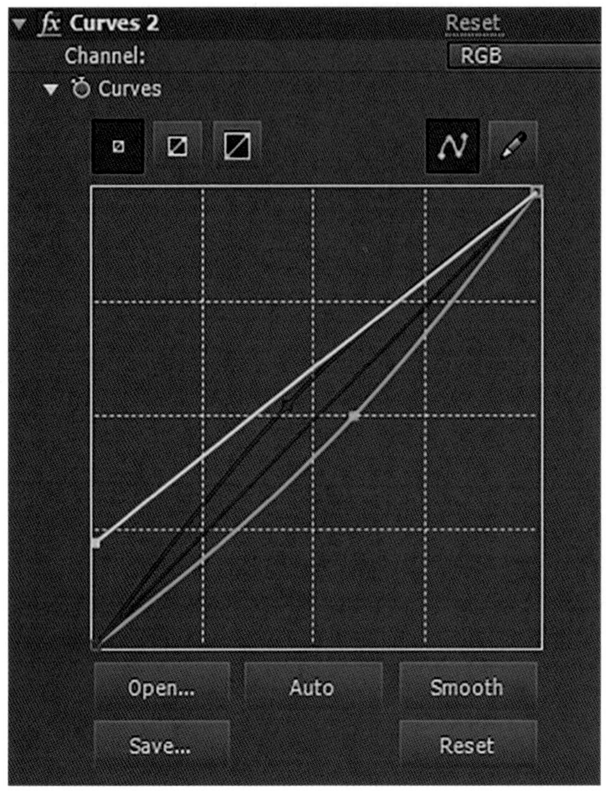

图8.28 为了使得阴影部分变得更加明亮（如在CC 2015中看到的一样），主RGB曲线左侧被提高。蓝色曲线呈现上弓形，绿色曲线呈现下弓形，中间色调平衡向蓝色转变。

图8.29 左图：未分级飞船。右图：曲线效果分级飞船。RGB绿色和蓝色曲线已调整。

头上创建阴影区域，我们在第二章和第三章已经进行过。遵循下列步骤：

1. 从\ProjectFiles\aeFiles\Chapter8\directory\路径打开文件：tutorial_8_start-aep。在Comp2。这是一名女演员在绿色屏幕前的镜头特写。绿色屏幕从Comp1降低。新的3D渲染作为Comp2的一部分新背景导出。在这点上，不使用颜色分级。
2. 选取Comp1嵌入层，选择“编辑>复制”。选择新的顶部Comp1层。使用钢笔工具，大致画一张封闭的遮罩，将女演员的脸部左侧和身体分开（图8.30），将遮罩羽化改为300。

图8.30 绿色屏幕层的新副本，做上标记，与左侧分开。

3. 选取顶部层，选择“效果>颜色纠正>颜色平衡”、“效果>颜色纠正>曲线”和“效果>颜色平衡>色相/饱和度”。调整效果，使得左侧变暗，更多呈现黄色，与背景渲染相匹配（见本章开始的图8.1）。
4. 你也可以自由地在下层的Comp1层中使用颜色特效，更改女演员的右侧。在制作阶段，作品的不同区域的颜色分级提供了方法，可以有创意地“重新点亮”镜头。然而要记住，如果主题——例如女演员移动，遮罩必会随着时间进行动画制作。此项目各阶段的范例保存在\ProjectFiles\aeFiles\Chapter8\directory\目录下，文件名为tutorial_8_finished-aep。

破坏修复和处理

一般来说，视觉效果合成的目标是无缝地整合各个元素。例如真人动画、3D动画、数码绘景技术，等等。这个任务部分需要移除或整合瑕疵，这些瑕疵是在拍摄动态电影、模拟视频或者数码视频自然产生的。颗粒和噪声是正常的瑕疵，你可以在After Effects中移除。相反的，你可以选择在缺少噪声或者颗粒的元素中添加噪声或者颗粒，例如3D渲染。随机出现的瑕疵，包括划痕或者灰尘，需要复杂的技术移除或者添加。After Effects中的绘画工具设置提供了一种方法，通过修图（图9.1），移除随机瑕疵和任何不需要的元素。另一种修复的方法涉及增加变形效果。

本章包含以下重要信息：

- 添加噪声、颗粒和相似的电影和视频人造物
- 降低噪声和颗粒
- 使用绘画工具修补和更改素材

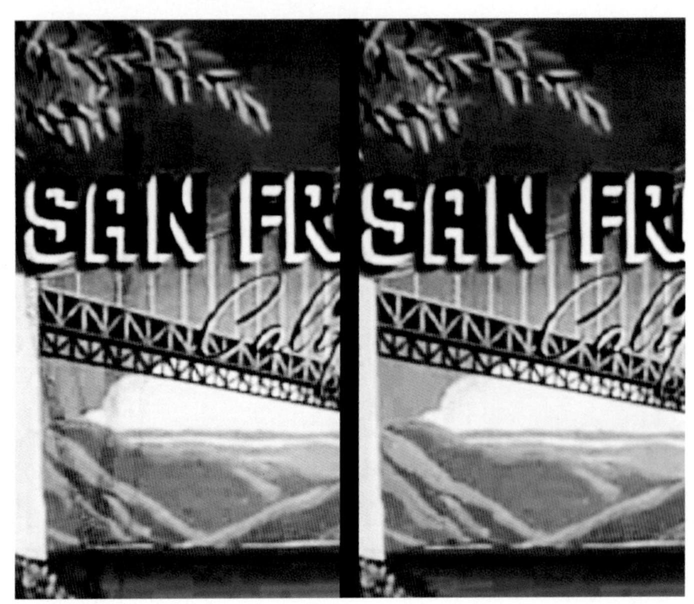

图9.1　左图：破损的动作影片素材，在画面左侧有两大块划痕。右图：同样的素材，经过绘画工具修补。本章后面的“去除影片破损”新手指南中对此过程进行阐述。

噪点、颗粒和压缩块

电影胶片使用赛璐珞或者塑料基板捕捉影像，这些塑料基板涂有微小的感光银色卤化物晶体的明胶。晶体的存在创造出“胶片颗粒”的外表（图9.2）。颗粒随着画面变化，因此看上去是连续的动作。颗粒的尺寸、颜色和对比度因为每张特定的电影底片而变化。

相比较而言，当光子在低光线场景下，任意打在传感器上的时候，或者当任意电子信号系统出现的时候，视频噪点产生。视频噪点是一个

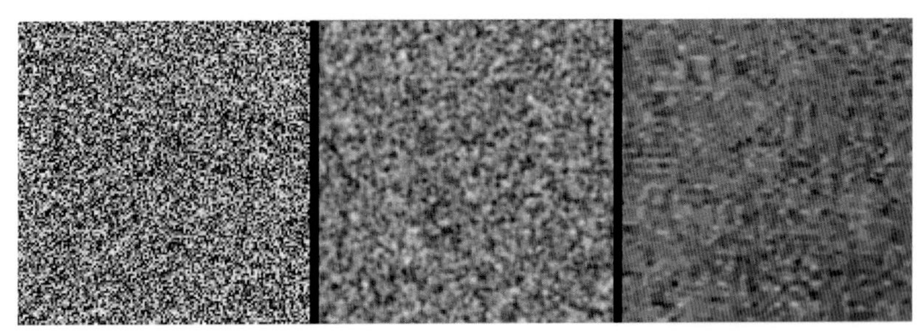

图9.2　从左至右：胶片颗粒、视频噪点以及视频压缩块在当它们可能出现在一个灰色的区域时的对比。

像素、颜色与亮度的随机变化（图9.2）。当仅有噪点时，视频静止（这就是为什么没有信号时，电视里是静态画面）。

为了减小文件尺寸（图9.2），由压缩运算法则创建，视频压缩块呈现不规则形状的长方形。压缩块和噪声同时出现在视频序列中。尽管专业的数码照相机遭受更少的噪声和压缩块，但是所有的数码视频在一定程度上都携带着瑕疵。

降低噪点和颗粒

After Effects提供“效果>噪声&颗粒”菜单。你可以使用菜单中的噪点和颗粒降低效果，降低噪点或者颗粒。你可以遵循下列步骤：

1. 当你使用降低颗粒效果的时候，结果出现在一个白色的预览箱中（图9.3）。通过LMB-拖动盒子中心，你可以将预览箱移动到画面的不同地方。通过改变预览区域的宽度和高度值，你可以改变盒子尺寸。由于去除噪点进程的计算量比较大，最好在预览小的区域的时候，微调效果。

图9.3 特写，一张颗粒状的动态电影剪辑。降低颗粒效果在白色预览箱内减少颗粒。素材保存在ProjectFiles.\Plates\NoiseGrainScratches\Grainy\directory\ 目录下，文件名称为：Grainy##.png。

2. 在“噪点消除”部分中，提高或降低“去噪”属性来调整特效的程度。目标是为了降低噪点和颗粒，而不过分削弱影像效果。为了进一步调整结果，你可以改变通过值，可以设置交互降低通道的数量。降低通道属性值便会带来斑点。你也可以选择使用通道噪点降低功能部分，调整每个通道的降低结果。彩色电影和视频通常在红色、绿色和蓝色通道里产生不同程度的噪点。你可以在任何时候使用视图面板中的展示按钮菜单，观察颜色通道。
3. 你可以通过提高锐化滤镜部分的程度值，再次锐化结果。锐化滤镜过程增加边缘对比度。高对比区域范围由半径属性设置。谨慎使用这部分。过多锐化可能会暴露或者夸大额外的瑕疵，例如压缩块、灰尘或者其他的损坏。

4. 当你对设置满意的时候，改变视图模式菜单，从预览改为最终输出。沿着时间轴，测试在不同画面下的设置。

此短片出自Soundie：Reg Kehoe and his Marimba Quees，这是Prelinger Ardines制作的短片，由Creatine Commous Public Dowqin授权。想要了解更多信息，请访问www.archive.org/details/prelinger.

有很多第三方插件，可以进行降噪处理。例如，Neat Video Reduce Nose插件提供了高级降噪技术。下面的教程描述其应用。

降噪插件Neat Video新手指南

使用降噪插件Neat Video，应遵循下列基本步骤：

1. 选取包含噪点和颗粒的图层，选择“效果>Neat Video>减小噪点”。
2. 在效果控制栏，点击选择链接，位于降噪属性区的顶部。不同的窗口打开。
3. 降噪过程的第一步是在变化很少的画面（例如空无一物的天空或者空白墙）区域内，辨别噪点。如果你点击左上方的自动文件按钮，插件可以自动辨别出区域。蓝色正方形会出现在相同区域。如果正方的尺寸小于128×128像素，一个警告框会打开。尽管如此，你可以点击是（Yes）按钮，选择建立噪点文件。噪点模式区域越大，插件就越成功。然而，插件通常都会在小区域工作。
4. 另外，你可以LMB-拖动插件窗口查看器（viewer）的区域框，手动识别噪点模式区域。区域框呈现黄色（图9.4）。在这个阶段创建噪点文件，点击自动文件（Auto Profile）按钮。文档建立后，噪点滤波器设置栏可以使用。转换至设置栏。
5. 噪点滤波器设置栏允许你微调降噪程度。为了调整基于亮度上的降噪程度，调整右侧的亮度滑动条。为了调整基于颜色值上的降噪程度，调整色度条。结果在插件窗口查看器中可以看到。通过调整锐化区域的“程度”值，你可以再次锐化画面的边缘。这种锐化与After Effects移除颗粒效果不同，After Effects移除颗粒效果不使用锐化滤波器，因为它会围绕边缘产生重重的对比度。然而，高“程度”滑动条数值可能会暴露压缩块边缘或者创建对角条纹。

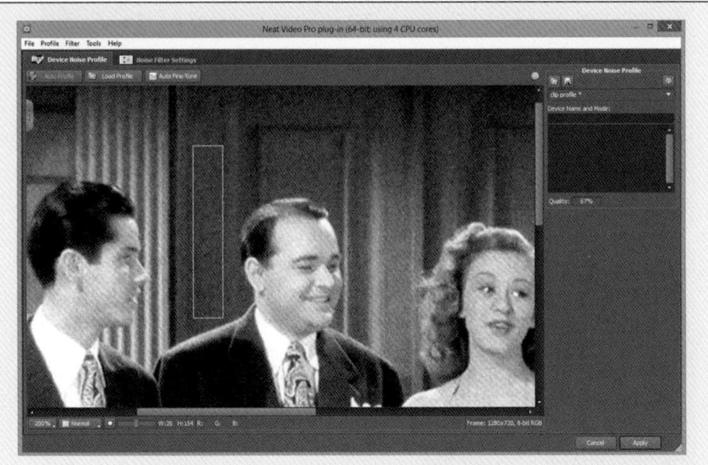

图9.4 通过放置黄色栏选择手动噪点区域的降噪窗口。

6. 当你对结果满意时，点击左侧底部应用按钮。窗口关闭，根据时间轴使用移除功能。如果想要了解更多有关Neat Video降噪插件信息，请访问网站www.neatvideo.com。

添加噪点和颗粒

为了和一些特殊素材相配合，有可能有必要在层上添加噪点和颗粒。例如，为了更好地与实景真人素材相融合，你可以选择在3D渲染基础上添加噪点。实现这个目标，有两种方式：加入一般的噪点/颗粒或从不同层复制噪点/颗粒。

在层上加入颗粒，你可以使用添加颗粒效果，该效果位于“效果>噪点&颗粒”菜单。这种效果是为了复制胶片颗粒，这往往有助于使得颗粒看上去比视频噪点上去更大和更没有规律性。然而，你可以减小颗粒尺寸，使得结果更像视频。该效果包括下列属性和属性部分：

查看方式 这个菜单允许你预览小的区域和功能，使用的方式和它应用在移除颗粒效果时相同（图9.5）。

预设 这个菜单包括很多预设，与特定的动态电影底片相配合。尽管这个菜单是额外的，但它为创建多种效果提供了一个快捷的方式。

调整和应用 这部分设置强度（明亮度）、颗粒尺寸、颗粒柔软度和阴影、中间色调和亮点区域之间的对比度。

颜色 这部分允许你创造单色（灰度）颗粒或者使用单独的一种颜色染色这些颗粒。旧时的黑色影片所用的胶片或者视频技术创造出单色噪点和颗粒，然而新的颜色技术创造出彩色噪点和颗粒。

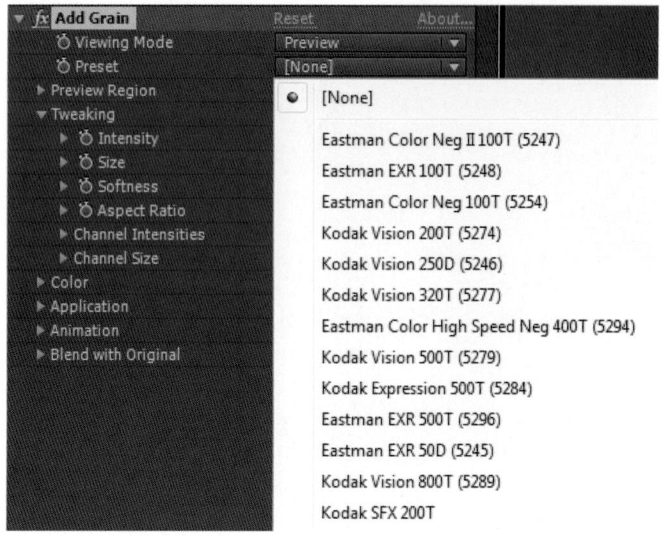

图9.5　添加颗粒效果及其清单存在于预设部分，预设部分可以模仿特定的电影底片。注意，效果带有很多移除颗粒效果的属性。

动画　默认情况下，通过增加颗粒效果创造的颗粒是事先制成的动画。你可以通过降低这部分的动画速度属性，降低颗粒变化的比率。

此外，噪点、噪点透明度、噪点HLS、噪点HLS自动效果创建了图层内以一个像素尺寸外量的亮度变化。设计这些的目的是重新创造视频噪点和视频静电（干扰）。因为噪点和噪点透明度，噪点强度分别由噪点数量和数量属性设定。噪点阿尔法不同于噪点，它将变化置于阿尔法通道而不是RGB通道。当噪点效果自动随机制造噪点形式，创造像静止的动画效果，仍需手动调节“噪点阿尔法”特效中“随机播种”的属性以创造相似的外观效果。

噪点HLS允许你将噪点插进HLS颜色空间的特定的通道。例如，你可以将噪点插进饱和度通道，随意改变像素之间的饱和度。噪点HLS Auto随着每张图片自动改变噪点。通过噪点HLS，你必须将噪点阶段属性制成动画，久而久之创造出相似的变化。将噪点菜单转换为颗粒，调整颗粒尺寸属性，噪点HLS和噪点HLS Auto允许你制造出胶片类颗粒。你也可以将菜单转换成方格，创建出噪点分布，这种噪点分布比默认的Uniform噪点略微稀少。

使用柏林噪点

“噪点和颗粒”菜单提供两种效果：“分形噪点”（Fractal Noise）和“湍流噪点”（Turbulent Noise），这两种效果不会创造某个特定的噪点和颗粒。这些特效创造一种基于柏林噪点技术基础之上的程序噪点模式，这样通过随机数字算法，产生一种模式（图9.6）。

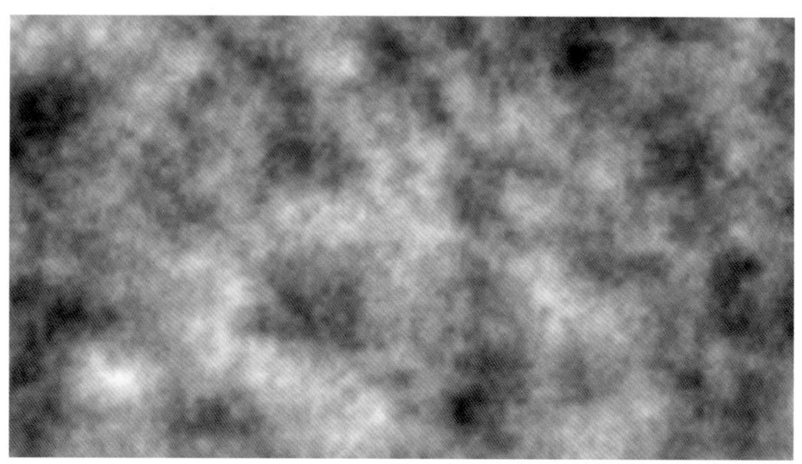

图9.6 应用在固态层时，分形噪声特效创造的噪声模式。

分形噪点和湍流噪点产生的噪点本身不经常使用，但是经常和其他效果结合在一起使用。例如，如果你在固态层上使用分形噪点特效，使得结果模糊，通过屏幕融合模式和低图层相结合，你可以创造出烟或者雾幻觉（图9.7）。

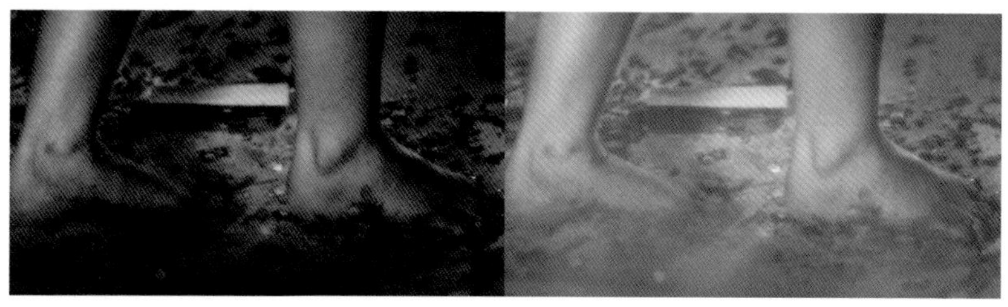

图9.7 左图：原有素材。右图：通过调整分形噪声特效加入的雾。项目文件保存在\ProjectFiles \aeFiles\Chapter9\tutorial directory\目录下，文件名称为：fractal_fog_aep。

分形噪点和湍流噪点效果有一系列相同的属性。在默认情况下，湍流噪点创造出更为柔和的噪点模式。我们在这里讨论一下这两种效果的重要属性：

比例 位于转化部分的比例属性，影响噪点“颗粒”尺寸。稍微大的比例属性创造出一种幻觉，摄像机放大噪点区域。

复杂性 这个滑动条决定了有多少不同噪点形式结合在一起，创造出更加复杂形态。加入的每种形式的比例不同，这就允许了小细节和大细节合成在一起。如果复杂性设置到1.0，图形看上去非常光滑。复杂值越高，光线越稀疏，噪点颗粒的边缘越暗。

评估 默认情况下，噪点的形态是静态的。将“演化”旋转进行动画化，会使得噪点形态变化。这就会创造出一种幻觉，摄像机飞过3D噪点，或者3D噪点这部分不同的“片段”成为每个画面的样本。如果你更喜欢这部分噪点简单地在一个方向上移动，可以将噪点层做得比合成层要大一些，随着时间推移，将它的X或者Y的位置做成动画形式。

分形类型和噪点类型：通过改变这些菜单，你可以创造出不同风格的噪点。例如，创造出像素噪点，将噪点类型菜单转换成块。

请注意，湍流展示可以在“效果>变形”菜单中找到，使用隐藏的分形噪点类型将层变形。因此，湍流展示和分形噪点共享一些属性。湍流展示效果在本章的“变形效果概述”部分进行讨论。

添加其他的电影和视频中的瑕疵特效（artifacts）

除了噪点和颗粒，电影和视频还会有各种不同的失真部分，我们在这部分进行讨论过。After Effects提供了众多工具和效果，你可以使用这些工具和特效，将失真部分仿真。

划痕、灰尘、碎屑和掉落

动态电影底片作为正片，会遭受放映机的划痕。或者，胶片在放映过程中受到划痕。在多次的传递中，大量底片会吸引灰尘和碎屑，例如头发，正片上的划痕和碎屑让画面看上去更暗，因为它们阻止了投影机的光线或者受到数码扫描的干预（图9.8左图）。在干预的过程中，附着在胶片上面的划痕和碎屑呈现白色。

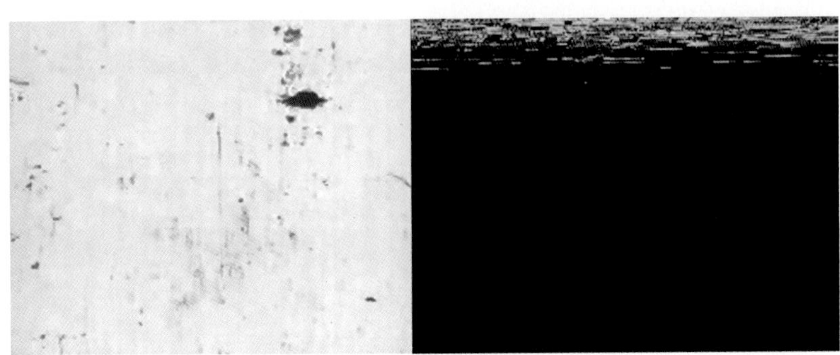

图9.8　左图：正片的垂直划痕和灰尘，过度曝光的背景。右图：在模拟视频上信号丢失，在黑色背景下可见。

尽管模拟视频磁带不会遭受划痕或者显示出特定碎屑片，但是它可能会中途丢失信号。当磁性数据因为损坏或者磁带变旧而丢失，中途丢失信号就会发生。丢失信号会产生白线，地平线的扭曲和吸引静电（图9.8右图）。

创建划痕、灰尘、碎屑和丢失信号的视觉效果，有效方式是将电影素材或者捕捉视频素材和一层需要相关瑕疵效果的图层混合起来。例如，图9.9中的动态电影素材，白色的过度曝光的背景和没有遭到破坏的层结合在一起。动态电影素材放在上方，它的图层混合模式设置在多重融合模式。

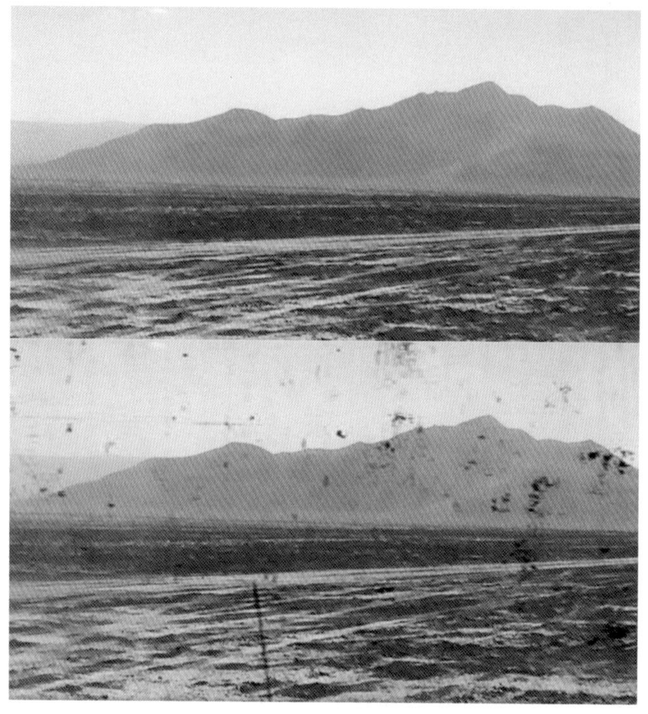

图9.9 顶部：没有破坏的视频层。底部：多重融合模式加入的灰尘和褪色。

库存素材一般会提供剪辑，这些剪辑包括划痕、灰尘胶片和视频或者没有丢失的空白视频。图9.9中的划痕素材保存为 ScrachesDirt.##.png，在\ProjectFiles \Plates\NoiseGrainScraches\ScrachesDirt\directory\，在\ProjectFiles \aeFiles\Chapter9\目录下。

胶片迂回

电影胶片具有一定的年代，胶片会不均匀地缩小。在胶片送进幻灯机的过程中，胶片会迂回放映。通过将图层X位置动画化，可以重现这样的效果（图9.10）。为了避免看到左侧和右侧画面上的空白边缘，图层的比例比目前的合成尺寸放大。尽管比例达到100%以上可能会导致图层降级，但是如果略微增加比较小的比例，例如102%，一般可以被接受。你也可以在分辨率较小的构图上编织一个高分辨率的构图，创建一个相似的外挂。想要了解更多有关嵌套的信息，请参考第四章。

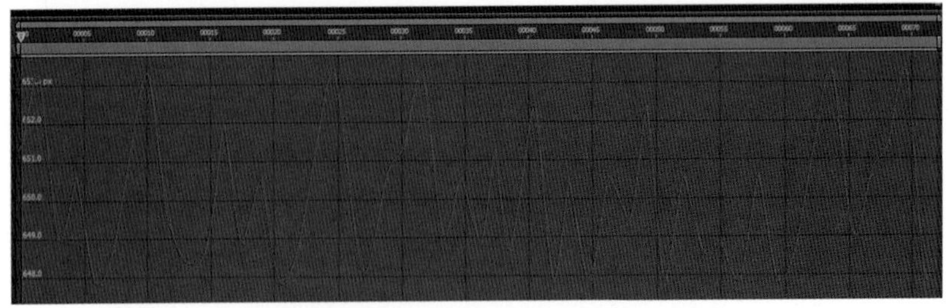

图9.10 创建图层左右半随机的移动，模拟出胶片迂回的效果。图层的X Position曲线如在图片编辑器中所见，在0到3的像素之间移动。样本项目文件保存为：film_weave.aep，保存在\ProjectFiles\aeFiles\Chapter9\目录下。

光晕、光芒、闪光和炫光

光晕是光围绕着影像明亮的区域的传播。光晕往往是光线从影片中底片里射出。而不自发光芒是光线射入空气中的媒介里，例如雾、雾霭、烟和水蒸气，等等（图9.11）。

图9.11 左图：绚烂的光是由参与介质创造，并以薄雾的形式表现出来。右图：来自窗户的炫光侵蚀了窗户框架和附近的墙面。左边照片© Ping Phuket/Dollar Photo Club.

当一个明亮的物体，例如一盏明亮的台灯或者从玻璃上反射的太阳光，过度曝光围绕着物体的最近区域的时候，闪光和炫光发生（图9.10）。闪光和炫光不同，就是短暂的闪光，来来去去。例如，太阳照射在泛起涟漪的水面上的反光。

After Effects提供了炫光效果，创造了光晕、闪光和炫光（可以在“效果>风格化特效”菜单中找到）。为了调整光芒效果，应遵循下列步骤：

1. 降低光芒值，确定画面的哪部分发光（图9.12）。像素值超过光芒阙值的，被含在光芒中。
2. 通过改变光芒强度，调整明亮度属性。通过调整发光半径属性，更改光晕的柔和度和扩散度（图9.13）。
3. 默认情况下，发光颜色基于原有像素值。然而，通过将“发光颜色”菜单转换到“A&B颜色”菜单，改变颜色A和颜色B的颜色，你可以选择你自己的颜色。

请注意，光芒可能延伸并穿过不透明边缘。这取决于用来制造光芒

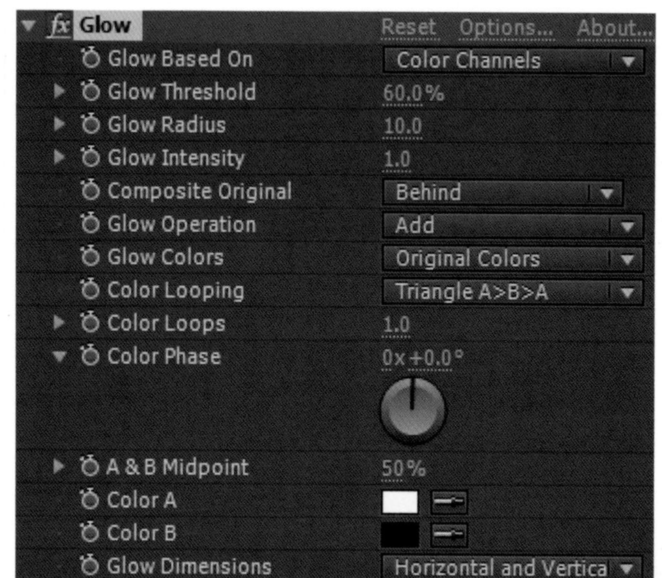

图9.12 光芒效果属性。

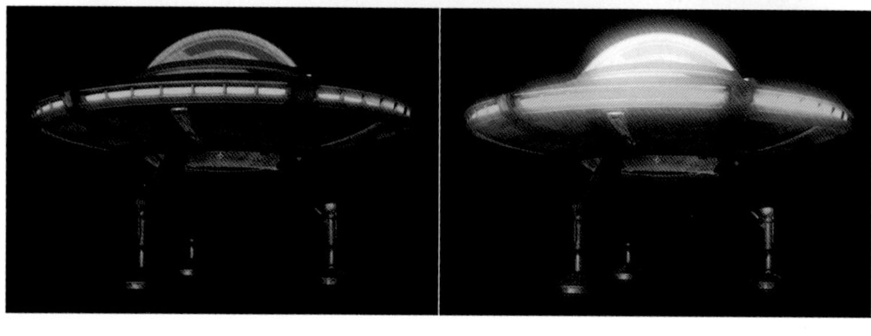

图9.13 左图：没有更改的层。右图：光芒效果创造的光晕效果。这个项目文件：glow.aep，保存在\ProjectFiles\aeFiles\Chapter9\目录下。

的颜色，这可能会产生边缘光芒，光芒可能比低一层的颜色要暗。如果要代替光芒效果，你可以创造出自己的常用光芒，步骤如下：

1. 复制需要光芒的层。选取两个相同图层中上层的那一个，使用一种或者多种颜色效果，例如明亮度&对比度或者曲线，模糊效果例如高斯模糊或者快速模糊。
2. 使用颜色效果，让高一点的层变得非常明亮。使用模糊效果将高一点的层变得模糊（图9.14）。
3. 将上层图层的融合模式换成“平面”。这就允许图层的明亮的部分透过原有的图层，能够被看见。光芒被创造出来（图9.15）。如果光芒太强烈，减少上层图层的透明度值。

镜头光斑

当光线在镜头内部机制内反射回来的时候，可能会产生镜头光斑。

图9.14　一个模糊的、变得明亮的图层复制品是自定义光芒特效的首要组成。

图9.15　左图：需要光芒，而没有改变的层。右图：经过复制层变模糊和变亮，与屏幕融合模式相结合之后，呈现的自定义光芒结果。这个项目保存为glow_custom_aep，保存在\ProjectFiles\aeFiles\Chapter9\目录下。

尽管这种现象和光晕有关，但是镜头光斑经常发生在特定形状上，这些特定的形状与特定的镜头相关。

例如，普通的主镜头，例如35mm，创造了典型系列的六边形点（六边形是摄影机孔径的形状）。变形的宽银幕电影镜头，从另一方面来说，形成了地平线的颗粒。After Effects提供了镜头炫光效果（效果>产生），创造出变形或者规则的光斑（图9.16）。通过这种效果，你可以在——三种类型的镜头、光斑明亮和画面原有光斑之间选择。其他的插件，例如Video Copilot Optical Flare，Boris FX Lens Flare 3D和Sapphire LensFlare，提供了其他的选择，创造更现实的自定义光斑。

颜色褪色和转移

在电影或模拟视频磁带时代，退化时常发生。这可能引起原有颜色变化。例如，某些电影底片趋向于失去对比度和随着年代发红。你可以通过颜色分级技术重新创造褪色和颜色转移，这部分在第八章详细讲述。

图9.16 上图：After Effects镜头光斑效果制造的光斑。下图：宽银幕风格光斑，由Boris FX Lens Flare 3D制作。

过时技术

旧时的电影胶片，模拟视频和数码视频通过不同的机械的、化学的、磁力的、透明的和/或数码的过程捕捉影像。这样，每种电影和视频捕捉技术使用不同的颜色空间。例如，彩色电影底片的颜色与柯达安全胶片底片非常不同，哪怕是同一个物体在相同的光线下录制。

按照这种方法，模拟视频与8-bit数码视频不同，两种版本和10-bit数码视频都不相似。因此，有必要复制特定拍摄的色彩空间。当这种技术不再使用时，这变成了一个挑战。本章结尾处的教程，是关于这种挑战的例子。

中值滤波器的注意事项

After Effects的几种效果应用了中值滤波器，可以用来降低噪点、颗粒和小的像素尺寸的元素，例如粉尘、泥土和小的划痕。效果对创建风格化的结果也有用。例如，中位数效应（在“效果>噪点&颗粒”菜单中）通过卷积过滤器来平均像素值。平均数值在旋转过滤器数样本区域（本质上是一个滑动在图像上面的小窗口）的最高值和最低值中间。这使得影像变得柔和，有助于移除像素值的微小的变化。这种特效包括半径属性，这决定了卷积过滤器的像素尺寸。大的属性值导致大的平均值，这样，创建出一种类似绘画的外观（图9.17）。要达成去噪而不对图层造成过度不良的影响，源素材必须是高分辨率。

图9.17 上图：颗粒素材，中半径设置为5。下图：同样的素材，中半径设置为1.0.这个项目保存为median.aep，\ProjectFiles\aeFiles\Chapter9\，教程目录。

为了减少噪点和划痕，灰尘&划痕效果（效果>噪点&颗粒）也适用于中值过滤器。然而，这种效果包含阙值属性，在卷积过滤器窗口区域的样本像素的均值中，设置了对比程度。这种敏感性保证了影像中形状的尖锐边缘。

使用绘画工具

After Effects包含一系列绘画工具，允许你在图层上画条纹（见本章后面的图9.20）。每笔基于特定的齿条。你可以创造固态颜色笔画，或者来自目前的图层或者不同层的锥形颜色值。你可以使用笔画创建动态图形形状，例如文本，或者使用笔画作为修图的一部分。修图功能可以把不需要的元素从影像中移除或者“修补”有问题的素材。

创建基本笔画

在图层上创建笔画，应遵循下列步骤：

1. 双击层，换到层图标。笔画必须是附着在特定的层上。层图标和合成图标应区别开来，层图标包含嵌入的时间轴和回放控制。
2. 点击顶部程序工具栏中的毛笔刷工具按钮（图9.18）。在查看器中LMB-拖动笔画。松开鼠标键，结束笔画。沿着笔画画一条涂色的线条。定义线条的齿条开始隐藏起来。

图9.18 毛笔刷、复制图章和橡皮擦工具按钮可以在顶部程序工具栏中找到。

3. 想要再创建一条笔画，重复第2步。在画之前，通过位于程序窗口（见本章后面的图9.21）的右下方绘画板，你可以改变笔画的基本属性。如果绘画板看不见，选择“窗口>绘画”。属性包括颜色和透明度。注意，最终结果的线条的颜色是由前景颜色样本（左上部的样本框）而设置。

你画的每一笔在图层的“效果>绘画”中以“笔刷n”形式被增加。

编辑笔画的颜色、透明度和柔和度

绘画板设置的属性值在图层的“效果>绘画>毛笔刷n>笔画”选项中，可能会在笔画完成后改变。属性包括颜色、透明度和直径，这些设置了线条的宽度（图9.19）。

此外，你可以发现这些独特的属性：

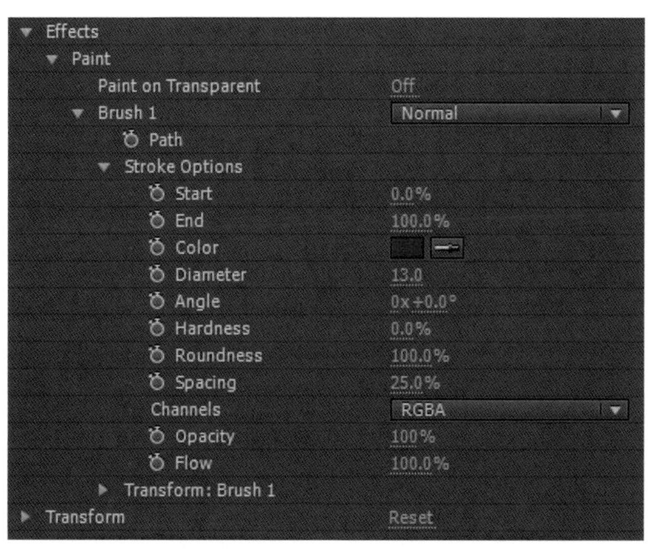

图9.19 绘画工具线条中的线条选择图层分层中可见。

开始和结束 默认情况下，上色的线条即为用毛笔刷工具绘画的线条的整个长度。然而，你可以提高“开始值”，以便上色线条晚一些开始。相反的，你可以降低“结束值”，以便于线条提早结束。你可以将“开始和结束”动画化，这样，随着时间向前推移，线条好像在画。这创建出一种手写的幻象，对动画制作有帮助。

硬度和流量 硬度控制线条的柔和度。值越高，线条的边缘越硬。流量设置个体图形的透明度，这些个体图形用来创建线条。低于100%的流量值使得线条看上去更加柔和，即使硬度值设置在100%。

间隔、圆度和Angel 由笔画创建的线条实际上是一系列互相重叠的图形。如果你提高间隔值，形状会以更大的间隔扩散到笔画上。当圆度属性值设置到100%，图形是圆形。当你降低圆度值，图形变得更像椭圆形。当你降低圆度值和间隔值到0%，线条的宽度变得不同，和书法笔画的线条相似。通过调整角度属性，你可以改变线条中细扁的部分。

融合模式 默认情况下，使用毛笔刷和图章工具创建的笔画通过融合模式与层相结合。然而，你可以将融合模式菜单改为其他任何模式，融合菜单位于层的缩略图中，在毛笔刷n名字的旁边。

转换和清除笔画

每一个增加到图层中的笔触，都有其“特效>毛笔工具>变形”部分。变形属性和标准层相似，包括定位点、位置、比例和选择。你可以动画化这些属性。

一个笔画的“定位点”位于笔画的最开始。然而，笔画本身是特殊的齿条，只有在你选择图层略图中的“毛笔刷n”的名字才可见（图9.20）。返回选择工具，LMB-拖动笔画或者齿条的定位点，交互移动窗口中的笔画。如果要删除笔画，在图层分布图中选择笔画，点击删除键。返回笔画工具栏，你想要多少笔画，都可以添加在单一图层上。

在默认的情况下，笔画会一直存在在全部时间线上。然而，在下笔画之前，通过改变绘画板中的“持续时间”菜单，你可以改变这种模式（图9.21）。如果你将“持续时间”设定为单一画面，画出的笔画为在一个画面的时间轴上存在。如果你将“持续时间”设置为自定义，你可以在菜单右侧直接选择画面区域的持续时间。如果你将模式设置到“白色打开”。那程序会将“结束”属性动画化，于是着色的线条在整个时间线上均可见（前一部分）。将“持续时间”返回到“对比度”，确保笔画在它所被绘制的那个画面上开始，继续进行，直到时束。通过LMB-拖动在时间

图9.20　选择了一笔，暴露了与它相关的白色的样条线。

轴面板上笔画持续时间栏的尾部，你可以自如改变任何画笔的持续时间。

如果你使用橡皮擦工具创建笔画，画出的笔画会穿过在它的路径上的其他笔画，切出一个洞。此外，橡皮擦笔画在目前的层上切一个洞。当你回到合成视图，这个洞中会透出下层图层。这样，橡皮擦工具提供了一种方法，移除画面的某些部分，否则这些部分需要通过遮罩或者动态遮罩移除。橡皮擦绘制的笔画会带有“橡皮擦n”子部分，显示在图层中，其属性和笔刷工具绘制的笔画一样。

使用仿制图章工具

仿制图章工具允许你将画面的某个区域定为样本，可以在不同的区域绘画出笔画。这对于素材的绘制和进行相似的修复是理想工具。为了利用此工具，遵循下列步骤：

1. 双击层，转换到层视图。笔画必须附着在特定的层上。
2. 点击程序栏中的仿制图章工具（见本章之前出现的图9.18）。将鼠标放在你想要仿制的区域，点击Alt/Opt键。移动鼠标至你想要绘画的区域，通过LMB-拖动，进行创建。松开鼠标键结束笔画。请注意仿制图章工具可以仿制层上存在的任何笔画。

在绘制仿制笔画的时候，“仿制n”子部分会增加到图层上。包含的属性和毛笔刷工具笔画相似，只是又多出了一些仿制属性。默认情况下，“仿制源”菜单设定为目前图层。然而，你可以将这个菜单转换到不同图

图9.21 绘画面板。

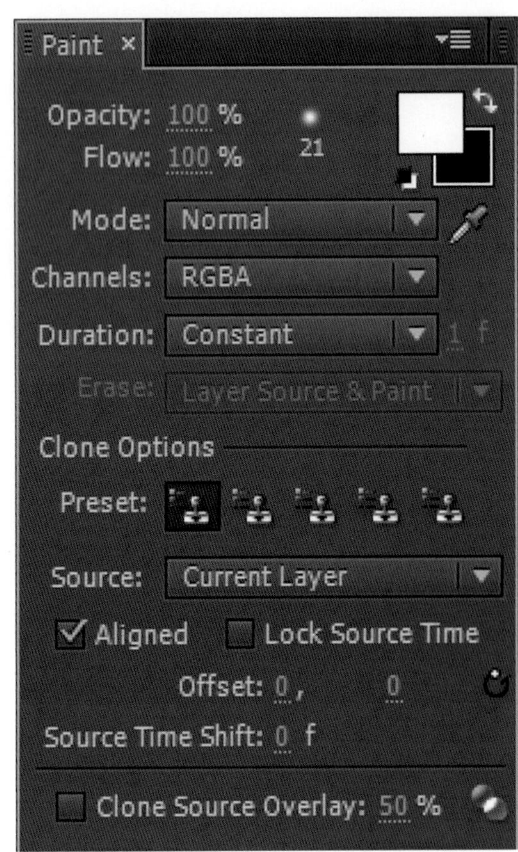

层。这样做有助于处理空镜，或其他不含瑕疵和其他须绘制元素的视频（“空镜”指的是无演员道具的空白镜头）。仿制位置属性标明了XY位置，在这里你可以按Alt/Opt键，建立笔画的仿制源。“仿制时间开关”可以跳过仿制源的画面。这有助于在有灰尘、划痕和其他瑕疵的画面上进行绘制。对于如何清除灰尘，请参考本章结尾部分的新手指南。

绘画面板提供了读数选择，用以改进仿制图章工具。X轴和Y轴周显示了仿制点到你开始笔画的点之间的距离。当选择的时候，“对齐”选项会移动每个笔画以至每个笔画都和最后取样点保持相关。这允许你覆盖大部分区域，不需要重新对每一笔取样。如果取消对齐，每笔使用同样的样本点，不会发生偏移。通常来说，在进行修图遮盖或者消除不需要的元素的时候，校直是比较理想的选择。

预设按钮，当点击时，记住了目前仿制图章设置。你可以在任何时间，在任何预设按钮之间进行转换。当需要进行大量的修图创建时，按钮提供了一种有效的方式，可以在设置之间跳跃选择。此外，“绘画”柱中包含“来源菜单”以及“来源时间”开关，可以在开始绘制之前就进行相关设置。另外的毛笔刷选择包含在毛笔刷面板中，会在下一章教程中讨论。

移除胶片受损部分的新手指南

仿制图章设置工具提供了一种交互方式，移除尘土、划痕和来自素材的损坏。例如，如在本章开始的图9.1中所见，业余动态电影的数码转换暴露了类似的损坏。这种素材仿制毛笔刷工具的时候，应遵循下列步骤：

1. 创建新项目。导入\ProjectFiles\Plates\NoiseGrainScratches\Title\目录下的Title.##png文件。分析影片，至24fps。把图像序列放置在分辨率是960×720，24fps，持续时间是32帧的新的合成菜单中。
2. 回放时间轴，检查每个画面。很多片灰尘呈现在单一画面中（图9.22）。划痕看上去更长，不断在移动。双击层，以便它可以在图层查看器中打开。返回到第1帧，播放，一次一帧，直到你能够分辨出一个明显的由灰尘产生的污点。例如，在第15帧，一个污点出现在天空中。
3. 当图层在图层视图中可见时，从主工具栏中，选择仿制图章工具。通过使用毛笔刷面板（窗口>毛笔刷），调整毛笔刷的尺寸。你可以从面板的顶部选择预设毛笔刷或选择独有的周长值。如果你使用尖笔去画，你可以设置尖笔独有的特性，例如角度或圆度。通过提高硬度值，你可以降低毛笔刷边缘的柔和度。在这部分教程中，我们将毛笔刷边缘变得柔软，比灰尘点稍微大一些。

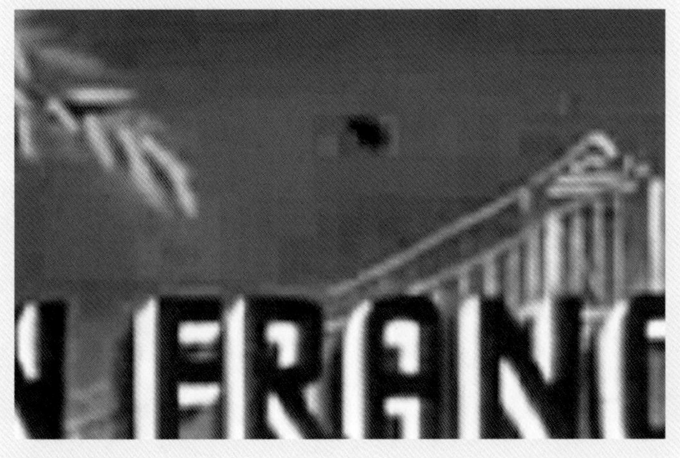

图9.22　一片灰尘像一个污点一样出现在空中。同时注意灰尘和建筑旁边的压缩大写字母。当电影素材被转换的时候，大写字母由数码压缩技术创建。

4. 在绘画面板中（窗口>绘画），将持续时间设置为单帧。在层视图器中，将鼠标放置在灰尘点的左边（树的右边和蓝色的天空上方）。按Alt/Opt键和左侧鼠标按钮将这帧画面选为样图。LMB-拖动到灰尘点上，创建短的笔画。仿制图章颜色，以天空为样图，覆盖污点。你也可以有选择地将笔画延长，一直到污点的左侧，盖住压缩大写字母。
5. 在层略图中，“效果>绘画”部分。笔画被列为仿制1，选择仿制1的名字。笔画的样条线可以在视图器中显示（图9.23）。注意，时间轴中仿制1旁边的素材条只有1帧的持续时间。

图9.23　在这1帧中，一个克隆图章盖住了之前的污点。

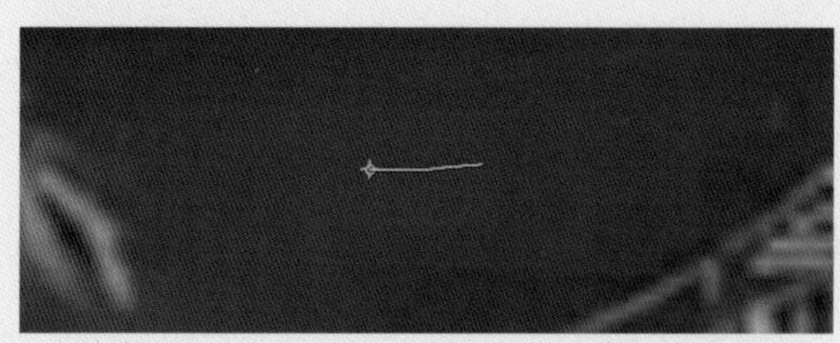

6. 一次前进1帧，分辨出新的灰尘。重复步骤3和步骤4，除去灰尘。（如果先前的仿制笔画已经在层略图中选择，原有的笔画会被新的笔画更新。）继续这个过程，尽可能修复更多的污点。有些画面有稍微大片的灰尘。在这种情况下，你可以创建稍大的画笔刷。或者，作为另一种选择，使用相同画面中的绘画多重改正笔画。由于胶片转化的本质，有些灰尘或者尘埃会持续两到三帧画面。照此，你自由地LMB-拖动笔画“持续时间”功能条的尾部，使得笔画持续额外几帧画面（图9.24）。

有些素材区域被严重弄脏和污染。例如，第20到22帧显示了素材的左侧顶部和底部都有灰尘。你可以采取几种方法来修复这些区域。

- 如果问题区域仅仅被灰尘影像了几帧画面，你可以从时间轴上选择先前的干净画面或者后面的画面取样。要这样做，改变“绘画”面

图9.24　多重仿制图章笔画被绘制在层上。它们的持续时间被调整到持续一帧或两帧。

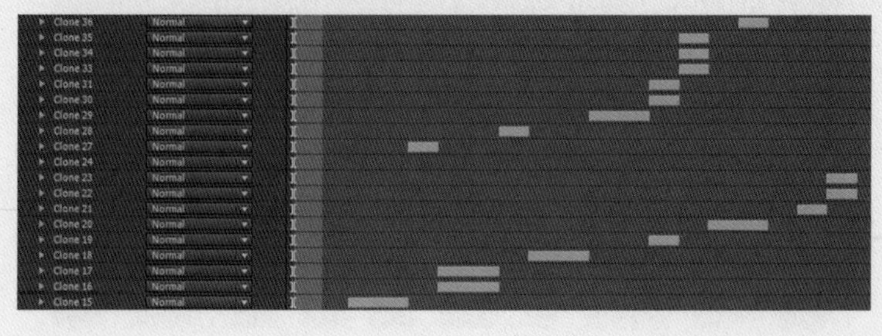

板上“来源时间”开关的属性。例如，如果你把属性变化到-1，像素从先前的帧取得。点击Alt/Opt+LMB-Clicking，这允许你直接从有灰尘的区域获得样图。在每一笔笔画被绘出之后，开关属性自动重设为“0”。为了有效地使用这种模式，我推荐Alt/Opt+LMB-点击，为画面取样，改变素材画面前后位移值，然后利用LMB-拖动，绘出笔画。利用偏移时间预览素材层，你可以将仿制素材叠加值提高到100%。仿制素材叠加属性位于绘画面板的底部。

- 此外，你可以使用橡皮擦工具，切掉灰尘部分，下面干净的层就会出现。例如，复制素材，放置在略低的层上。将视频的另一个复制

图9.25　上图：原有的素材显示了被弄脏的区域，位于画面的左边和左侧顶部。中图：在层视图中，绘制一大部分橡皮擦笔画，切掉有问题区域。下图：如同在合成视图中所见，素材的第二份复制图放置于略低的一层，由几帧图画偏移。通过新的洞，可以看到干净的层。

置于下层图层之上，替化新的，下层图层，让它开始得早几帧（图9.25）。当你返回合成视图，略低层通过洞可见。使用本技术的实例文件保存为mini_clone_Stamp._aep，保存在\ProjectFiles\aeFiles\Chapter9\目录下。

注意这两种技术仅能在摄像机不移动的情况下工作。然而，当你去除静态镜头的划痕时，可以使用这两种技术的任何一种。参见本章开始的图9.1。记住修图补救从来不会完美无缺；然而，你可以极大地减小划痕、灰尘和尘埃以及其他不需要的元素（例如在本章先前部分“加入其他胶片和视频的瑕疵”中讨论过的）。

这部分的电影素材选自业余影片：夏天全集：《旧金山，加利福尼亚1941年》，（第一部），Prelinger档案的一部分，通过Creattle Commous Public Dowaic授权。需要更多信息，请访问网站：www.archive.org./detail/prelinger.

变形效果概述

After Effects包括长长的变形效果清单和“效果>变形”菜单，用来设计更改层内的像素位置。尽管这些效果不是严格设计用来复制电影和视频的瑕疵，但是它们可以复制一些摄影机捕捉到的独特的现象。这里有一些应用的例子。

湍流置换

此特效是基于自带分形噪点模式的强度值来置换图层。这种变形对于复制波形的物质和平面很有帮助，如水的汹涌、编织物在空中的飘动或者因为地表热气而引起的气体光学变形。例如，通过使用层的半透明复制效果，你可以创建热气波纹变形（图9.26）。

内置噪点效果由与分形噪点和湍流噪点效果相似的属性来控制（参见本章早期部分“使用Perlin噪点”）。置换强度由程度属性设定。“噪点”颗粒的尺寸由尺寸属性确定。在默认的情况下，噪点和置换是静态的。但是可以增加“演化属性”，从而创建波动。

镜头变形

镜头变形效果模仿球面边缘透过镜头的变形。你可以使用镜头变形

图9.26　热浪效果特性，通过将层的半透明复制放置在层略图顶部，使用变形置换效果和快速模糊效果。这个项目另存为heat_displace.aep，保存在\ProjectFiles\aeFiles\Chapter9\目录下。

效果把带有镜头变形的素材和未变形层相匹配。视野（FOV）属性控制变形，更高的数值将外部边缘向内拉。你可以选择“翻转镜头变形”复选框，变形凹起，边缘被推至外部（图9.27）。你可以使用高值视野效果创建有风格的“鱼眼”镜头或者“小星球”效果。注意因为图像缩小和空白黑边，你可能需要嵌套最终结果层。

图9.27　一幅乡村风景通过使用镜头变形效果而发生变形。选择使用翻转镜头变形，导致风景凹进去（左），而高视野值则创造“鱼眼”效果（右）。这个项目另存为optics_compensation.aep，保存在\ProjectFiles\aeFiles\Chapter9\目录下。

CC镜头

这个效果创建球面凸起变形。如果“尺寸”和“融合”属性设定为高值，效果与光探头结果相似：由高动态范围摄影（HDR）创建，特殊球面凸起用于3D项目的HDR灯光。（如果想要了解更多有关HDR的信息，见第八章。）

几种额外的变形特效提供了一种交互“推动”像素的方式。尽管变形特效不打算复制特定的真实世界现象，但是它们通常有助于普通的视觉效果任务。我们在这里仅作简单讨论。

网格变形和液化

网格变形特效允许你通过LMB-拖动位于视图面板中的网格，移动像素。液化特效也允许你增加像素，但是提供大范围的毛笔刷，去完成任务。毛笔刷工具含有特效控制面板，包含增加、湍流、旋转、折叠和膨胀。这些效果都允许你随着时间动画操作这些变形（选择变形变格复选框）。因此，它们适合于在画面内部将元素变形。例如，你可以使用液化效果弯曲汽车的挡泥板，模拟爆炸中被扔出来的残骸碎片的效果。

细节保存比例提高

这个效果提供更加精确的方式，提高比例（将层的比例提高到100%以上）。如果你将阿尔法属性菜单转换为细节保存和提高细节属性值，大的比例值比起图层的“尺寸”变化应用的标准“双立方”比例而言，能够保存更多边缘细节。

滚动快门修复

滚动快门修复特效减少滚动快门失真（移动物体的对角线变形，由数码相机照片进行垂直或者水平扫描引起）。

此外，波浪变形效果创建了正弦变形。这将会在以下的教程指南中进行说明。

章节教程：模仿低品质视频素材

有时候，为了风格的原因，故意降级你的After Effects作品效果，效果更令人满意。这可能有必要将新的元素和旧的动态图画或视频相匹配或者将新的素材制作得看起来像是在不同的时间，使用不同的设备拍摄的。例如，使用本教程，我们可以制作高品质高清视频素材，使得素材看起来像是使用标准定义的黑白监控摄像机拍摄的。遵循下列步骤：

1. 创建一个新的项目。导入位于\ProjectFiles\Plates\ColorGrading\1_3a_2look\目录下的影像序列：1_3a_2look.##png。创建新的合成，1920×1080分辨率，24fps，48帧。LMB-拖动影像序列，形成新的

合成。

2. 在新选择的层上，添加色相/饱和度，曲线，明亮度和对比度效果。通过色相/饱和度效果，减少主饱和度到-100，将序列转换为灰色级。通过使用曲线效果，在曲线的中心加入一点，向上弓起曲线中心让中间色调和亮点变得明亮。通过使用明亮度和对比度效果，将明亮度设置到125，将对比度设置到100。你可以结合多重颜色改正效果，创建更多极端效果。通过一系列的步骤，随着有些区域的最大值提高到255，影像的动态范围有意减少（图9.28）。有限的动态范围模拟低质量视频摄像机。

图9.28　高清视频素材降低饱和度，增加了明亮度和对比度。

3. 增加快速模糊效果。将模糊度设置为3。其他的影像柔和度仿制了低质量镜头或视频传感器。当图层选定时，选择“编辑>复制”，选取新的上层图层，将快速模糊效果值设置到30。将顶层的“融合模式”设置为平面。将顶层透明度降低到75%。这一系列步骤在旧有的层上，创造了像光晕一样的光芒，显示出低品质镜头。
4. 创建新的合成，分辨率为640×480、24fps和48帧。640×480是“前数码”（predigital）的标准分辨率，模拟标准定义电视。在新的合成上嵌套第一个合成。第一个合成外挂。将新层的比例降低到50%，并且将层放置于女演员图像的中间（图9.29）。
5. 通过“效果>变形>波浪变形”选择层。效果以正弦曲线模式将层变形。默认情况下，变形是垂直的，因此看起来影像似乎在融化。改变方向属性到0度，变形演变成水平状。波的宽度改变到5，因此每条波的高峰和低谷变狭窄。结果与模拟视频交错相似。增加波浪高度。图像向左右拉开，好像交错的线条被分开一样（图9.30）。

图9.29 第一个合成，加入自定义光芒，嵌套到第二个略小的合成层。

图9.30 方向设置为0，波浪宽度设置为5，波浪高度设置为50，波浪弯曲效果的结果。

6. 激活波浪高度的时间图标，随着时间表，任意将它的改变值进行动画操作。回放并且调整动画。这些步骤再次创建了信号不佳的或者模拟视频系统的其他干扰。在层上添加快速模糊效果，将模糊值设置为4。这柔化了峰值和谷值。
7. 创建一个新型固态层，使得它和合成尺寸相同。将固态层设置为中等灰色。将固态层移动到层略图的顶端。选择“效果>噪点&颗粒>噪点”，选取固体层。改变效果的噪点数量属性到100%。取消使用颜色噪点属性。精良的灰阶噪点出现在固态层并已被动画化，故可以随时间变化。
8. 将固态层的融合模式改成为平面。将固态层的透明度动画化。随着时间将其从5%改变到50%。将此动画与波浪变形效果的波浪高度动画相匹配。当波浪高度升高，固体透明度变高，反之亦然。其结果进一步模仿低质量的模拟信号。将固体层的比例提高到200%。这将创建更大的噪点“颗粒”。回放。素材以一种随机的方式，从中等质量转移到低等质量（图9.31）。

图9.31　噪点特效将名字添加到灰色固态层，遮盖到了女演员。波浪变形效果中的波浪高度和固态层的动画创造了一种漂移的品质。

本项目完成版本保存在\ProjectFiles\aeFiles\Chapter9\目录下，保存为low_quality_video_aep。

第十章

运算式、脚本和项目管理

视觉效果合成可能会复杂，很难编辑、更新和完成。幸运的是，After Effects有很多种方法简化和优化工作流程。例如，运算式会自动处理属性，而在设定关键帧时就节约很多时间（图10.1）。Java脚本支持打开大范围脚本工具项目，使得合成更加有效率。除此之外，项目提供很多选择，调整元素名称、记忆管理和界面布局。如果你能够进入装有After Effects的多重计算机，你可以建立你自己的After Effects渲染“农场”。

本章包含下列重要信息：

- 创建和编辑表情
- 运行JavaScript脚本
- 运行After Effects渲染场

```
xScale = 100;
yScale = (1/transform.position[1])*40000;
[xScale, yScale]
```

图10.1 After Effects运算式。本章后面“创建运算式新手指南”中会展示。

运算自动化

运算式允许你自动管理After Effects属性。也就是说，你可以将一种属性值自动转换为另一种属性值。主动属性（我称之为驱动器）和被影响属性（称为被驱动）可以在同一层存在或者可以被放置于两个不同层。属性可以相同（例如，X位置在层1和X位置在层2）或者不同（X位置在层1，定位点在层2）。

运算可以连接起属性的能力避免或减少了设定关键帧动画的需求。此外，你可以创建两种属性相关的复杂的数学公式，这一特点在试图创建不直观的、复杂的动画的时候会变得非常有用。

创建运算

创建简单运算公式，应遵循下列步骤：

1. 识别你想要通过运算公式连接的两种属性。这两种属性可以是在同层也可以在不同层。展开转移部分以显示图层缩略图中的属性名称。
2. 选择被驱动的属性。从主菜单上选择“动画>添加运算公式”。运算公式部分被加在属性名称下面。部分公式被添加在运算公式领域，位于运算公式右侧时间表区域。
3. 在新的运算公式部分，点击“数据关联”（Pick Whip）按钮。而继续坚持LMB-拖动数据关联橡筋线一直到驱动属性名称。一个灰色对话框在有效属性名称旁边出现。松开鼠标，运算公式创建。运算公式线条更新（图10.2）。点击时间表的空白处，运算公式完成。
4. 作为测试，改变驱动器属性值。驱动属性值自动更新，进行匹配。这些改变在合成视图中可见。

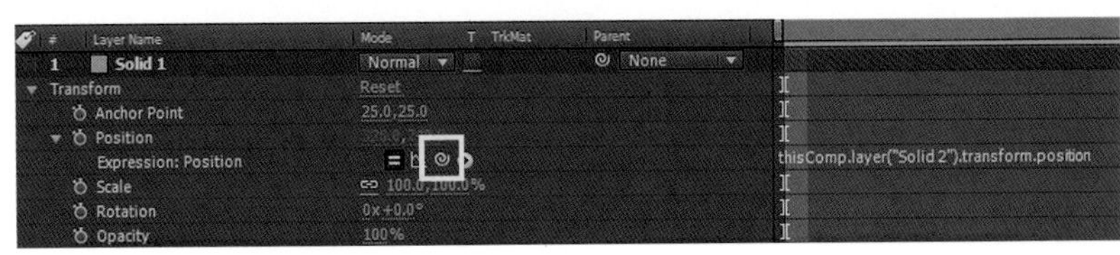

图10.2 After Effects运算式添加在位置属性上，位置属性是属于名称为固态层1的固态层。第二层固态层的位置属性名称为固态2，起到了驱动作用。数据关联按钮轮廓为黄色。

注意运算公式对属性通道敏感。例如，位置属性有两种通道：X和Y。比例属性有两种通道：X和Y。而透明度只有单一通道。当创建一个运算公式的时候，你可以连接下列的通道合成：

- 单一通道对单一通道
- 两个通道和另两个通道
- 单一通道对两个通道属性的单一通道
- 两个通道属性的单一通对另一个两个通道属性的单一通道

当使用Pick Whip工具，你可以通过将橡筋线放在属性名称（例如定位点或者书写位置）之上，让两个通道连接。当进行单通道连接的时候，你可以将线条放置在属性名称之上或者属性值区域。为了进行一个两个单通道的连接，将线条放置在属性值区域（例如X位置区域）。

当进行3D层制作的时候，第三个通道Z被添加。这样，你可以将三个通道属性和其他三通道属性，或单通道属性连接在一起。注意不单是变形属性，任何可被动画化的属性都可以含在运算中，这包括有特效的属性。

若要移除一个运算公式，可选择层略图中带有运算公式的属性，选择“动画>移除运算公式”。

运算公式通道句法

当你创建运算公式的时候，它是由运算公式领域的一系列的程序代码代表。驱动器属性列在运算公式区域，句法如下：

composition .layer (“layer”).class.channel

如果驱动器属性存在于相同的层，你可以简化参考：

class.channel

可以把“class”部分当作属性的一个分部。例如，两个通道“比例”属性写作为“transfer.scale”。如果单一通道的“比例”属性用来作为驱动器，这个通道被列在名单。因此比例X写作为transform.scale[0]。在这种情况下，在[ ]内的数字代表数组位置。

在这里［0］是X通道，[1] 是Y通道，[2] 是Z通道（如果存在的话）。位置属性不适应本条规则因为它的通道和“分别尺寸”选择是分开的。这样X位置列为“xPosition”，Y位置被列为“yPosition”，等等。

当创建含有效果属性的运算公式的时候，使用下列模式：

effect（“effect name”)（“property”)

书写运算公式

通过点击运算公式区域，选择类型，你可以手动更新先前存在的运算公式。点击关闭时间表空白部分的运算公式，完成更新。如果因为不正确的句法或者层/属性命名，导致运算无效，则警告窗口打开，运算公式失效。你可以随时更新运算公式。

你也可以从头书写运算公式，这样避免使用数据关联工具。如果想这样做，选取层略图上的被驱动属性，选择“动画>添加运算公式”。运算公式区域添加列出的通道名称。你可以直接在运算区域打字，完成运算公式。这样，你必须使用一个“=”标记，表示被驱动部分是相同的。你必须将被驱动部分放在等号的右侧。例如，如果你想书写一个连接位置和锚点的运算公式，你可以这样写：

transform.position=transform.anchorPoint

使用这种句法，被驱动部分总是会位于左侧。换而言之，右手边的属性给左手边的属性提供数值。如果你连接存在两个不同层上的属性，你必须添加层名字：

transform.position=thisComp.layer（“layer2”）. transfer.anchorPoint

在这个例子中，layer 2是驱动器属性。thisComp指的是目前的组成部分，因此在下列的句法中，你可以用一个特定的组成部分名称代替它：

transform.position=comp（“comp1”）. layer（“layer2”）.transform.anchorPoint

你可以在目录中找到层（层的数字位于层略图中的层的名字旁边）。例如，你可以在层略图中，将第二层标记为layer（2）。

你不局限于在属性之间做一对一的连接。你可以使用数学公式，创建出不对称关系。例如，要创建被驱动器属性是驱动器属性两倍的速度，则需要*2包含在运算公式的结尾部分。*号标识代表乘以。其他的运算符号包括：

/ 除以

+ 加

- 减

^ 能量功能

通过在运算公式的结尾添加*-1，你可以翻转运算公式值结果（正变成负或者负变成正）。你也可以将数学公式放进小括号中，进行操作。你也可以使用乘法属性名称作为公式的一部分。举一个更加复杂的列子，下列的运算公式中使用了两种属性：

transform.xPosition=transform.yPosition*（（2transform.zPosition）-3）

这组运算公式按照下列顺序进行计算：从最里面的圆括弧设置优先开始，然后是外面的圆括弧设置。

1. 2/transform.zPosition

2. [Step1]-3

3. transform.yPosition*[step2]

运算公式区域支持乘法运算式。每行必须以分号结束。通过LMB-拖动时间表区域下方的行，你可以扩大运算公式区域的尺寸。运算公式支持变量使用。这可能有必要将不同值传递给多重通道属性。你可以把变量看作临时“水桶”，装着和传递变化的值。使用变量的多行运算公式会在本章后面的一部分“创建运算式新手指南”中阐述。

附加的运算式选择

当你在属性上加上运算公式的时候，几个按钮会添加到数据关联工具栏。例如，你关闭开启运算公式键（图10.3），临时关闭运算公式。

通过点击时间表区域的包含属性按钮，转换到图表编辑视图，你可以查看驱动器属性的动画曲线。运算公式本身由一条或多条平坦曲线代表，这些仅供参考，而不是为变更而设计的。然而，你可以编辑驱动器属性曲线。

图10.3　从左到右：开启运算公式，包含属性，数据关联和功能键。

通过将运算公式转换为关键帧，你可以“冷冻”运算公式。要这样做：选择有运算公式的属性，选择“动画>关键帧协助（Keyframe assistant）>将运算公式转换为关键帧（Convert Expression to Keyframe）”。属性接受到时间表内的每一帧图画的关键帧。运算公式开关自动切换到关闭。如果属性的关键帧动画和激活运算公式两者都存在，运算公式高于关键帧。

通过RMB-点击功能按钮（图10.2），你可以将长长的数学功能名单包含在内部After Effects功能。例如，你可以在运算公式中随机插入生成值，只要遵循以下步骤：

1. 通过点击时间表中的运算公式区域，准备编辑运算公式。闪烁光标表明新类型运算公式出现在那里。如果可能，添加一个数学运算符，例如+。
2. RMB-点击功能菜单，选择“随机数字>随机”，随机短语被添加到运算公式里。就像很多功能，“随机（）”中（ ）里需要一个数值，才能够运算。例如，如果你在圆弧中放100，0到100之间的随机值可以随着每帧画面生成。这为创建摇摆、扭动、旋转、比例波动等提供了方法。
3. 点击关闭运算公式区域，更新运算公式。

After Effects功能提供了一种方法，改变外部标准转换的质量和属性。例如，你可以改变摄像机属性、关键帧值、素材分辨率和组成的背景颜色，等等。想要对目前可用的功能和例子有更多、更全面的了解，参考After Effects在线帮助中心“运算公式语言参考”页（网址：helpx.adobe.com/after-effects/topics.html）。

含有运算公式的自动化动画

有时候，关键帧动画会让人感觉单调乏味。因此，你可以使用运算公式，简化动画过程。下列教程可以帮助你逐步通过这样的场景。

创建运算式新手指南

在这部分教程中，我们将会在弹跳球的项目中加入“拉长和压扁”动画，再加入运算公式。你可以按照下列步骤进行：

1. 打开在\ProjectFiles\aeFiles\Chapter 10\目录中的expression_start.aep项目文件。回放时间表。这是弹跳球动态图片动画的特点之一。球和地面由两个固态层构造。球层有它自己的位置属性关键帧（图10.4）。

图10.4　弹跳球动画是把圆形面罩切割的动态层的位置制成动画。

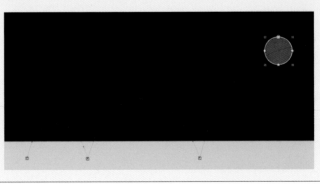

2. 选取在层略图中的球层的比例属性，选择“动画>添加运算公式”。运算公式添加，运算公式区域打开。点击区域，开始打字。使用退格键移除最初的运算公式。输入下列公式：

```
Xscale=100；
Yscale=（1/transform.position[1]）*40000;
[xScale，yScale]
```

3. 参考本章开始的图10.1。如果需要跳到新的一行，按回车键。如果你不小心离开运算公式区域，你可以点击区域，在任何时候返回运算公式区域。当正确地输入运算公式，你再离开运算区域的时候，运算公式会被启动。(如果一个错误对话框出现，回到运算区域，改正错误；错误可能会来自拼写错误和相似的输入错误。）回放时间线。当球从地上升高，它会拉长；当球接近地面的时候，它会压扁（图10.5）。

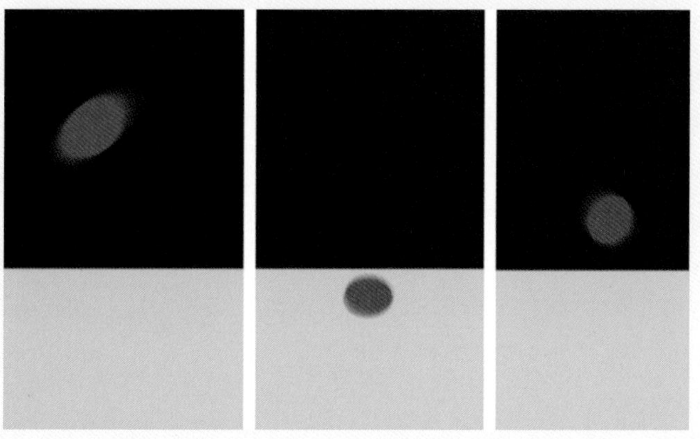

图10.5　从左往右：添加运算公式的帧1、5和8。通过比例Y与比例X相关联，“拉长和压扁”动画发生。在这个例子中，动态模糊被激活。旋转属性也被设定了关键帧。

4. 又或者，将球层的选择值进行动画操作，以便拉伸角度或者压扁角度与动态路径和球运行的方向相匹配。根据需要，激活球层的动态模糊功能。

在这个运算公式中，给予了ScaleX属性100%的静态值。100阙值分配给变量xScale。“尺寸r”属性则是由球形图层的“Y位置”而驱动的。“Y位置”被命名为“[position 1]”，“Y位置”的值由“yscale”变量存储的。通过运算公式最后一行，xScale和yScale变量值传递给Scale X和Scale Y属性。在双通道属性上使用手写的运算公式，例如Scale，有必要将两个变量放置于中括号之间。

运算公式不是一对一的关系。球层的位置从大约180（在空中）变化到498（接近地面）。为缩小数值以便进行按比例调整，要用1除以Y位置值。例如，1/180=0.0055。它也拥有使得更高的Y位置值产生更大的数字的效果，而更低的Y位置值产生更小的数字（0, 0在After Effects屏幕空间位于画面的左上方）。因此，1/498=0.002。当接近虚拟地面时，这使得球变得更小。为了使得某些地方的值在0到100之间，结果再乘以40000。因此，(1/180)*40000=222.22。你可以将40000改变成其他值，产生较小程度或者更大程度的拉长或者压扁。这个项目完成版保存为expression_finished_aep，位于\ProjectFiles\aeFiles\Chapter10\目录下。

运行JavaScript脚本

After Effects支持使用JavaScritp进行脚本高级编辑。(脚本是指一系列写下的说明，由程序实行，例如由After Effects执行，而不是计算机处理器去执行。) 这样的脚本能够创建复杂的自动操作系统，融合了程序实用性和自定义图形界面部分，例如窗口和对话框，以及文件导入和导出。然而如果想要覆盖JavaScript脚本的复杂性，将远远超出本书的范围，但是值得涵盖脚本的安装和运行。很多JavaScript脚本可供After Effects使用者应用。它们可以解决大范围任务，包括自定义摄像机创建、特殊动态图形效果创建、半自动化动态跟踪、绿屏移除、关键帧动画和影像描摹。很多这样的脚本在下面两个网站有提供：aescripts.com和aenhancers.com

运行JavaScript脚本，选择“文件>脚本>运行脚本文件”，选择JavaScript脚本。脚本是一个带有.jsx后缀的文本文件。有些脚本会立即启动自定义窗口并且等待用户输入。其他脚本在后台运行，完成特定任务。总体来说，脚本在After Effects外部可用，包括一些解释脚本功能的文件。这些可能以跳出对话框的形式出现，在脚本运行的时候或者在脚本文本内评论。你可以选择“文件>脚本>打开脚本编辑”检查脚本文本，然后通过编辑窗口，选择“文件>打开”。在JavaScript中，评论。

你可以安装脚本以便After Effects能够自动识别。为了达到这个目的，复制.jsx文件及其与ScripsUI面板目录相关的位图影像（有时候包括常用图像界面部分或者特效）。目录途径如下：

Mac：~\Application\Adobe After Effects

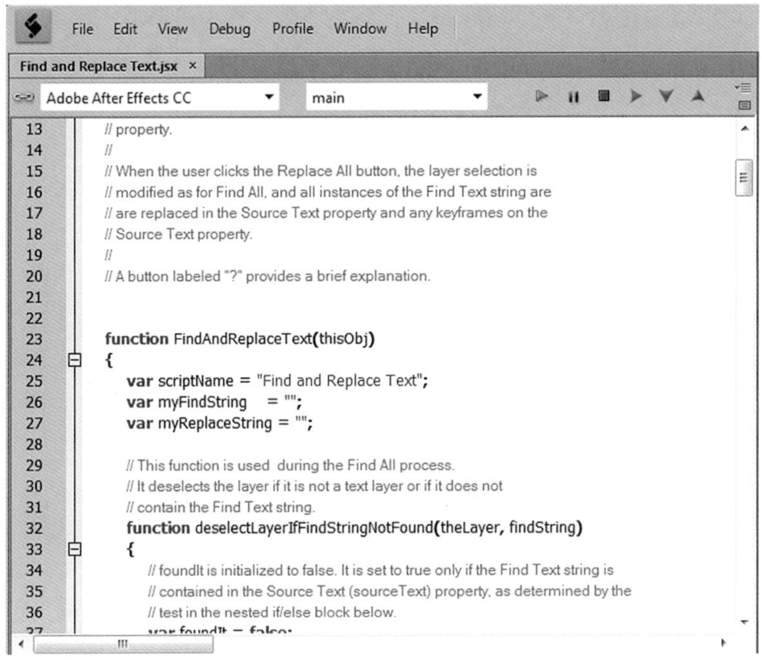

图10.6 在脚本编辑器中所见的一小部分脚本。评论被重点标为绿色。

version\Scripts\ScriptUI Panels

Windows：C：\Program Files\Adobe\Adobe After Effects

version\Support Files\Scripts\ScriptUI Panels

After Effects列出了所有位于窗口菜单下方的ScriptsUI面板中的脚本。作为一个福利，After Effects安装里包含了一小部分示范脚本。可以通过选择“文件>脚本>脚本名称”进行访问。这些脚本位于程序的“脚本”目录下。如果你将自己的脚本放在目录中，它们会出现在相同的菜单中。

项目管理

After Effects中进行的视觉效果项目可以变得过度复杂，因为众多层、效果和动画属性。因此，有必要经常花时间整理这些部分，让工作流程更加易于管理。这些步骤包括层重新命名、记忆管理和项目环境自定义。根据需要，你可以通过多重计算机，扩展After Effects渲染序列，作为渲染“农场”的一部分。

重新命名层

通过LMB-点击在层视图中的层的名称，可以重新命名。选择重新命名，在出现的区域中输入新名称。这对于组织复杂的、多层的合成有帮助。图层名称不影响其来源的名称。事实上，通过点击层视图名称栏的顶部，你可以切换层名称和层源名称。你也可以随时通过点击时间线中的合成工具栏或者项目面板中的合成名称，重新命名合成，选择“合成>合成设置”。

管理记忆

当你回放时间表，After Effects将临时文件写在磁盘缓存上。对于大型的复杂的项目，因为占据了大量的空间，运行系统效率可能会被影响。因此，有时候清除缓存会有好处。你可以通过选择“文件>清除>所有的记忆和磁盘缓存”，进行缓存清除。磁盘缓存的位置是由偏好窗口（在编辑菜单中找到）的媒体和磁盘缓存部分设定。你也可以在这里设置磁盘缓存尺寸和千兆字节。你可以通过偏好窗口的记忆页设置RAM记忆应用系统。

如果项目应用无法接受的大量的RAM记忆或者快速地填满磁盘缓存，可以考虑采取以下步骤，将项目变得更加有效。

使用压缩特性

当测试和调整一个项目的时候，查看具有压缩特性的合成。将“分辨率/向下取样弹出菜单”（图10.7）设置为一半、三分之一或者四分之一。这些设置都跳过像素。因此，层渲染和效果应用的计算会更有效，更小的临时图像文件写在磁盘缓存上。

快速预览

当你转换层或者改变效果属性的时候，图画中的每一个像素都被更新。对于复杂的合成，在属性值更新和视图中图像展示之间有一个延迟。你可以转换快速预览菜单，从“关闭”（最终特性）到快速预览，减小延迟（图10.7）。使用这种设置，仅仅四分之一的像素会被展示，而属性值会改变。这对交互改变层或者实时来回移动效果滑动条尤其有帮助。你可以将菜单设定为线框。通过这种设置每层只显示网格线。这对快速定位、旋转或者确定层比例都很有帮助。如果你使用Ray-Traced 3D渲染，你可以将快速预览菜单设定为草稿，减少能够跟踪到最小1.0的射线数量或适合的分辨率，根据现有的记忆需求，适量减少分辨率。如果需要更多相关Ray-Traced 3D渲染信息，参考第五章。

图10.7　分辨率/向下取样弹出菜单（红框），兴趣区域按钮（绿框），快速预览菜单（蓝框），这些按钮可以在合成浏览板块的下方看到。

测试范围

在默认情况下，合成视图显示整帧图画。然而，你可以预览小区域，因此通过点击“目标区域”按钮，减少计算时间（图10.7），在视图中画一个区域复选框。复选框外部的区域被忽略，一直到关闭“目标区域”按钮。

预先渲染

将项目的一部分渲染到磁盘上，然后再次导入作为影像序列。用在Comp1的所有的层和渲染因此变平，成为一条单一的新层。Comp1以一系列图像导入，从而减少了缓存的使用，也不用处理旧的Comp1中的图层，或应用特效。After Effects提供了一种方式去实现，“合成>预先渲染”。预先渲染将目前的合成上传到渲染序列。同时，预先渲染自动出现在输出模块设置窗口，设置后渲染行动菜单，进行输入和取代。这使得程序用新的渲染序列，去代替之前的内容。在开始运行这个过程之前，将没有变化的层和效果设置的原有合成备份。

减小分辨率

如果你计划中的输出分辨率比你的源素材小很多，在工作前减小素材分辨率。例如，源素材的分辨率是1920×1080，这样你的输出分辨率仅仅需要1280×720，将素材减小到1280×720。你可以创建一个临时After Effects项目，降低素材分辨率。通过这个例子，你可以创建一个1280×720的合成，将1920×1080的素材放到比例是67%的合成中，使用渲染列队渲染合成。

自定义程序环境和键盘快捷键

你可以随时重新安排面板。（面板排列在窗口菜单中，出现在各种各样的程序画面中，并带有名字标签。）将面板移动到新的地点，LMB-拖动面板中被命名的标签，进入到不同的面板。当你这样做的时候，隐藏的复选框会在出现在新的画面中。松开鼠标，将面板降到新的画面中。你也可以移除面板，以便于它自由移动。如果这样做，RMB-点击窗口标签名称，选择移除面板。

通过选择“窗口>工作区>新的工作区”，你可以保存目前的程序工作区、当前面板和画面布置。工作区列在“窗口>工作区”菜单。你可以通过选择“窗口>工作区>工作区名称”，随时切换至不同的工作区。你可以通过选择“窗口>工作区>重置>‘标准’”，返回到工厂模式工作区。软件在同菜单中也为特殊任务提供额外的工作区（如“动画”，“动作捕捉”）。

After Effects包含了大量的键盘快捷键。这些键盘快捷键存储在文本文件，你可以进行查看或者更改。为了定位这个文件，选择“编辑>偏好>常规”。点击IE浏览器（Windows系列）中“属性”，或Finder（Mac OSX系统）的“属性”。会开启一个外部目录，打开“en_OS Short.txt”或相似名字的文本，你可以在文本编辑程序中改编文件。键盘快捷键遵循句法“operation” =“(key combination)”。例如，创建新项目的快捷方式是“new” = “(Ctr+Alt+N)”。

使用内置渲染农场支持

After Effects有内置渲染农场支持。渲染农场是计算机的集合，这种集合能够分开渲染队列。例如，计算机1可能渲染画面1到5，而计算机2渲染画面51到100。

渲染农场减少总体渲染时间，普遍被动画、视觉效果和动态图形工作室使用。使用内置渲染农场支持，你必须有以下条件：

- 两台或者更多计算机使用相同版本的After Effects和必需的插件安装。
- 网络驱动，存储所有的渲染农场内计算机可以进入的共享项目文件。

如果这些组件可用，你可以根据这些基本步骤，建立一个After Effects项目，准备渲染多功能计算机渲染农场：

1. 在共享网络驱动盘上，创建一个目录，命名为“_WatchFolder”.你可以将这个目录放在驱动盘上的任何位置。
2. 打开你想要放在渲染农场中的After Effects项目。通过选取适合的合成和选择“合成>添加到渲染序列”，把项目加入到渲染序列中。在渲染序列图标中，点击最佳设置。在渲染设置窗口，选取跳过选项部分中的现存文件。关闭窗口。
3. 设定输出模式（例如文档类型和声音）的选项。通过输出到在“输入”中，选择文件名称和位置。在网络驱动器上选择位置，以便所有在渲染农场中的机器在共享目录下进行渲染（这防止农场电脑渲染相同的画面）。
4. 文件存为“_WatchFolder”，保存在网络驱动器上。
5. 选择“文件>依赖项（Dependencies）>选择文件”。在选择文件窗口，设置收集源文件菜单为“无”。选择启动“监视目录”渲染的选项（图10.8）。将机器的最大数目设为你想使用的农场计算机的数目。点击收集按钮，关闭窗口。

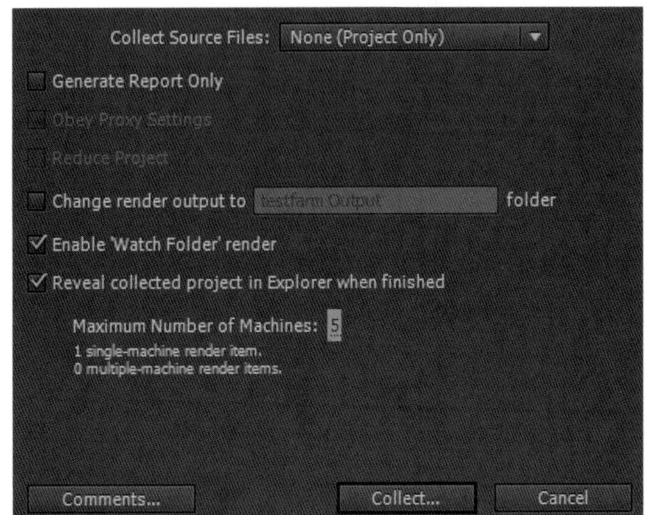

图10.8　选择文件窗口。

6. 去每一个渲染农场的计算机中，启动After Effects，选择“文件>监测目录”。文件浏览器窗口打开。导航至网络驱动器的_WatchFolder目录，点击选择按钮。监视目录窗口打开，After Effects主动扫描选择的目录（图10.9）。当一部农场计算机检测到After Effects项目文件的时候，它打开文件，开始渲染序列。如果

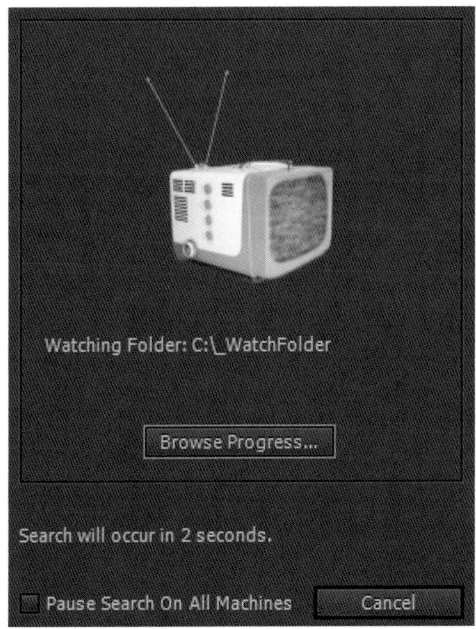

图10.9　监视目录窗口在扫描“_Watch Folder”目录。

想要取消对特定农场电脑的监测，点击这台计算机的监测窗口的取消按钮。（在写作本书时，“文件>监测目录”在After Effects CC 2015中不可使用；但是CC 2014版本可以渲染CC 2015监测目录的文件。）

书的结尾

After Effects是一个深奥的程序，表面上有着无数的菜单、选项和效果。因此，我特意将注意力集中在这些程序的组成部分上，根据我自己对视觉特效的使用经验（大概有30年的经验），这些部分最有用。尽管如此，任何一个视觉特效任务都不是对应单一的解决方法。事实上，你合成的越多，你就变得越灵活，你就越有可能性发展你自己的技术——这就是艺术形式之美。无论道路如何，祝你玩得开心！同时也感谢你阅读本书。

图书在版编目（CIP）数据

After Effects的视觉合成艺术 / （美）李・拉尼尔著；李金辉，宋鹏译. —北京：中国电影出版社，2016. 11

ISBN 978-7-106-04596-8

Ⅰ. ①A… Ⅱ. ①李…②李…③宋… Ⅲ. ①图象处理软件 Ⅳ. ①TP391. 413

中国版本图书馆CIP数据核字（2016）第277290号

Compositing Visual Effects in After Effects : Essential Techniques / by Lee Lanier / ISBN:978-1-138-80328-2

图字：01-2016-7398

After Effects的视觉合成艺术

（美）李・拉尼尔 著　李金辉、宋鹏 译

出版发行　中国电影出版社（北京北三环东路22号）邮编100029
电话：64296664（总编室）　64216278（发行部）
64296742（读者服务部）　Email:cfpygb@126. com

经　　销　新华书店

印　　刷　中国电影出版社印刷厂

版　　次　2017年6月第1版　2017年6月北京第1次印刷

规　　格　开本/787×1092毫米　1/16
印张/18　字数/280千字

书　　号　ISBN 978-7-106-04596-8/TP・0007

定　　价　68.00元